入門講義
微 分 積 分

吉村善一　　岩下弘一

共　著

東京 裳華房 発行

CALCULUS

by

ZEN-ICHI YOSHIMURA
HIROKAZU IWASHITA

SHOKABO
TOKYO

|JCOPY|〈出版者著作権管理機構 委託出版物〉

はじめに

　本書は，理工科系大学の初年級の学生が高等学校で学んだ「微分積分」を基礎にして，より深くより高度な「微分積分」に触れそれに親しみながら学習を重ねて，必要な基礎知識をしっかりと身に付けるための入門書である．

　「微分積分」は高等学校，そして大学で多くの人たちが学習する数学の中で最も重要な基本科目であり，現代科学を理解しそれを発展させる上で基礎的な役割を担っている．実際「微分積分」の基礎理論は，数学・物理は言うにおよばず化学・生物学・工学・情報科学・社会科学と広範で多岐にわたる分野において応用され，自然現象や社会現象を精密に解析する上で今や不可欠なものとして役立っている．したがって，これから理工科系の分野で専門科目を学習しようとする人たちにとっては，「微分積分」は専門分野の学問を理解する上で必須の道具となり，決しておろそかにはできない学問である．

　高等学校では，微分積分の基本項目である「微分」と「積分」についてじっくり時間をかけて学習し，それをしっかりと身につける機会が極端に少なくなっている．そこで，本書ではなるべく初等的な内容から説き起こし，数学的な内容説明にはあまり深入りせずに，関連項目の例や例題などを数多く設け，また眼を通して数学的性質を理解できるようにと数多くの図も取り入れた．学生諸君がこれらの例・例題・図などを参考にして演習問題を具体的な計算で解くことによって，学習内容の理解を深めつつより高度な内容へと無理なく進めるように配慮した積りである．

　本書の出版にあたっては，裳華房の細木周治さんと新田洋平さんに細かい校正や図の作成にいたるまで大変お世話になりました．心より感謝の意を表したいと思います．

2006 年 11 月

著　者

学習内容の流れ図

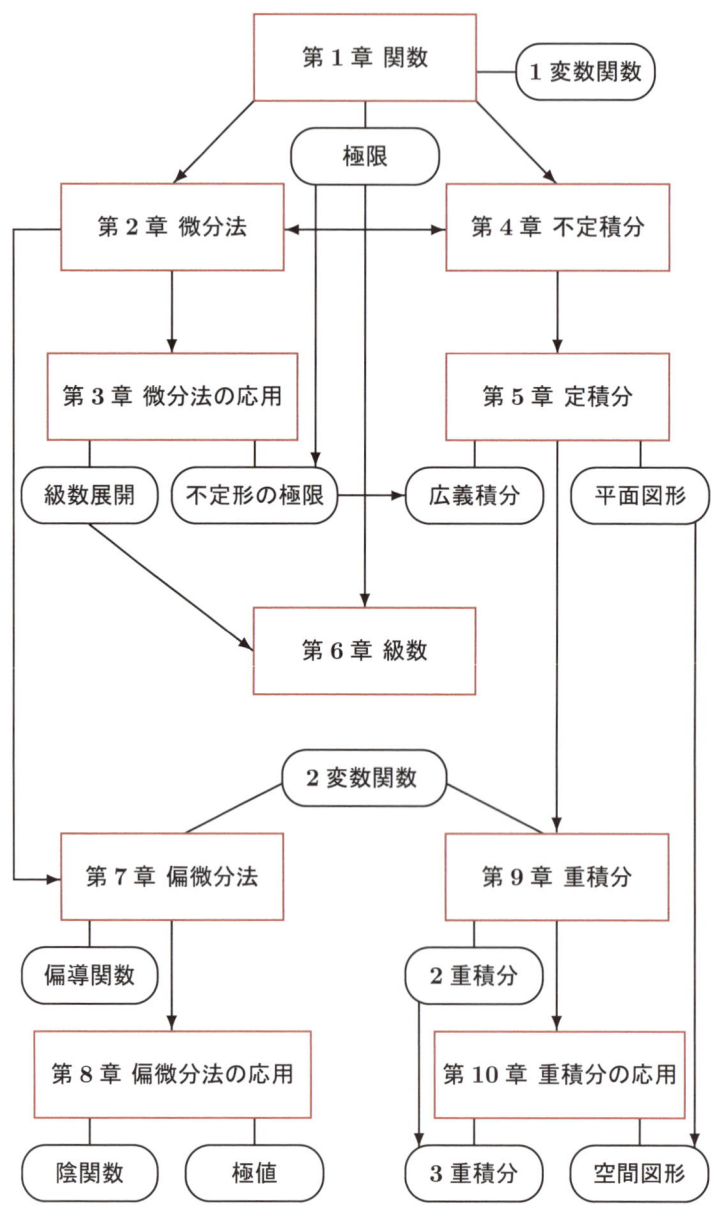

目　　次

第1章　関　　数
§1.1　関数と極限 …………………………………………………… 1
§1.2　三角関数と逆三角関数 ……………………………………… 8
§1.3　指数関数と対数関数 ………………………………………… 17
演習問題 ………………………………………………………… 22

第2章　微　分　法
§2.1　微分係数と導関数 …………………………………………… 23
§2.2　高次導関数 …………………………………………………… 30
演習問題 ………………………………………………………… 35

第3章　微分法の応用
§3.1　微分可能な関数の基本定理 ………………………………… 37
§3.2　不定形の極限 ………………………………………………… 41
§3.3　テイラーの定理 ……………………………………………… 45
§3.4　ベキ級数展開 ………………………………………………… 49
§3.5　関数の極値と変曲点 ………………………………………… 54
演習問題 ………………………………………………………… 59

第4章　不 定 積 分
§4.1　不定積分とその基本公式 …………………………………… 61
§4.2　有理関数の不定積分 ………………………………………… 68
§4.3　無理関数の不定積分 ………………………………………… 72
§4.4　三角関数の不定積分 ………………………………………… 77
演習問題 ………………………………………………………… 81

第5章 定積分

- §5.1 定積分 …………………………………………………………… 85
- §5.2 広義積分 ………………………………………………………… 91
- §5.3 広義積分の収束判定 …………………………………………… 97
- §5.4 定積分の平面図形への応用 …………………………………… 103
- 演習問題 ……………………………………………………………… 113

第6章 級数

- §6.1 正項級数 ………………………………………………………… 117
- §6.2 正項級数の収束判定法 ………………………………………… 123
- §6.3 絶対収束 ………………………………………………………… 126
- §6.4 ベキ級数と収束半径 …………………………………………… 129
- §6.5 マクローリン展開 ……………………………………………… 134
- 演習問題 ……………………………………………………………… 139

第7章 偏微分法

- §7.1 2変数関数 ……………………………………………………… 143
- §7.2 偏微分 …………………………………………………………… 149
- §7.3 全微分 …………………………………………………………… 152
- §7.4 高次偏導関数 …………………………………………………… 161
- §7.5 合成関数の偏微分 ……………………………………………… 165
- 演習問題 ……………………………………………………………… 168

第8章 偏微分法の応用

- §8.1 平均値の定理とテイラーの定理 ……………………………… 171
- §8.2 極値 ……………………………………………………………… 175
- §8.3 陰関数 …………………………………………………………… 184
- §8.4 条件付極値 ……………………………………………………… 190
- 演習問題 ……………………………………………………………… 198

第 9 章 重 積 分

§9.1　2 重積分 ……………………………………… 201
§9.2　2 重積分の計算 ……………………………… 203
§9.3　変数変換 ……………………………………… 209
§9.4　広義 2 重積分 ………………………………… 216
演習問題 ……………………………………………… 222

第 10 章　重積分の応用

§10.1　3 重積分 ……………………………………… 225
§10.2　変数変換 ……………………………………… 230
§10.3　空間図形への応用 …………………………… 235
演習問題 ……………………………………………… 246

演習問題略解 ………………………………………… 248

索　引 ………………………………………………… 267

第1章
関　　数

§1.1　関数と極限

◆ **関数と区間**　実数全体の集合を $\mathbb{R}$ で表し，S を $\mathbb{R}$ の部分集合とする．S に属する各実数 x に対して実数 y がただ1つ定まるとき，その対応 f を S 上で定義された**関数**といい

$$f : S \to \mathbb{R} \quad \text{または} \quad y = f(x) \quad (x \in S)$$

と表す．このとき，S を関数 $y = f(x)$ の**定義域**といい，S に属するすべての実数 x に対して定まる $y = f(x)$ のとる値の全体からなる集合

$$f(S) = \{f(x) \in \mathbb{R} \mid x \in S\}$$

を関数 $y = f(x)$ の**値域**という．集合 $f(S)$ は f による S の**像**とよばれる．また，x を**独立変数**，y を**従属変数**という．

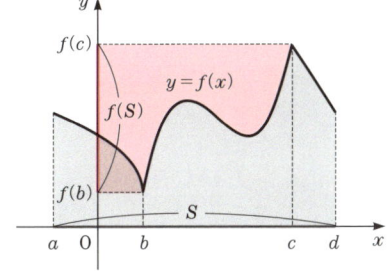

2つの実数 x, y の組 (x, y) は xy 平面 $\mathbb{R}^2 = \mathbb{R} \times \mathbb{R}$ 上の点と同一視できるので，関数 $y = f(x)$ から得られる集合

$$G(f) = \{(x, f(x)) \in \mathbb{R}^2 \mid x \in S\}$$

は xy 平面において定義域 S 上に描かれる曲線を与える．この曲線を関数 $y = f(x)$ の**グラフ**という．

関数 $y = f(x)$ が $f(-x) = -f(x)$ をみたすとき**奇関数**といい，$f(-x) = f(x)$ をみたすとき**偶関数**という．明らかに，奇関数のグラフは原点対称であり，偶関数のグラフは y 軸対称である．したがって，点 $x = 0$ を定義域に含む奇関数 $y = f(x)$ は常に $f(0) = 0$ をみたす．奇関数と偶関数の代表的な例として，それぞれべキ関数 x^{2m-1} と x^{2m} (m は自然数) が挙げられる．

2つの関数 $y = f(x)$ と $z = g(y)$ において，$y = f(x)$ の値域 $f(S)$ が $z = g(y)$ の定義域に含まれているとき，$y = f(x)$ の定義域 S に属する各実数 x に対して実数 $g(f(x))$ を対応させる関数を $y = f(x)$ と $z = g(y)$ の**合成関数**という．

実数 a, b $(a < b)$ に対し，次のような実数 x の範囲を**区間**という．

$$[a, b] = \{x \in \mathbb{R} \mid a \leqq x \leqq b\}, \quad (a, b) = \{x \in \mathbb{R} \mid a < x < b\},$$

$$[a, b) = \{x \in \mathbb{R} \mid a \leqq x < b\}, \quad (a, b] = \{x \in \mathbb{R} \mid a < x \leqq b\},$$

$$[a, \infty) = \{x \in \mathbb{R} \mid x \geqq a\}, \quad (a, \infty) = \{x \in \mathbb{R} \mid x > a\},$$

$$(-\infty, b] = \{x \in \mathbb{R} \mid x \leqq b\}, \quad (-\infty, b) = \{x \in \mathbb{R} \mid x < b\}.$$

特に，$[a, b]$ を**閉区間**，(a, b) を**開区間**という．また，$\mathbb{R} = (-\infty, \infty)$ と表す．

◆ **逆関数**　S 上で定義された関数 $y = f(x)$ において，$f(S)$ に属する任意の y に対して $y = f(x)$ となる x がただ 1 つ定まるとき，$y = f(x)$ の逆対応 $x = g(y)$ を $f(x)$ の**逆関数**といい，$y = f^{-1}(x)$ で表す．すなわち

$$y = f^{-1}(x) \iff x = f(y).$$

逆関数 $y = f^{-1}(x)$ はもとの関数 $y = f(x)$ において x と y を入れ換えて得られるので，$y = f^{-1}(x)$ のグラフは $y = f(x)$ のグラフを直線 $y = x$ で対称に移したものになる．

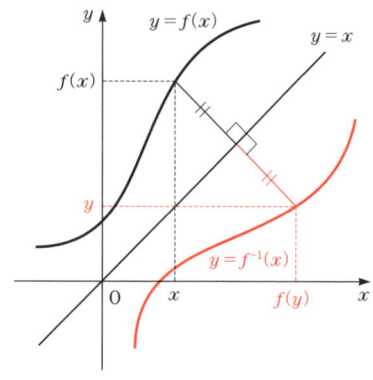

S 上で定義された関数 $y = f(x)$ が S に属する点 x_1, x_2 に対して

$$x_1 < x_2 \quad ならば \quad f(x_1) < f(x_2)$$

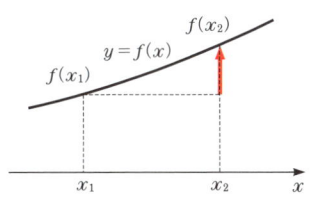

をみたすとき, $f(x)$ は (S 上の) **単調増加関数**であるといい

$$x_1 < x_2 \quad ならば \quad f(x_1) > f(x_2)$$

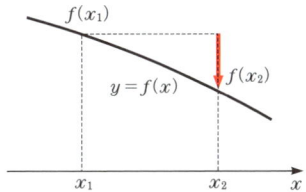

をみたすとき, $f(x)$ は (S 上の) **単調減少関数**であるという. S 上で定義された関数 $y = f(x)$ が単調増加または単調減少関数ならば, $f(x)$ は常に $f(S)$ 上で定義された逆関数 $f^{-1}(x)$ をもつ.

例えば, ベキ関数 $y = x^n$ (n は自然数) は指数 n が奇数ならばすべての実数 x で単調増加関数になり, 指数 n が偶数ならば定義域を $x \geqq 0$ に制限すると単調増加関数になる. この逆関数 $y = f^{-1}(x)$ は方程式 $x = y^n$ をみたしているので, それはベキ乗根関数 $y = \sqrt[n]{x}$ に他ならない. このベキ乗根関数 $y = \sqrt[n]{x}$ ($n = 2, 3, 4, \ldots$) を総称して**無理関数**という.

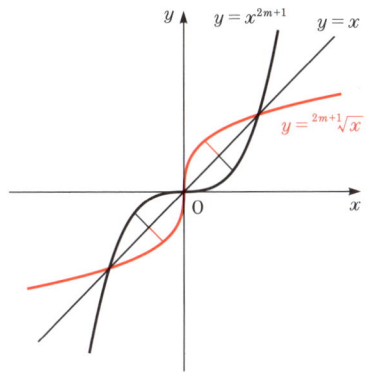
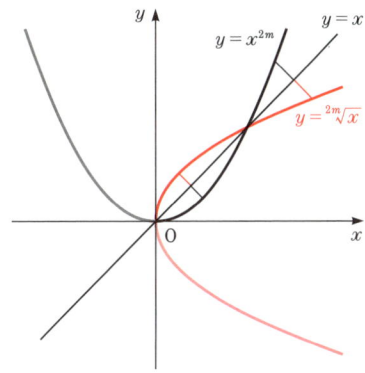

◆ **関数の極限**　関数 $f(x)$ において，$x \neq a$ の条件を保ちながら変数 x をある定数 a に限りなく近づけるとき，どのような近づけ方をしてもその近づけ方によらず $f(x)$ の値が一定の有限値 A に限りなく近づくならば

$$\lim_{x \to a} f(x) = A$$

と表し，x が a に近づくとき $f(x)$ は**極限値 A に収束する**という．$x > a$ または $x < a$ の条件のもとに制限しながら変数 x を限りなく定数 a に近づけるとき，それらの極限値をそれぞれ

$$\lim_{x \to a+0} f(x) = B \quad \text{または} \quad \lim_{x \to a-0} f(x) = C$$

と表し，x が a に近づくとき $f(x)$ は**右極限値 B** または**左極限値 C** をもつという．特に，$a = 0$ の場合は，$x \to 0+0$, $x \to 0-0$ の代わりに簡単に $x \to +0$, $x \to -0$ と書くことにする．

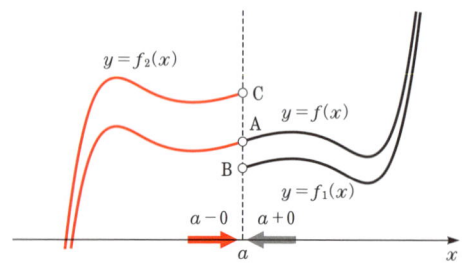

左右極限値の一致条件

x が a に近づくとき関数 $f(x)$ が極限値 A をもつ必要十分条件は，$f(x)$ の右極限値と左極限値が存在してその値が A に一致することである．

$$\lim_{x \to a} f(x) = A \iff \lim_{x \to a+0} f(x) = \lim_{x \to a-0} f(x) = A.$$

関数 $f(x)$ において，$x \neq a$ の条件を保ちながら変数 x をある定数 a に限りなく近づけるとき，どのような近づけ方をしてもその近づけ方によらずに関数 $f(x)$ の値が限りなく大きくなるか，またはその値が負でその絶対値が限りなく大きくなるならば，それぞれ

$$\lim_{x \to a} f(x) = \infty, \quad \lim_{x \to a} f(x) = -\infty$$

と表し，x が a に近づくとき $f(x)$ は**正の無限大** ∞ または**負の無限大** $-\infty$ に**発散する**という．なお，$x \neq a$ の条件を保ちながら変数 x をある定数 a に限りなく近づけるとき，$f(x)$ が一定の値に収束せず，正の無限大にも負の無限大にも発散しないとき，$f(x)$ は x が a に近づくとき**極限をもたない**という．さらに，変数 x が正または負の方向に限りなく大きくなるにつれて，$f(x)$ の値がそれぞれ一定の有限値 A または B に限りなく近づくならば

$$\lim_{x \to \infty} f(x) = A, \quad \lim_{x \to -\infty} f(x) = B$$

と表し，x を**正の無限大**または**負の無限大**に近づけるとき $f(x)$ はそれぞれ**極限値** A または B に**収束する**という．

一方，変数 x が正または負の方向に限りなく大きくなるにつれて，$f(x)$ の値が限りなく大きくなるかまたはその値が負でその絶対値が限りなく大きくなる場合は，それぞれ

$$\lim_{x \to \infty} f(x) = \infty, \quad \lim_{x \to -\infty} f(x) = \infty,$$

$$\lim_{x \to \infty} f(x) = -\infty, \quad \lim_{x \to -\infty} f(x) = -\infty$$

と表し，$f(x)$ は正の無限大 ∞ または負の無限大 $-\infty$ に**発散する**という．

関数の極限値は四則演算と大小関係に関して次の性質をみたす．

関数の極限値の性質

関数 $f(x)$, $g(x)$ が点 $x = a$ において収束し, それらの極限値が $\lim_{x \to a} f(x) = A$, $\lim_{x \to a} g(x) = B$ であるとする.

(i) $\lim_{x \to a} kf(x) = kA$ （k は定数）.

(ii) $\lim_{x \to a} \{f(x) \pm g(x)\} = A \pm B$ （複号同順）.

(iii) $\lim_{x \to a} \{f(x)g(x)\} = AB$.

(iv) $\lim_{x \to a} \dfrac{f(x)}{g(x)} = \dfrac{A}{B}$ （$B \neq 0$）.

(v) 点 $x = a$ の近くで $f(x) \leqq g(x)$ ならば, $A \leqq B$.

(vi) 点 $x = a$ の近くで $f(x) \leqq h(x) \leqq g(x)$ かつ $A = B$ ならば, 関数 $h(x)$ は点 $x = a$ で収束して, $\lim_{x \to a} h(x) = A$.

「関数の極限値の性質」は変数 x を正または負の無限大にしたときも同様に成り立つ. なお, 性質 (vi) は「挟み撃ちの原理」とよばれ, 関数の極限値を求める際に有用である.

◆ **連続関数** S 上で定義されている関数 $f(x)$ が S に属する点 $x = a$ で

$$\lim_{x \to a} f(x) = f(a)$$

をみたすとき, 関数 $f(x)$ は点 $x = a$ で**連続**であるという. 関数 $f(x)$ が定義域 S に属するすべての点 x で連続であるとき, 単に関数 $f(x)$ は (S 上で) 連続であるという.

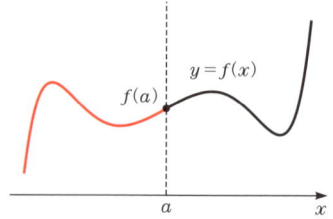

関数 $y = f(x)$ が点 $x = a$ で連続で, 関数 $z = g(y)$ が点 $y = f(a)$ で連続である

ならば，2つの関数 $y = f(x)$, $z = g(y)$ の合成関数 $g(f(x))$ は

$$\lim_{x \to a} g(f(x)) = \lim_{y \to f(a)} g(y) = g(f(a)) = g\Big(\lim_{x \to a} f(x)\Big)$$

をみたす．それゆえ，合成関数 $g(f(x))$ は点 $x = a$ で連続である．しかも，合成関数の極限は関数が連続であれば極限のとり方と関数の順序を入れ換えることができる．また，単調増加または単調減少な関数 $f(x)$ が点 $x = a$ で連続であるならば，その逆関数 $f^{-1}(x)$ も点 $x = f(a)$ で連続である．

閉区間で連続な関数については，次の重要な定理が成り立つ．

中間値の定理

関数 $f(x)$ が閉区間 $[a, b]$ で連続で，$f(a) \neq f(b)$ とする．このとき，$f(a) < k < f(b)$ または $f(b) < k < f(a)$ をみたす任意の実数 k に対して，$f(c) = k$ となる実数 c ($a < c < b$) が少なくとも1つ存在する．

最大値・最小値の定理

関数 $f(x)$ が閉区間 $[a, b]$ で連続ならば，関数 $f(x)$ は閉区間 $[a, b]$ 内において最大値 M と最小値 m をもつ．

▶**注意** $f(x)$ が定数関数 $f(x) = c$ (c は定数) のとき，最大値・最小値はともに c である．最大値 M と最小値 m の関係が $M > m$ である必要はなく，$M \geq m$ であればよい．

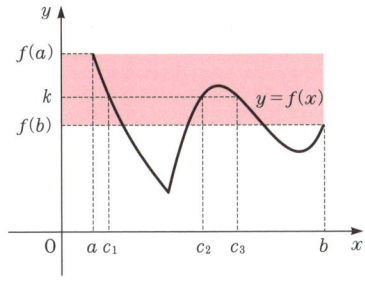

中間値の定理

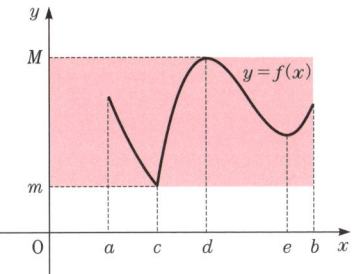

最大値・最小値の定理

§1.2 三角関数と逆三角関数

◆ **三角関数** xy 平面上で原点 O を中心とする半径 1 の単位円を描き，その単位円上の定点 A(1, 0) が原点 O を中心にして反時計回りに θ だけ回転した点を P(x, y) とおく．なお，時計回りに θ だけ回転した場合は，反時計回りに $-\theta$ だけ回転したと考える．また，角 θ の単位は実用上用いられる「度」ではなく，定点 A が角 θ の回転によって動いた軌跡 $\widehat{\mathrm{AP}}$ の長さで表される「**弧度**」（または「**ラジアン**」）を使用する．このとき

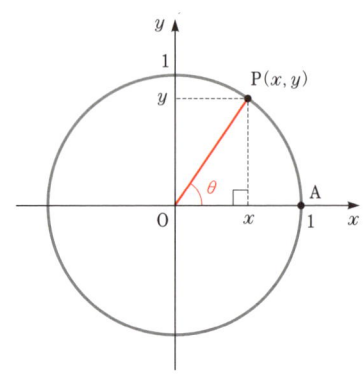

$$\sin\theta = y, \quad \cos\theta = x, \quad \tan\theta = \frac{y}{x}$$

と表して，それぞれ角 θ の**正弦（サイン）**，**余弦（コサイン）**，**正接（タンジェント）**という．さらに，それらの逆数を

$$\operatorname{cosec}\theta = \frac{1}{\sin\theta} = \frac{1}{y}, \quad \sec\theta = \frac{1}{\cos\theta} = \frac{1}{x}, \quad \cot\theta = \frac{1}{\tan\theta} = \frac{x}{y}$$

と表して，それぞれ角 θ の**余割（コセカント）**，**正割（セカント）**，**余接（コタンジェント）**という．これら

$$\sin\theta, \quad \cos\theta, \quad \tan\theta, \quad \cot\theta, \quad \sec\theta, \quad \operatorname{cosec}\theta$$

はすべて θ の関数になるので，それぞれを角 θ の**正弦関数**，**余弦関数**，**正接関数**，**余接関数**，**正割関数**，**余割関数**といい，これらを総称して**三角関数**という．

▶**注意** 三角関数は単位円上の点の座標と動径 (線分 OP) のなす回転角 θ によって定義されることを示し，xy 平面上の回転角 θ を独立変数としてきた．しかし，今後は微積分における取扱い上の統一から，他の関数と同様に独立変数を x で表し，各三角関数の値（従属変数）を y で表すことにする．

§1.2 三角関数と逆三角関数

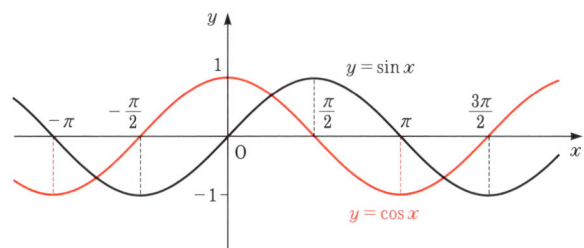

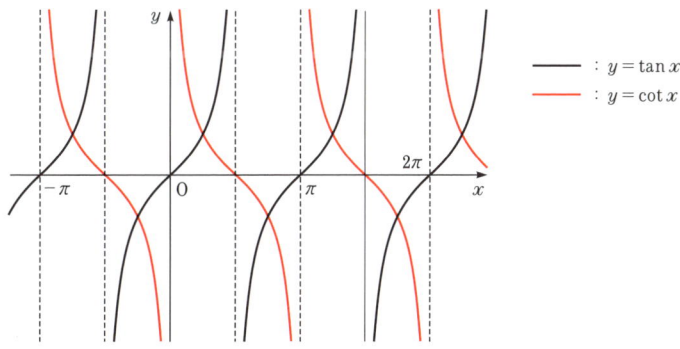

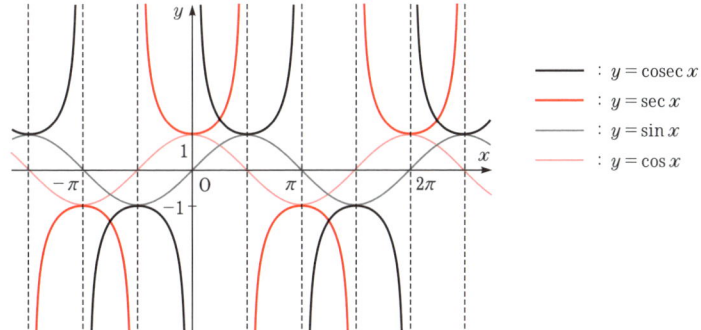

◆ **三角関数の基本公式**　正弦関数 $\sin x$ と正接関数 $\tan x$ は奇関数であり，余弦関数 $\cos x$ は偶関数である．また，三角関数の定義より $\sin x$, $\cos x$, $\tan x$ の間には次の関係式が成り立つ．

三角関数の基本関係式

$$\sin^2 x + \cos^2 x = 1, \quad \tan x = \frac{\sin x}{\cos x}, \quad 1 + \tan^2 x = \frac{1}{\cos^2 x}$$

さらに，三角関数 $\sin x$, $\cos x$, $\tan x$ は次の加法定理をみたす．

加法定理

（1）　$\sin(\alpha \pm \beta) = \sin\alpha\cos\beta \pm \cos\alpha\sin\beta$　　　　　（複号同順）

（2）　$\cos(\alpha \pm \beta) = \cos\alpha\cos\beta \mp \sin\alpha\sin\beta$　　　　　（複号同順）

（3）　$\tan(\alpha \pm \beta) = \dfrac{\tan\alpha \pm \tan\beta}{1 \mp \tan\alpha\tan\beta}$　　　　　（複号同順）

加法定理は基本的で，この定理によって以下の各公式をすべて導くことができる．加法定理において $\beta = \alpha$ とおくと，2倍角の公式が得られる．

2倍角の公式

（1）　$\sin 2\alpha = 2\sin\alpha\cos\alpha$

（2）　$\cos 2\alpha = \cos^2\alpha - \sin^2\alpha = 2\cos^2\alpha - 1 = 1 - 2\sin^2\alpha$

（3）　$\tan 2\alpha = \dfrac{2\tan\alpha}{1 - \tan^2\alpha}$

また，2倍角の公式（2）を変形すると半角の公式が導かれる．

半角の公式

$$\sin^2\frac{\alpha}{2} = \frac{1}{2}(1 - \cos\alpha), \quad \cos^2\frac{\alpha}{2} = \frac{1}{2}(1 + \cos\alpha)$$

加法定理において $\beta = 2\alpha$ とおき，2倍角の公式を利用して変形すると，次の3倍角の公式が得られる．

3倍角の公式

(1)　$\sin 3\alpha = 3\sin\alpha - 4\sin^3\alpha$　　(2)　$\cos 3\alpha = 4\cos^3\alpha - 3\cos\alpha$

(3)　$\tan 3\alpha = \dfrac{3\tan\alpha - \tan^3\alpha}{1 - 3\tan^2\alpha}$

加法定理の公式の和と差から，次の積和公式および和積公式が得られる．

積和公式

(1)　$\sin\alpha\cos\beta = \dfrac{1}{2}\{\sin(\alpha+\beta) + \sin(\alpha-\beta)\}$

(2)　$\cos\alpha\cos\beta = \dfrac{1}{2}\{\cos(\alpha+\beta) + \cos(\alpha-\beta)\}$

(3)　$\sin\alpha\sin\beta = -\dfrac{1}{2}\{\cos(\alpha+\beta) - \cos(\alpha-\beta)\}$

和積公式

(1)　$\sin\alpha \pm \sin\beta = 2\sin\dfrac{\alpha\pm\beta}{2}\cos\dfrac{\alpha\mp\beta}{2}$　　　　　（複号同順）

(2)　$\cos\alpha + \cos\beta = 2\cos\dfrac{\alpha+\beta}{2}\cos\dfrac{\alpha-\beta}{2}$

(3)　$\cos\alpha - \cos\beta = -2\sin\dfrac{\alpha+\beta}{2}\sin\dfrac{\alpha-\beta}{2}$

定数 a, b に対し，

$$\cos\alpha = \sin\beta = \dfrac{a}{\sqrt{a^2+b^2}}, \quad \sin\alpha = \cos\beta = \dfrac{b}{\sqrt{a^2+b^2}}$$

をみたす α, β $(0 \leqq \alpha < 2\pi,\ 0 \leqq \beta < 2\pi)$ がそれぞれただ1つ選べるので，加法定理を用いると $a\sin x + b\cos x$ は次のように変形される．

三角関数の合成

$$a\sin x + b\cos x = \sqrt{a^2+b^2}\,\sin(x+\alpha) = \sqrt{a^2+b^2}\,\cos(x-\beta).$$

ただし，$\cos\alpha = \sin\beta = \dfrac{a}{\sqrt{a^2+b^2}},\ \sin\alpha = \cos\beta = \dfrac{b}{\sqrt{a^2+b^2}}$．

◆ **三角関数の極限値基本公式**　下図からもわかるように，$x>0$ のとき $x>\sin x$ が成り立ち，しかも x を限りなく 0 に近づけると $\sin x$ の値は x に限りなく等しくなる．これより，極限値 $\displaystyle\lim_{x\to 0}\frac{\sin x}{x}$ は 1 に収束すると考えられる．実際，この極限値は次のように下図の 2 つの三角形と扇形の面積の大小関係を比較して計算することができる．

正弦関数の極限値基本公式

$$\lim_{x\to 0}\frac{\sin x}{x}=1$$

[考察]　右図のように xy 平面において原点 O を中心とし半径 1 の円周上に 2 点 A, B をとり，その中心角 $\angle\mathrm{AOB}$ を x ($0<x<\pi/2$) とする．さらに，直線 OB の延長線上に $\angle\mathrm{OAC}$ が直角となるように点 C を選ぶ．ここで，2 つの三角形 $\triangle\mathrm{OAB}$, $\triangle\mathrm{OAC}$ と扇形 OAB の面積を $\angle\mathrm{AOB}$ の角 x を用いて表し，それらの大小を比較すると，次の不等式

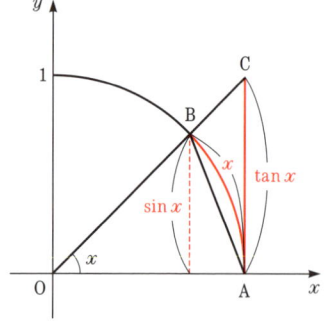

$$0<\frac{1}{2}\sin x<\frac{1}{2}x<\frac{1}{2}\tan x=\frac{1}{2}\cdot\frac{\sin x}{\cos x}$$

が得られる．この不等式に $\dfrac{2}{\sin x}$ を掛けて，その逆数をとると

$$\cos x<\frac{\sin x}{x}<1$$

が導かれる．そこで，挟み撃ちの原理を適用して右極限値を求めると，

$$\lim_{x\to +0}\frac{\sin x}{x}=1.$$

一方，$x<0$ の場合には，$x=-t$ ($t>0$) とおくと $\sin x=-\sin t$ であるから，

$$\lim_{x\to -0}\frac{\sin x}{x}=\lim_{t\to +0}\frac{\sin t}{t}=1.$$

この結果，左右の極限値が一致して求めるべき極限値が得られる．　　□

次の極限値基本公式は「正弦関数の極限値基本公式」から直ちに導かれる．

余弦関数と正接関数の極限値基本公式

$$\lim_{x \to 0} \frac{1 - \cos x}{x^2} = \frac{1}{2}, \quad \lim_{x \to 0} \frac{\tan x}{x} = 1$$

◆ **逆三角関数**　三角関数 $\sin x$, $\cos x$, $\tan x$ の定義域をそれぞれ閉区間 $[-\pi/2, \pi/2]$, $[0, \pi]$, 開区間 $(-\pi/2, \pi/2)$ に制限すると，それらは単調増加，単調減少，単調増加関数になる．定義域が制限されたこれらの三角関数 $\sin x$, $\cos x$, $\tan x$ は逆関数をもつので，それらをそれぞれ

$$\mathrm{Sin}^{-1} x, \quad \mathrm{Cos}^{-1} x, \quad \mathrm{Tan}^{-1} x$$

と表し，x の**逆正弦関数**，**逆余弦関数**，**逆正接関数**という．また，これら逆三角関数の値をそれぞれ**アークサイン x**, **アークコサイン x**, **アークタンジェント x** の**主値**という．

なお，逆正弦関数 $\mathrm{Sin}^{-1} x$ と逆正接関数 $\mathrm{Tan}^{-1} x$ は奇関数であるが，逆余弦関数 $\mathrm{Cos}^{-1} x$ は偶関数でも奇関数でもない．

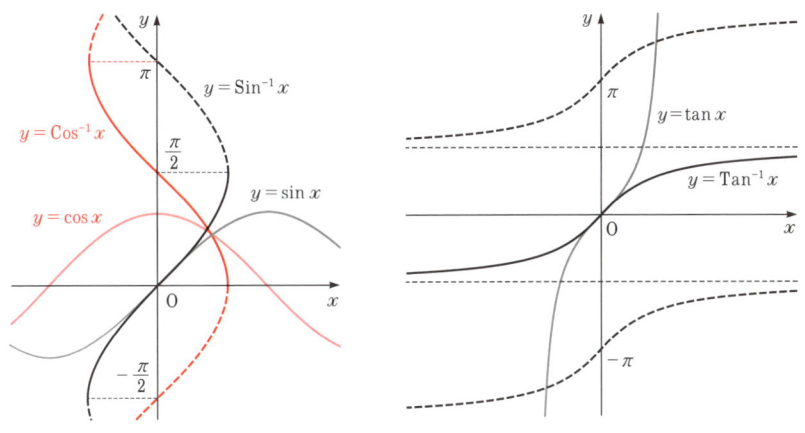

逆三角関数

（1） $y = \mathrm{Sin}^{-1} x \iff x = \sin y$　ただし，$-\dfrac{\pi}{2} \leqq y \leqq \dfrac{\pi}{2}$

（2） $y = \mathrm{Cos}^{-1} x \iff x = \cos y$　ただし，$0 \leqq y \leqq \pi$

（3） $y = \mathrm{Tan}^{-1} x \iff x = \tan y$　ただし，$-\dfrac{\pi}{2} < y < \dfrac{\pi}{2}$

逆三角関数の定義域と主値域はそれぞれ右の表で与えられる．

	$\mathrm{Sin}^{-1} x$	$\mathrm{Cos}^{-1} x$	$\mathrm{Tan}^{-1} x$
定義域	$[-1, 1]$	$[-1, 1]$	$(-\infty, \infty)$
主値域	$\left[-\dfrac{\pi}{2}, \dfrac{\pi}{2}\right]$	$[0, \pi]$	$\left(-\dfrac{\pi}{2}, \dfrac{\pi}{2}\right)$

▶注意　逆三角関数の代表的な値を表にしてまとめると，右の表のようになる．

x	-1	$-\dfrac{\sqrt{3}}{2}$	$-\dfrac{\sqrt{2}}{2}$	$-\dfrac{1}{2}$	0	$\dfrac{1}{2}$	$\dfrac{\sqrt{2}}{2}$	$\dfrac{\sqrt{3}}{2}$	1
$\mathrm{Sin}^{-1} x$	$-\dfrac{\pi}{2}$	$-\dfrac{\pi}{3}$	$-\dfrac{\pi}{4}$	$-\dfrac{\pi}{6}$	0	$\dfrac{\pi}{6}$	$\dfrac{\pi}{4}$	$\dfrac{\pi}{3}$	$\dfrac{\pi}{2}$
$\mathrm{Cos}^{-1} x$	π	$\dfrac{5\pi}{6}$	$\dfrac{3\pi}{4}$	$\dfrac{2\pi}{3}$	$\dfrac{\pi}{2}$	$\dfrac{\pi}{3}$	$\dfrac{\pi}{4}$	$\dfrac{\pi}{6}$	0

x	$(-\infty)$	$-\sqrt{3}$	-1	$-\dfrac{1}{\sqrt{3}}$	0	$\dfrac{1}{\sqrt{3}}$	1	$\sqrt{3}$	(∞)
$\mathrm{Tan}^{-1} x$	$\left(-\dfrac{\pi}{2}\right)$	$-\dfrac{\pi}{3}$	$-\dfrac{\pi}{4}$	$-\dfrac{\pi}{6}$	0	$\dfrac{\pi}{6}$	$\dfrac{\pi}{4}$	$\dfrac{\pi}{3}$	$\left(\dfrac{\pi}{2}\right)$

例題 1.1　次の逆三角関数の方程式を解け．

$$\mathrm{Tan}^{-1} x = \mathrm{Sin}^{-1} \dfrac{4}{5}.$$

［解］$\theta = \mathrm{Tan}^{-1} x = \mathrm{Sin}^{-1}(4/5)$ とおくと，この方程式は

$$\tan \theta = x \ \left(-\dfrac{\pi}{2} < \theta < \dfrac{\pi}{2}\right), \quad \sin \theta = \dfrac{4}{5} \ \left(-\dfrac{\pi}{2} \leqq \theta \leqq \dfrac{\pi}{2}\right)$$

と変形される（（　）内は主値域）．このとき，$\sin \theta > 0$ より θ のとりうる範囲はさらに $0 < \theta < \pi/2$ に限定されるので，$x = \tan \theta = 4/3$ が得られる． □

問題 1.1　次の逆三角関数の方程式を解け．

（1）　$\mathrm{Cos}^{-1} x = \mathrm{Tan}^{-1} \sqrt{15}$　　　　　　（2）　$\mathrm{Sin}^{-1} x = -\mathrm{Cos}^{-1} \dfrac{5}{13}$

［答］　（1）　$1/4$　　（2）　$-12/13$

§1.2 三角関数と逆三角関数

◆ **逆三角関数の和** 逆三角関数の和については,次のように三角関数の加法定理を利用して求めることができる.

例題 1.2 三角関数の加法定理を利用して,次の逆三角関数の方程式を解け.

$$\mathrm{Tan}^{-1}\frac{1}{\sqrt{5}} + \mathrm{Tan}^{-1}\frac{2}{\sqrt{5}} = \mathrm{Sin}^{-1} x.$$

[解] $\alpha = \mathrm{Tan}^{-1}(1/\sqrt{5})$, $\beta = \mathrm{Tan}^{-1}(2/\sqrt{5})$ とおくと,この関係式は

$$\tan\alpha = \frac{1}{\sqrt{5}}, \quad \tan\beta = \frac{2}{\sqrt{5}} \quad \left(-\frac{\pi}{2} < \alpha, \beta < \frac{\pi}{2}\right)$$

と変形される. $\tan\alpha > 0$, $\tan\beta > 0$ より,α, β のとりうる範囲は $0 < \alpha, \beta < \pi/2$ に限定されるので,$\sin\alpha = 1/\sqrt{6}$, $\cos\alpha = \sqrt{5}/\sqrt{6}$, $\sin\beta = 2/3$, $\cos\beta = \sqrt{5}/3$ が得られ,かつ $0 < \alpha + \beta < \pi$ である.ところが,$\mathrm{Sin}^{-1} x = \alpha + \beta$ は $-\pi/2 \leqq \alpha + \beta \leqq \pi/2$ の範囲内にあるときに限り存在して,$x = \sin(\alpha + \beta)$ で与えられる.そこで,$\alpha + \beta$ が $0 < \alpha + \beta \leqq \pi/2$ の範囲にあるかどうかを調べるために,余弦関数 ($\pi/2$ を境にして符号が変わる) の加法定理を用いて $\cos(\alpha + \beta)$ を計算すると

$$\cos(\alpha + \beta) = \cos\alpha\cos\beta - \sin\alpha\sin\beta = \frac{5}{3\sqrt{6}} - \frac{2}{3\sqrt{6}} = \frac{1}{\sqrt{6}} > 0$$

となる.したがって,$\alpha + \beta$ は $0 < \alpha + \beta < \pi/2$ の範囲内にあることがわかり,求めるべき解 x が存在して $x = \sin(\alpha + \beta) = \sqrt{5}/\sqrt{6}$ である. □

問題 1.2 三角関数の加法定理を利用して,次の逆三角関数の方程式を解け.

(1) $\mathrm{Sin}^{-1}\dfrac{1}{3} + \mathrm{Sin}^{-1}\dfrac{1}{\sqrt{3}} = \mathrm{Cos}^{-1} x$

(2) $\mathrm{Sin}^{-1}\dfrac{1}{\sqrt{10}} + \mathrm{Sin}^{-1}\dfrac{2}{\sqrt{5}} = \mathrm{Tan}^{-1} x$

[答] (1) $1/\sqrt{3}$ (2) 7

例題 1.3 三角関数の加法定理を利用して,次の値を求めよ.

$$\mathrm{Sin}^{-1}\frac{1}{\sqrt{5}} - \mathrm{Sin}^{-1}\frac{3}{\sqrt{10}}.$$

[解] $\alpha = \mathrm{Sin}^{-1}(1/\sqrt{5})$, $\beta = \mathrm{Sin}^{-1}(3/\sqrt{10})$ とおくと
$$\sin\alpha = \frac{1}{\sqrt{5}}, \quad \sin\beta = \frac{3}{\sqrt{10}} \quad \left(-\frac{\pi}{2} \leqq \alpha, \beta \leqq \frac{\pi}{2}\right)$$
と表される．$\sin\alpha > 0$, $\sin\beta > 0$ より，α, β のとりうる範囲は $0 < \alpha, \beta < \pi/2$ に限定されるので，$\cos\alpha = 2/\sqrt{5}$, $\cos\beta = 1/\sqrt{10}$ となり，かつ $-\pi/2 < \alpha - \beta < \pi/2$ である．そこで，正弦関数の加法定理を用いると
$$\sin(\alpha - \beta) = \sin\alpha\cos\beta - \cos\alpha\sin\beta = \frac{1}{5\sqrt{2}} - \frac{6}{5\sqrt{2}} = -\frac{1}{\sqrt{2}}$$
が導かれる．したがって，
$$\mathrm{Sin}^{-1}\frac{1}{\sqrt{5}} - \mathrm{Sin}^{-1}\frac{3}{\sqrt{10}} = \alpha - \beta = \mathrm{Sin}^{-1}\left(-\frac{1}{\sqrt{2}}\right) = -\frac{\pi}{4}. \qquad \square$$

問題 1.3 三角関数の加法定理を利用して，次の値を求めよ．

（1） $\mathrm{Tan}^{-1}\dfrac{2}{3} + \mathrm{Tan}^{-1}\dfrac{1}{5}$ 　　　　　（2） $\mathrm{Sin}^{-1}\dfrac{2}{3} + \mathrm{Sin}^{-1}\dfrac{\sqrt{5}}{3}$

[答]　（1）　$\pi/4$　　（2）　$\pi/2$

例題 1.4 次の等式が成り立つことを示せ．
$$\mathrm{Sin}^{-1}x + \mathrm{Cos}^{-1}x = \frac{\pi}{2}.$$

[解]　$\alpha = \mathrm{Sin}^{-1}x$, $\beta = \mathrm{Cos}^{-1}x$ とおくと
$$x = \sin\alpha \quad \left(-\frac{\pi}{2} \leqq \alpha \leqq \frac{\pi}{2}\right), \quad x = \cos\beta \quad (0 \leqq \beta \leqq \pi)$$
と表されるので，次の等式
$$x = \sin\alpha = \cos\left(\frac{\pi}{2} - \alpha\right) = \cos\beta$$
が成り立つ．このとき，$0 \leqq \pi/2 - \alpha \leqq \pi$ であり，かつ $0 \leqq \beta \leqq \pi$ であるから，$\pi/2 - \alpha = \beta$ が導かれて，求めるべき等式が得られる．　　$\square$

問題 1.4 次の等式が成り立つことを示せ．
$$\mathrm{Tan}^{-1}x + \mathrm{Tan}^{-1}\frac{1}{x} = \begin{cases} \dfrac{\pi}{2} & (x > 0 \text{ のとき}), \\ -\dfrac{\pi}{2} & (x < 0 \text{ のとき}). \end{cases}$$

§1.3 指数関数と対数関数

◆ **数列の極限** 数列 $a_1, a_2, \ldots, a_n, \ldots$ が

$$a_1 \leqq a_2 \leqq \cdots \leqq a_n \leqq \cdots \quad \text{または} \quad a_1 \geqq a_2 \geqq \cdots \geqq a_n \geqq \cdots$$

をみたすとき，数列 $\{a_n\}$ を**単調増加数列**または**単調減少数列**という．また，ある定数 b, c が存在して，すべての a_n に対して $b \leqq a_n \leqq c$ が成り立つとき，数列 $\{a_n\}$ は**有界**であるという．数列 $\{a_n\}$ において，番号 n が限りなく大きくなるにつれて，a_n が一定の有限値（有限各定値ともいう）a に限りなく近づくならば

$$\lim_{n \to \infty} a_n = a$$

と表し，数列 $\{a_n\}$ は**極限値** a に**収束する**という．数列 $\{a_n\}$ が収束するならば，それは常に有界であることに注意する．数列 $\{a_n\}$ が収束しないとき（有限値であっても一定値をとらない場合も），$\{a_n\}$ は**発散する**という．

数列の極限値も，「関数の極限値の性質」と同様な四則演算と大小関係に関して関数の極限値と全く同様な基本性質をみたす．

数列の収束性を調べる際には，次の収束判定条件が有用である．

数列の収束判定条件

有界な単調増加または単調減少数列は常に収束する．

◆ **指数法則** 同じ数をいくつも掛けることを**ベキ乗**といい，掛ける個数を表す数を**指数**という．ベキ乗は，実数 a, b と自然数 m, n に対し**指数法則**とよばれる次の関係式をみたす．

指数法則

(1) $a^m a^n = a^{m+n}$ 　　(2) $(a^m)^n = a^{mn}$ 　　(3) $(ab)^n = a^n b^n$

ベキ乗の指数を自然数に限定しないで一般の実数にまで拡張するために，実数 a を**正の数**に限定する．a^0，a^{-n} および $a^{\pm\frac{l}{n}}$ を次のように定める．

$$a^0 = 1, \quad a^{-n} = \frac{1}{a^n} \quad (n = 1, 2, 3, \ldots),$$

$$a^{\frac{l}{n}} = \sqrt[n]{a^l}, \quad a^{-\frac{l}{n}} = \frac{1}{\sqrt[n]{a^l}} \quad (l = 1, 2, 3, \ldots;\ n = 2, 3, 4, \ldots).$$

さらに，無理数 r に対しては，小数点 n 桁目で切り捨てた有理数を r_n とおき，指数が有理数である a のベキ乗からなる数列 $\{a^{r_n}\}$ を考える．この数列は $a > 1,\ r > 0$ または $0 < a < 1,\ r < 0$ のとき有界な単調増加数列になり，$0 < a < 1,\ r > 0$ または $a > 1,\ r < 0$ のとき有界な単調減少数列になる．それゆえ，「数列の収束判定条件」より数列 $\{a^{r_n}\}$ はある有限確定値に収束するので，この極限値を a^r と定めればよい．すなわち

$$a^r = \lim_{n \to \infty} a^{r_n} \quad \text{ただし，} \quad r = \lim_{n \to \infty} r_n.$$

正数 $a > 0$ を固定し，任意の実数 r に a のベキ乗 a^r を対応させると r を変数とする関数となる．これを a を<ruby>底<rt>てい</rt></ruby>とする**指数関数**といい，$y = a^x$ と表す．$y = a^x$ は $a > 1$ のときは左下図の黒線で描かれるように単調増加関数になり，$0 < a < 1$ のときは右下図の黒線で描かれるように単調減少関数になる．したがって，指数関数 $y = a^x$ は常に逆関数をもつ．下図の赤線で描かれるこの逆関数を a を底とする**対数関数**といい，$y = \log_a x\ (x > 0)$ と表す．

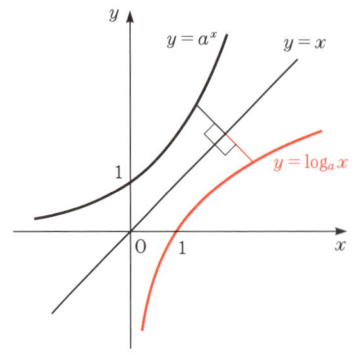
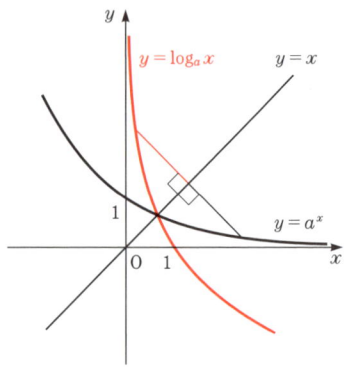

§1.3 指数関数と対数関数

◆ **ネピアの定数** 「数列の収束判定条件」を適用すると，微分・積分法において極めて重要な実数 e の存在が示される．これは無理数で，$e = 2.71828\ldots$ であることが知られている．

ネピアの定数 e

一般項 a_n が

$$a_n = \left(1 + \frac{1}{n}\right)^n$$

で与えられる数列 $\{a_n\}$ は有界な単調増加数列であって，ある有限値に収束する．この極限値を e で表し，**ネピアの定数**という．すなわち，

$$\lim_{n \to \infty} \left(1 + \frac{1}{n}\right)^n = e.$$

[考察] $a_n = \left(1 + \frac{1}{n}\right)^n$ を二項展開し，a_n と a_{n+1} を比較すると

$$\begin{aligned}
a_n &= \left(1 + \frac{1}{n}\right)^n = \sum_{k=0}^{n} {}_n\mathrm{C}_k \left(\frac{1}{n}\right)^k \\
&= \sum_{k=0}^{n} \frac{1}{k!} \left(1 - \frac{1}{n}\right)\left(1 - \frac{2}{n}\right)\cdots\left(1 - \frac{k-1}{n}\right) \\
&< \sum_{k=0}^{n} \frac{1}{k!} \left(1 - \frac{1}{n+1}\right)\left(1 - \frac{2}{n+1}\right)\cdots\left(1 - \frac{k-1}{n+1}\right) \\
&< \sum_{k=0}^{n+1} \frac{1}{k!} \left(1 - \frac{1}{n+1}\right)\left(1 - \frac{2}{n+1}\right)\cdots\left(1 - \frac{k-1}{n+1}\right) = a_{n+1}
\end{aligned}$$

となるので，数列 $\{a_n\}$ は単調増加数列である．ただし

$$_n\mathrm{C}_k = \frac{n!}{k!\,(n-k)!} = \frac{n(n-1)\cdots(n-k+1)}{k!}$$

は二項係数である．さらに，すべての a_n に対し，$2 = a_1 \leqq a_n$ でかつ

$$\begin{aligned}
a_n &= \sum_{k=0}^{n} \frac{1}{k!} \left(1 - \frac{1}{n}\right)\left(1 - \frac{2}{n}\right)\cdots\left(1 - \frac{k-1}{n}\right) \\
&< \sum_{k=0}^{n} \frac{1}{k!} < 1 + \sum_{k=1}^{n} \frac{1}{2^{k-1}} = 1 + 2\left(1 - \frac{1}{2^n}\right) < 3
\end{aligned}$$

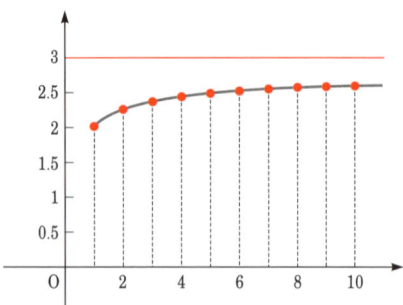

が成り立つので，数列 $\{a_n\}$ は有界である．したがって，与えられた数列 $\{a_n\}$ は有界な単調増加数列になり，「数列の収束判定条件」によって，ある一定の有限値 e に収束する． $\square$

$a_n = \left(1 + \dfrac{1}{n}\right)^n$ において $\dfrac{1}{n}$ を実数 x に置き換え，x を限りなく 0 に近づけると，極限値 $\displaystyle\lim_{x \to 0}(1+x)^{\frac{1}{x}}$ もまたネピアの定数 e になることが，次のようにして示される．

ネピアの定数 e の極限値基本公式

$$\lim_{x \to 0}(1+x)^{\frac{1}{x}} = e$$

[考察] 正数 x ($0 < x \leqq 1$) に対し，$n \leqq 1/x < n+1$ をみたす自然数 n を選ぶと，不等式

$$\left(1 + \frac{1}{n+1}\right)^n < (1+x)^{\frac{1}{x}} < \left(1 + \frac{1}{n}\right)^{n+1}$$

が得られる．しかも，両端の極限は

$$\lim_{n\to\infty}\left(1 + \frac{1}{n+1}\right)^n = \lim_{n\to\infty}\left(1 + \frac{1}{n+1}\right)^{n+1}\left(1 + \frac{1}{n+1}\right)^{-1} = e \cdot 1 = e,$$

$$\lim_{n\to\infty}\left(1 + \frac{1}{n}\right)^{n+1} = \lim_{n\to\infty}\left(1 + \frac{1}{n}\right)^n\left(1 + \frac{1}{n}\right) = e \cdot 1 = e$$

であるから，挟み撃ちの原理を適用して右極限値を求めると

$$\lim_{x \to +0}(1+x)^{\frac{1}{x}} = e.$$

一方，$x < 0$ の場合には，$x = -t\ (t > 0)$ とおくと

$$\lim_{x \to -0}(1+x)^{\frac{1}{x}} = \lim_{t \to +0}(1-t)^{-\frac{1}{t}} = \lim_{t \to +0}\left(1 + \frac{t}{1-t}\right)^{\frac{1}{t}}$$

$$= \lim_{t \to +0}\left(1 + \frac{t}{1-t}\right)^{\frac{1-t}{t}}\left(1 + \frac{t}{1-t}\right) = e \cdot 1 = e.$$

この結果，左右の極限値がともにネピアの定数 e となって一致するので，求めるべき極限値が得られる． □

ネピアの定数 e を底とする対数関数 $\log_e x$ を**自然対数**といって，通常は底 e を省略して単に $\log x$ と書き表す．このとき，a を底とする対数関数 $\log_a x$ と指数関数 a^x は次のように表される．

$$\log_a x = \frac{1}{\log a}\log x, \quad a^x = e^{(\log a)x} = (e^x)^{\log a}.$$

◆ **対数関数と指数関数の極限値基本公式**　　極限値 $\displaystyle\lim_{x \to 0}\frac{\log(1+x)}{x}$ と $\displaystyle\lim_{x \to 0}\frac{e^x - 1}{x}$ は「ネピアの定数 e の極限値基本公式」を用いて次のように計算することができる．

対数関数と指数関数の極限値基本公式

（１）　$\displaystyle\lim_{x \to 0}\frac{\log(1+x)}{x} = 1$ 　　　　（２）　$\displaystyle\lim_{x \to 0}\frac{e^x - 1}{x} = 1$

[考察]　（１）　対数関数 $\log x\ (x > 0)$ は連続関数であるから，極限 $\displaystyle\lim_{x \to 0}$ と対数関数の順序を入れ換えて極限値を計算すると，

$$\lim_{x \to 0}\frac{\log(1+x)}{x} = \lim_{x \to 0}\log(1+x)^{\frac{1}{x}} = \log\lim_{x \to 0}(1+x)^{\frac{1}{x}} = \log e = 1.$$

（２）　$y = e^x - 1$ とおくと，$x = \log(1+y)$ となる．そこで，（１）の計算結果を用いると，

$$\lim_{x \to 0}\frac{e^x - 1}{x} = \lim_{y \to 0}\frac{y}{\log(1+y)} = 1. \qquad \square$$

演習問題

1.1 次の逆三角関数の方程式を解け．

(1) $\operatorname{Sin}^{-1} x = \operatorname{Tan}^{-1} 2\sqrt{2}$

(2) $\operatorname{Sin}^{-1} x = \operatorname{Cos}^{-1} \dfrac{3}{5}$

(3) $\operatorname{Tan}^{-1} x = -\operatorname{Cos}^{-1} \dfrac{1}{\sqrt{5}}$

(4) $\operatorname{Cos}^{-1} x = -\operatorname{Sin}^{-1} \dfrac{1}{3}$

(5) $\operatorname{Cos}^{-1} x = \dfrac{1}{2} \operatorname{Tan}^{-1} \sqrt{15}$

(6) $\operatorname{Sin}^{-1} x = 2 \operatorname{Cos}^{-1} \dfrac{4}{5}$

1.2 三角関数の加法定理を利用して，次の逆三角関数の方程式を解け．

(1) $\operatorname{Sin}^{-1} \dfrac{4}{5} + \operatorname{Sin}^{-1} \dfrac{5}{13} = \operatorname{Cos}^{-1} x$

(2) $\operatorname{Tan}^{-1} \dfrac{1}{2} - \operatorname{Tan}^{-1} \dfrac{3}{4} = \operatorname{Sin}^{-1} x$

(3) $\operatorname{Sin}^{-1} \dfrac{2}{\sqrt{13}} + \operatorname{Cos}^{-1} \dfrac{3}{5} = \operatorname{Tan}^{-1} x$

(4) $\operatorname{Cos}^{-1} \dfrac{2}{3} + \operatorname{Cos}^{-1} \dfrac{1}{4} = \operatorname{Sin}^{-1} x$

1.3 三角関数の加法定理を利用して，次の値を求めよ．

(1) $\operatorname{Tan}^{-1} \dfrac{1}{2} + \operatorname{Tan}^{-1} \dfrac{1}{3}$

(2) $\operatorname{Cos}^{-1} \dfrac{1}{\sqrt{13}} + \operatorname{Sin}^{-1} \dfrac{7}{2\sqrt{13}}$

(3) $\operatorname{Tan}^{-1} \dfrac{4}{3} - \operatorname{Tan}^{-1} \dfrac{1}{7}$

(4) $\operatorname{Cos}^{-1} \dfrac{1}{\sqrt{5}} + \operatorname{Cos}^{-1} \dfrac{1}{\sqrt{10}}$

(5) $2 \operatorname{Tan}^{-1} \dfrac{1}{2} - \operatorname{Tan}^{-1} \dfrac{1}{7}$

(6) $\operatorname{Cos}^{-1} \dfrac{7}{25} + 2 \operatorname{Cos}^{-1} \dfrac{3}{5}$

1.4 $\mathbb{R} - \{0\}$ 上で定義された次の関数は x を 0 に近づけたとき極限値をもつかどうか調べよ．さらに，これらの関数は $\mathbb{R}$ 全体の上で定義された連続関数にまで拡張できるかどうか調べよ．

(1) $\dfrac{|x|}{x}$

(2) $\sin \dfrac{1}{x}$

(3) $x \sin \dfrac{1}{x}$

(4) $\dfrac{1 - \cos x}{|x|}$

(5) $\dfrac{1 - \cos^3 x}{x^2}$

(6) $\dfrac{e^{2x} - 1}{x}$

(7) $\dfrac{\log\{(1+x)(1+x^2)\}}{x}$

(8) $\dfrac{e^{2x} + e^x - 2}{x}$

第 2 章
微 分 法

§2.1 微分係数と導関数

◆ **微分係数** 関数 $f(x)$ が描く曲線 C 上の点 $P(x, f(x))$ を曲線 C に沿って定点 $A(a, f(a))$ に限りなく近づけるとき,直線 AP がある定直線 l に限りなく近づくとき,直線 l を点 A における**接線**という.曲線 C 上の 2 点 $A(a, f(a))$, $P(x, f(x))$ を結ぶ直線 AP の傾きは

$$\frac{f(x) - f(a)}{x - a}$$

であるから,点 A における接線 l の傾きは

$$\lim_{x \to a} \frac{f(x) - f(a)}{x - a}$$

である.この幾何学的な考えをもとにして,関数 $f(x)$ に微分の概念が導入される.

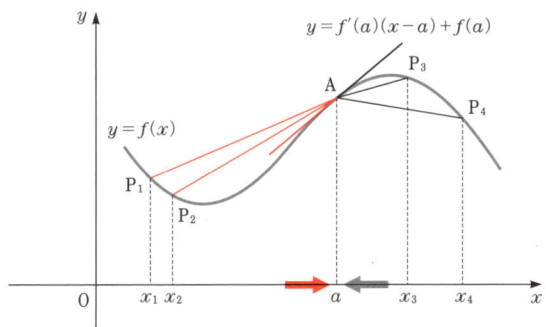

関数 $f(x)$ において，極限値

$$f'(a) = \lim_{x \to a} \frac{f(x) - f(a)}{x - a}$$

が存在するとき，関数 $f(x)$ は点 $x = a$ で**微分可能**であるという．このとき，極限値 $f'(a)$ を点 $x = a$ における $f(x)$ の**微分係数**という．S 上で定義された関数 $f(x)$ が S の各点 x で微分可能であるときは単に，関数 $f(x)$ は (S 上で) 微分可能であるという．

関数 $f(x)$ において，次の右極限値と左極限値

$$f'_+(a) = \lim_{x \to a+0} \frac{f(x) - f(a)}{x - a}, \quad f'_-(a) = \lim_{x \to a-0} \frac{f(x) - f(a)}{x - a}$$

が存在するとき，これらの極限値 $f'_+(a)$, $f'_-(a)$ をそれぞれ点 $x = a$ における $f(x)$ の**右微分係数**，**左微分係数**という．関数 $f(x)$ が点 $x = a$ で右微分係数と左微分係数をもち，それらの値が一致すれば，$f(x)$ は点 $x = a$ で微分可能である．

例 2.1 関数 $f(x) = |x|$, $g(x) = |x|^3$, $h(x) = \sqrt{|x|}$ の点 $x = 0$ における右微分係数と左微分係数は

$$f'_\pm(0) = \pm 1, \quad g'_\pm(0) = 0, \quad h'_\pm(0) = \pm\infty \quad \text{(複号同順)}$$

であるから，$g(x) = |x|^3$ は点 $x = 0$ で微分可能であるが，$f(x) = |x|$, $h(x) = \sqrt{|x|}$ は点 $x = 0$ で微分可能ではない． $\diamondsuit$

微分可能な関数の連続性

点 $x = a$ で微分可能な関数 $f(x)$ はその点 $x = a$ において連続である．

[証明] 関数 $f(x)$ が点 $x = a$ で微分可能ならば

$$\lim_{x \to a} f(x) - f(a) = \lim_{x \to a} \frac{f(x) - f(a)}{x - a}(x - a) = f'(a) \lim_{x \to a}(x - a) = 0$$

となり，$\lim_{x \to a} f(x) = f(a)$ が導かれる． $\square$

§2.1 微分係数と導関数

◆ **導関数** S 上で定義された関数 $y = f(x)$ が微分可能であるとき，S の各点 $x = a$ に対し微分係数 $f'(a)$ を対応させる関数を $f(x)$ の**導関数**といい

$$y', \quad f'(x), \quad \frac{dy}{dx}, \quad \frac{df(x)}{dx}, \quad \frac{d}{dx}f(x)$$

などで表す．

ベキ関数・指数関数・対数関数・三角関数・逆三角関数の 5 種類の関数，およびこれらの定数倍・和・差・積・商と合成によって得られる関数を**初等関数**という．幾つかのよく知られた初等関数に対し，その導関数を定義に基づいて求めることにする．

初等関数の導関数

(0) $(c)' = 0$ (c は定数) 　　　(1) $(x^n)' = nx^{n-1}$ (n は自然数)

(2) $(\sin x)' = \cos x$ 　　　　　　(3) $(\cos x)' = -\sin x$

(4) $(e^x)' = e^x$ 　　　　　　　　 (5) $(\log |x|)' = \dfrac{1}{x}$

[考察] 与えられた関数 $y = f(x)$ に対し，$\Delta y = f(x + \Delta x) - f(x)$ とおいて，極限値 $y' = \lim_{\Delta x \to 0} \dfrac{\Delta y}{\Delta x}$ を計算すればよい．

(0) $\Delta y = c - c = 0$ であるから，明らかに $y' = \lim_{\Delta x \to 0} \dfrac{\Delta y}{\Delta x} = 0$ である．

(1) $\Delta y = (x + \Delta x)^n - x^n$ は二項展開を用いると

$$\Delta y = nx^{n-1}\Delta x + \frac{n(n-1)}{2}x^{n-2}(\Delta x)^2 + \cdots + nx(\Delta x)^{n-1} + (\Delta x)^n$$

と変形できるので

$$y' = \lim_{\Delta x \to 0} \left\{ nx^{n-1} + \frac{n(n-1)}{2}x^{n-2}\Delta x + \cdots + (\Delta x)^{n-1} \right\} = nx^{n-1}.$$

(2) $\Delta y = \sin(x + \Delta x) - \sin x$ は正弦関数 $\sin x$ の加法定理を用いると

$$\Delta y = \sin x \cos \Delta x + \cos x \sin \Delta x - \sin x$$

$$= \cos x \sin \Delta x + \sin x (\cos \Delta x - 1)$$

と変形できる．そこで，「正弦関数の極限値基本公式」を用いると

$$y' = \lim_{\Delta x \to 0} \frac{\Delta y}{\Delta x} = \lim_{\Delta x \to 0} \frac{\cos x \sin \Delta x + \sin x (\cos \Delta x - 1)}{\Delta x}$$
$$= \left(\cos x - \lim_{\Delta x \to 0} \frac{\sin x \sin \Delta x}{1 + \cos \Delta x} \right) \lim_{\Delta x \to 0} \frac{\sin \Delta x}{\Delta x} = \cos x.$$

（３） 余弦関数 $\cos x$ の加法定理を用いて，（２）と同様に求めればよい．

（４） $\Delta y = e^{x+\Delta x} - e^x = e^x(e^{\Delta x} - 1)$ であるから，「指数関数の極限値基本公式」を用いると

$$y' = \lim_{\Delta x \to 0} \frac{\Delta y}{\Delta x} = \lim_{\Delta x \to 0} \frac{e^x(e^{\Delta x} - 1)}{\Delta x} = e^x \lim_{\Delta x \to 0} \frac{e^{\Delta x} - 1}{\Delta x} = e^x.$$

（５） $\Delta y = \log|x + \Delta x| - \log|x| = \log\left|1 + \dfrac{\Delta x}{x}\right|$ であるから，「対数関数の極限値基本公式」を用いると

$$y' = \lim_{\Delta x \to 0} \frac{\Delta y}{\Delta x} = \lim_{\Delta x \to 0} \frac{\log\left(1 + \dfrac{\Delta x}{x}\right)}{\Delta x} = \frac{1}{x} \lim_{\Delta x \to 0} \frac{\log\left(1 + \dfrac{\Delta x}{x}\right)}{\dfrac{\Delta x}{x}} = \frac{1}{x}. \quad \square$$

◆ **微分公式**　微分可能な関数の導関数を求める際には，次の微分公式を利用しながら計算すればよい．

関数の定数倍・和・差・積・商および合成関数の導関数

[I]　関数 $f(x)$, $g(x)$ が微分可能であるとする．

(ⅰ)　$\{cf(x)\}' = cf'(x)$　（c は定数）．

(ⅱ)　$\{f(x) \pm g(x)\}' = f'(x) \pm g'(x)$　（複号同順）．

(ⅲ)　$\{f(x)g(x)\}' = f'(x)g(x) + f(x)g'(x)$．

(ⅳ)　$\left\{\dfrac{f(x)}{g(x)}\right\}' = \dfrac{f'(x)g(x) - f(x)g'(x)}{g(x)^2}$　（$g(x) \neq 0$）．

特に，$\left\{\dfrac{1}{g(x)}\right\}' = -\dfrac{g'(x)}{g(x)^2}$．

[Ⅱ]　関数 $y = f(x)$, $z = g(y)$ が微分可能であるとする．

(ⅴ)　$\{g(f(x))\}' = g'(y)f'(x)$．

微分可能な関数 $y = f(x)$ が逆関数 $y = f^{-1}(x)$ をもつとき，その逆関数は $x = f(y)$ と表される．そこで，この両辺を x で微分すると，合成関数の微分公式 (v) より次の関係式が導かれる．

$$1 = \frac{d}{dx}f(y) = \left\{\frac{d}{dy}f(y)\right\}\frac{dy}{dx} = f'(y)y'.$$

逆関数の導関数

微分可能な関数 $f(x)$ が逆関数 $f^{-1}(x)$ をもつとき，その導関数は

$$\frac{d}{dx}f^{-1}(x) = \frac{1}{f'\left(f^{-1}(x)\right)}.$$

微分可能な関数 $f(x)$ は微分公式 (v) より $\{f(-x)\}' = -f'(-x)$ をみたしている．それゆえ，微分可能な関数 $f(x)$ が奇関数ならばその導関数 $f'(x)$ は偶関数であり，$f(x)$ が偶関数ならばその導関数 $f'(x)$ は奇関数である．

問題 2.1 n を自然数とする．関数 $\dfrac{1}{x^n}$, $\sqrt[n]{x}$, $\tan x$, $\dfrac{1}{\tan x}$ の導関数はそれぞれ

$$\left(\frac{1}{x^n}\right)' = -\frac{n}{x^{n+1}}, \quad \left(\sqrt[n]{x}\right)' = \frac{1}{n\sqrt[n]{x^{n-1}}},$$

$$(\tan x)' = \frac{1}{\cos^2 x}, \quad \left(\frac{1}{\tan x}\right)' = -\frac{1}{\sin^2 x}$$

であることを商の微分公式 (iv) と合成関数の微分公式 (v) を用いて示せ．

◆ **対数微分法** 関数 $y = f(x)$ に対数を施して，$\log|y| = \log|f(x)|$ の左辺を x で微分すると

$$\frac{d}{dx}\log|y| = \left(\frac{d}{dy}\log|y|\right)\frac{dy}{dx} = \frac{y'}{y}$$

が得られる．それゆえ，$y = f(x)$ の導関数は

$$y' = \frac{d\log|f(x)|}{dx}y = (\log|f(x)|)'f(x)$$

で与えられる．このように $y=f(x)$ の両辺に対数を施して，$f(x)$ の微分を求める方法を**対数微分法**という．例えば，関数 $y=g(x)^{h(x)}$ に対数を施し，その両辺 $\log|y|=h(x)\log|g(x)|$ を x で微分して導関数を求めると

$$y' = \left\{h'(x)g(x)\log|g(x)| + h(x)g'(x)\right\}g(x)^{h(x)-1}.$$

例題 2.1 関数 x^a，x^x $(x>0)$ の導関数を対数微分法で求めると次の形で与えられることを示せ．ただし，a は定数である．

（1） $(x^a)' = ax^{a-1}$ （2） $(x^x)' = x^x(\log x + 1)$

[解]（1）は（2）より易しいので各自の演習に任せることにする．

（2） $y=x^x$ の導関数を求めるために，両辺に対数を施すと $\log y = x\log x$ となる．この両辺を x で微分すると，微分公式 (iii), (v) によって

$$\frac{y'}{y} = \log x + x\cdot\frac{1}{x} = \log x + 1$$

が導かれるので，求めるべき導関数が得られる． □

問題 2.2 次の関数の導関数を対数微分法を用いて求めよ．ただし，$a>0$ は定数である．

（1） a^x （2） x^{3x^2}

[答]（1） $a^x\log a$ （2） $3x(2\log x + 1)x^{3x^2}$

◆ **逆三角関数の導関数** 逆三角関数 $\mathrm{Sin}^{-1}x$，$\mathrm{Cos}^{-1}x$，$\mathrm{Tan}^{-1}x$ の導関数を逆関数の微分法を用いて求めることにする．

逆三角関数の導関数

（1） $(\mathrm{Sin}^{-1}x)' = \dfrac{1}{\sqrt{1-x^2}}$ （2） $(\mathrm{Cos}^{-1}x)' = -\dfrac{1}{\sqrt{1-x^2}}$

（3） $(\mathrm{Tan}^{-1}x)' = \dfrac{1}{1+x^2}$

[考察] （ 1 ） $y = \mathrm{Sin}^{-1} x$ を $x = \sin y \ (-\pi/2 \leqq y \leqq \pi/2)$ と書き換えて，両辺を x で微分すると

$$1 = y' \cos y.$$

主値 y の範囲は $-\pi/2 \leqq y \leqq \pi/2$ であるから，$\cos y \geqq 0$ となることに注意すると

$$y' = \frac{1}{\cos y} = \frac{1}{\sqrt{1 - \sin^2 y}} = \frac{1}{\sqrt{1 - x^2}}.$$

（ 2 ） $y = \mathrm{Cos}^{-1} x$ を $x = \cos y \ (0 \leqq y \leqq \pi)$ と書き換えて，（ 1 ）と同様に両辺を x で微分すればよい．

（ 3 ） $y = \mathrm{Tan}^{-1} x$ を $x = \tan y \ (-\pi/2 < y < \pi/2)$ と書き換えて，両辺を x で微分すると

$$1 = y' \frac{1}{\cos^2 y}$$

となる．したがって

$$y' = \cos^2 y = \frac{1}{1 + \tan^2 y} = \frac{1}{1 + x^2}. \qquad \square$$

例題 2.2 次の逆三角関数の導関数を求めよ．

（ 1 ） $\mathrm{Tan}^{-1} \dfrac{1}{x}$ 　　　　　　　　　　（ 2 ） $\mathrm{Sin}^{-1} \sqrt{1 - x^2} \ \ (0 < x < 1)$

[解] それぞれの導関数を合成関数の微分公式 (v) を用いて求めると

（ 1 ） $\left(\mathrm{Tan}^{-1} \dfrac{1}{x} \right)' = \dfrac{1}{1 + \dfrac{1}{x^2}} \left(\dfrac{1}{x} \right)' = \dfrac{1}{1 + \dfrac{1}{x^2}} \left(-\dfrac{1}{x^2} \right) = -\dfrac{1}{x^2 + 1},$

（ 2 ） $\left(\mathrm{Sin}^{-1} \sqrt{1 - x^2} \right)' = \dfrac{1}{\sqrt{1 - (1 - x^2)}} \left(\sqrt{1 - x^2} \right)'$

$= \dfrac{1}{\sqrt{x^2}} \cdot \dfrac{-x}{\sqrt{1 - x^2}} = \dfrac{-x}{x \sqrt{1 - x^2}} = -\dfrac{1}{\sqrt{1 - x^2}}. \qquad \square$

問題 2.3 次の逆三角関数の導関数を求めよ．

（ 1 ） $\mathrm{Sin}^{-1}(2x^2 - 1) \ \ (0 < x < 1)$ 　　　　　　（ 2 ） $\mathrm{Cos}^{-1} \dfrac{1}{x} \ \ (x > 1)$

（ 3 ） $\mathrm{Tan}^{-1} \dfrac{x - 1}{x + 1}$

[答] （ 1 ） $\dfrac{2}{\sqrt{1 - x^2}}$ 　　（ 2 ） $\dfrac{1}{x \sqrt{x^2 - 1}}$ 　　（ 3 ） $\dfrac{1}{x^2 + 1}$

§2.2 高次導関数

◆ **初等関数の高次導関数** 関数 $y = f(x)$ が微分可能で，その導関数 $y' = f'(x)$ もまた微分可能ならば，$f'(x)$ の導関数 $y'' = f''(x)$ を考えることができる．これを $y = f(x)$ の**第 2 次導関数**といい，$f(x)$ は **2 回微分可能**であるという．より一般には，関数 $y = f(x)$ が n 回繰り返して微分できるとき，n 回微分して得られる関数を $y = f(x)$ の**第 n 次導関数**といい

$$f^{(n)}(x), \quad y^{(n)}, \quad \frac{d^n y}{dx^n}, \quad \frac{d^n f(x)}{dx^n}, \quad \frac{d^n}{dx^n}f(x)$$

などで表す．このとき，$f(x)$ は **n 回微分可能**であるという．

なお，$f^{(0)}(x) = f(x)$, $y^{(0)} = y$ と定め，通常 $f^{(1)}(x)$, $f^{(2)}(x)$, $f^{(3)}(x)$, $y^{(1)}$, $y^{(2)}$, $y^{(3)}$ はそれぞれ $f'(x)$, $f''(x)$, $f'''(x)$, y', y'', y''' と表される．

原点 $x = 0$ の近くにおいて n 回微分可能な関数 $f(x)$ が奇関数ならば，第 $2m$ 次導関数 $f^{(2m)}(x)$ $(0 \leqq 2m \leqq n)$ は奇関数で $f^{(2m)}(0) = 0$ をみたし，第 $2m+1$ 次導関数 $f^{(2m+1)}(x)$ $(1 \leqq 2m+1 \leqq n)$ は偶関数になる．他方，$f(x)$ が偶関数の場合も同様に，第 $2m$ 次導関数 $f^{(2m)}(x)$ は偶関数で，第 $2m+1$ 次導関数 $f^{(2m+1)}(x)$ は奇関数になり，$f^{(2m+1)}(0) = 0$ をみたす．

初等関数 x^a (a は定数)，$\sin x$, $\cos x$, e^x, $\log |x|$ の第 n 次導関数を求めると，それらはそれぞれ次の形をした関数である．

初等関数の第 n 次導関数

(1) $(x^a)^{(n)} = a(a-1)\cdots(a-n+1)x^{a-n} \quad (x > 0)$

(2) $(\sin x)^{(n)} = \sin\left(x + \frac{n}{2}\pi\right), \quad (\cos x)^{(n)} = \cos\left(x + \frac{n}{2}\pi\right)$

(3) $(e^x)^{(n)} = e^x$

(4) $(\log |x|)^{(n)} = (-1)^{n-1}\dfrac{(n-1)!}{x^n} \quad (x \neq 0, n \geqq 1)$

問題 2.4 「初等関数の第 n 次導関数」の (1)〜(4) を n による帰納法を用いて示せ．

§2.2 高次導関数

例題 2.3 次の関数の第 n 次導関数を求めよ.

(1) $\log\left|\dfrac{x+1}{x-1}\right|$　　　　(2) $e^x \sin x$

[解] (1) 関数

$$y = \log\left|\frac{x+1}{x-1}\right| = \log|x+1| - \log|x-1|$$

の導関数は

$$y' = \frac{1}{x+1} - \frac{1}{x-1}$$

であるから，その第 2 次および第 3 次導関数は

$$y'' = -\frac{1}{(x+1)^2} + \frac{1}{(x-1)^2}, \quad y''' = \frac{2}{(x+1)^3} - \frac{2}{(x-1)^3}$$

となる．そして，一般に第 n 次導関数は

$$y^{(n)} = (-1)^{n-1}\frac{(n-1)!}{(x+1)^n} + (-1)^n\frac{(n-1)!}{(x-1)^n} \quad (n \geqq 1).$$

(2) 関数 $y = e^x \sin x$ の第 1 次から第 4 次までの導関数はそれぞれ

$$y' = e^x(\sin x + \cos x) = \sqrt{2}\,e^x \sin\left(x + \frac{\pi}{4}\right),$$

$$y'' = 2e^x \cos x = 2e^x \sin\left(x + \frac{\pi}{2}\right),$$

$$y''' = 2e^x(\cos x - \sin x) = 2\sqrt{2}\,e^x \sin\left(x + \frac{3}{4}\pi\right),$$

$$y^{(4)} = -4e^x \sin x = 4e^x \sin(x + \pi)$$

である．この結果，$y^{(4)} = -4y$ が成り立ち，一般に第 n 次導関数 $y^{(n)}$ は

$$y^{(n)} = (\sqrt{2})^n e^x \sin\left(x + \frac{n}{4}\pi\right). \qquad \square$$

問題 2.5 次の関数の第 n 次導関数を求めよ.

(1) $\cos^2 x$　　　　(2) $\dfrac{x+1}{x-1}$　　　　(3) $(1+x)\log(1+x)$

[答] (1) $-2^{n-1} \sin\left(2x + \dfrac{n-1}{2}\pi\right) \quad (n \geqq 1)$

(2) $(-1)^n \dfrac{2 \cdot n!}{(x-1)^{n+1}} \quad (n \geqq 1)$　　(3) $(-1)^n \dfrac{(n-2)!}{(1+x)^{n-1}} \quad (n \geqq 2)$

◆ **ライプニッツの公式** n 回微分可能な関数 $f(x)$ と $g(x)$ の積 $f(x)g(x)$ の第 n 次導関数は<u>二項展開式</u>によく似た次の公式によって与えられる.

ライプニッツの公式

$$\{f(x)g(x)\}^{(n)} = \sum_{k=0}^{n} {}_nC_k f^{(n-k)}(x) g^{(k)}(x)$$

$$= f^{(n)}(x)g(x) + nf^{(n-1)}(x)g'(x) + \frac{n(n-1)}{2} f^{(n-2)}(x)g''(x)$$

$$+ \cdots + \frac{n!}{k!(n-k)!} f^{(n-k)}(x)g^{(k)}(x) + \cdots$$

$$+ nf'(x)g^{(n-1)}(x) + f(x)g^{(n)}(x)$$

例題 2.4 関数 $y = x^3 e^{-x}$ の第 n 次導関数 $y^{(n)}$ を「ライプニッツの公式」を用いて求めよ.

[解] $f(x) = x^3$, $g(x) = e^{-x}$ とおくと

$$f'(x) = 3x^2, \quad f''(x) = 6x, \quad f'''(x) = 6, \quad f^{(k)}(x) = 0 \quad (k \geqq 4),$$

$$g^{(m)}(x) = (-1)^m e^{-x} \quad (m \geqq 1)$$

である. そこで,「ライプニッツの公式」を用いて関数 $y = f(x)g(x)$ の第 n 次導関数 $y^{(n)}$ を求めると

$$y^{(n)} = f(x)g^{(n)}(x) + nf'(x)g^{(n-1)}(x) + \frac{n(n-1)}{2} f''(x)g^{(n-2)}(x)$$

$$+ \frac{n(n-1)(n-2)}{6} f'''(x)g^{(n-3)}(x)$$

$$= (-1)^n \{x^3 - 3nx^2 + 3n(n-1)x - n(n-1)(n-2)\} e^{-x}. \qquad \Box$$

問題 2.6 次の関数の第 n 次導関数を「ライプニッツの公式」を用いて求めよ.

(1) $x^3 e^{3x}$ (2) $x^2 \cos 2x$

[答] (1) $y^{(n)} = 3^{n-3} \{27x^3 + 27nx^2 + 9n(n-1)x + n(n-1)(n-2)\} e^{3x}$

(2) $y^{(n)} = 2^{n-2} \{4x^2 - n(n-1)\} \cos\left(2x + \frac{n}{2}\pi\right) + 2^n nx \cos\left(2x + \frac{n-1}{2}\pi\right)$

◆ 高次導関数の漸化式

「ライプニッツの公式」を利用すると，以下で述べるように第 n 次導関数を n に関する漸化式で表すことができる．

例題 2.5 次の関数の第 n 次導関数を「ライプニッツの公式」を用いて漸化式の形で表せ．

(1) $\mathrm{Tan}^{-1} x$ (2) $\mathrm{Sin}^{-1} x$

[解] (1) 関数 $f(x) = \mathrm{Tan}^{-1} x$ の導関数は $f'(x) = \dfrac{1}{1+x^2}$ である．そこで

$$(1+x^2)f'(x) = 1$$

の両辺を x で $n\ (\geqq 1)$ 回微分すると，「ライプニッツの公式」により漸化式

$$(1+x^2)f^{(n+1)}(x) + 2nx f^{(n)}(x) + n(n-1)f^{(n-1)}(x) = 0$$

が得られる．ただし，$f(x) = \mathrm{Tan}^{-1} x,\ f'(x) = \dfrac{1}{1+x^2}$ である．

(2) 関数 $f(x) = \mathrm{Sin}^{-1} x$ の導関数は $f'(x) = \dfrac{1}{\sqrt{1-x^2}}$ である．

$$\sqrt{1-x^2}\, f'(x) = 1$$

の両辺を x でもう一度微分すると

$$\sqrt{1-x^2}\, f''(x) - \frac{x f'(x)}{\sqrt{1-x^2}} = 0$$

となる．そこで

$$(1-x^2)f''(x) - x f'(x) = 0$$

の両辺を x で $n\ (\geqq 0)$ 回微分すると，「ライプニッツの公式」により

$$(1-x^2)f^{(n+2)}(x) - 2nx f^{(n+1)}(x) - n(n-1)f^{(n)}(x)$$
$$- x f^{(n+1)}(x) - n f^{(n)}(x) = 0$$

が得られる．左辺を整理すると，漸化式

$$(1-x^2)f^{(n+2)}(x) - (2n+1)x f^{(n+1)}(x) - n^2 f^{(n)}(x) = 0 \quad (n \geqq 0)$$

が導かれる．ただし，$f(x) = \mathrm{Sin}^{-1} x,\ f'(x) = \dfrac{1}{\sqrt{1-x^2}}$ である． □

例題 2.5 で得られた漸化式に $x=0$ を代入すれば，与えられた関数の $x=0$ における第 n 次微分係数を求めることができる．

例題 2.6 関数
$$f(x) = \mathrm{Tan}^{-1} x$$
の第 n 次微分係数 $f^{(n)}(0)$ を求めよ．

[解]　例題 2.5（1）で得られた漸化式に $x=0$ を代入すると
$$f^{(n+1)}(0) = -n(n-1)f^{(n-1)}(0) \quad (n \geqq 1)$$
が導かれる．$f(0)=0$, $f'(0)=1$ であるから，$m \geqq 1$ のとき
$$\begin{aligned}
f^{(2m)}(0) &= -(2m-1)(2m-2)f^{(2m-2)}(0) \\
&= (-1)^2(2m-1)(2m-2)(2m-3)(2m-4)f^{(2m-4)}(0) = \cdots \\
&= (-1)^m(2m-1)(2m-2)\cdots 1 \cdot 0 \cdot f(0) = 0,
\end{aligned}$$
$$f^{(2m+1)}(0) = (-1)^m 2m(2m-1)\cdots 2 \cdot 1 \cdot f'(0) = (-1)^m (2m)!. \qquad \square$$

問題 2.7 関数
$$f(x) = \mathrm{Sin}^{-1} x$$
の第 n 次微分係数 $f^{(n)}(0)$ を求めよ．

[答]　$f(0)=0$, $f'(0)=1$, $f^{(2m)}(0)=0$,
$f^{(2m+1)}(0) = (2m-1)^2(2m-3)^2 \cdots 3^2 \cdot 1 \quad (m \geqq 1)$

問題 2.8 次の関数 $f(x)$ の第 n 次導関数 $f^{(n)}(x)$ を「ライプニッツの公式」を用いて漸化式の形で表せ．さらに，その第 n 次微分係数 $f^{(n)}(0)$ を求めよ．

（1）　$f(x) = e^{x^2}$ 　　　　　（2）　$f(x) = \dfrac{x}{1+x^2}$

[答]　（1）　$f^{(n+1)}(x) - 2xf^{(n)}(x) - 2nf^{(n-1)}(x) = 0 \quad (n \geqq 0)$,
$$f^{(2m)}(0) = \frac{(2m)!}{m!}, \ f^{(2m+1)}(0) = 0 \quad (m \geqq 0)$$
（2）　$(1+x^2)f^{(n)}(x) + 2nxf^{(n-1)}(x) + n(n-1)f^{(n-2)}(x) = 0 \quad (n \geqq 2)$,
$f^{(2m)}(0) = 0$, $f^{(2m+1)}(0) = (-1)^m(2m+1)! \quad (m \geqq 0)$

演習問題

2.1 次の関数の導関数を定義に基づいて求めよ．ただし，n は自然数である．

(1) $\dfrac{1}{1+x^2}$ 　　(2) $\tan x$ 　　(3) $\dfrac{1}{x^n}$ 　　(4) $\sqrt[n]{x}$

2.2 次の関数の導関数を微分公式を用いて求めよ．ただし，a は正の定数である．

(1) $(x+2)^3(x^3-4)^5$ 　　　　　　(2) $\dfrac{x^4-1}{x^3+2}$

(3) $(x-3)\sqrt{x^2+2x+3}$ 　　　　　(4) $\dfrac{x-2}{\sqrt{x^2-4x+5}}$

(5) $\left(x+\sqrt{x^2+2}\right)^7$ 　　　　　(6) $\cos^3 2x^3$

(7) $\dfrac{\sin x}{1+\cos x}$ 　　　　　　　　(8) $(9x^2-6x-7)e^{x^3}$

(9) $x^2 e^{\frac{1}{x}}$ 　　　　　　　　　　(10) $e^{-3x}(\sin 3x + \cos 3x)$

(11) $\log(\log x)$ 　　　　　　　　(12) $\log|\cos x|$

(13) $\dfrac{(\log|x|)^2}{x}$ 　　　　　　　　(14) $\log\sqrt{\dfrac{x-1}{x^2+3}}$

(15) $\log\left|x+\sqrt{x^2-1}\right|$ 　　　　　(16) $\log\left|\tan\dfrac{x}{2}\right|$

2.3 次の関数の導関数を対数微分法を用いて求めよ．ただし，a は定数である．

(1) x^{x^a} 　　(2) $x^{(\log x)^a}$ 　　(3) $(1+x)^{\frac{1}{x}}$

(4) $(\log x)^{\frac{1}{x}}$ 　　(5) $(\cos x)^{\cos x}$ 　　(6) $(\tan x)^{\sin x}$

2.4 次の関数の第 1 次，第 2 次および第 3 次導関数を求めよ．

(1) $\dfrac{1}{1+x^2}$ 　　(2) $\dfrac{1}{\sqrt{1-x^2}}$ 　　(3) $\dfrac{x}{1+x^2}$

(4) $\tan x$ 　　(5) $\dfrac{\log x}{x}$ 　　(6) $x^3 \sin^2 x$

(7) $\log\left(x+\sqrt{1+x^2}\right)$ 　　(8) $e^{2x}\sin x^2$

2.5 次の逆三角関数の導関数を求めよ．

(1) $\mathrm{Tan}^{-1}\sqrt{x^2-1}$ 　　　　　(2) $\mathrm{Sin}^{-1}\sqrt{\dfrac{x+1}{2}}$

(3) $\mathrm{Tan}^{-1} \dfrac{1}{\sqrt{1+x^2}}$ (4) $\mathrm{Cos}^{-1} \dfrac{1}{\sqrt{1+x^2}}$ $(x>0)$

(5) $\mathrm{Cos}^{-1} \dfrac{1-x}{1+x}$ (6) $\mathrm{Sin}^{-1} \sqrt{\dfrac{x}{1+x}}$

(7) $\mathrm{Cos}^{-1} \dfrac{1}{x^2+1}$ $(x>0)$ (8) $\mathrm{Tan}^{-1} \dfrac{x^2-1}{2x}$

(9) $\mathrm{Sin}^{-1} \dfrac{x^2-1}{x^2+1}$ $(x>0)$ (10) $\mathrm{Cos}^{-1} \dfrac{2x}{x^2+1}$ $(|x|>1)$

(11) $\mathrm{Sin}^{-1} \dfrac{x}{\sqrt{1+x^2}}$ (12) $\mathrm{Tan}^{-1}(x+\sqrt{x^2-1})$

(13) $\mathrm{Cos}^{-1}(2x\sqrt{1-x^2})$ $\left(\dfrac{1}{\sqrt{2}}<|x|<1\right)$

(14) $\mathrm{Tan}^{-1} \sqrt{\dfrac{1-x}{1+x}}$ (15) $\mathrm{Tan}^{-1} \dfrac{x^2+2x-1}{x^2-2x-1}$

(16) $\mathrm{Sin}^{-1} \dfrac{e^x}{e^x+e^{-x}}$ (17) $\mathrm{Tan}^{-1} \dfrac{e^x-e^{-x}}{e^x+e^{-x}}$

2.6 次の関数の第 n 次導関数を求めよ．ただし，a は正の定数である．

(1) a^x (2) $\log_a |x|$ (3) $\sin^3 x$ (4) $(e^{2x}-e^{-x})^3$

(5) $\dfrac{3}{x^2+x-2}$ (6) $\log|x^3-3x+2|$

(7) $\dfrac{2}{\sqrt{x+1}+\sqrt{x-1}}$ (8) $e^{-2x}\cos 2x$

2.7 次の関数の第 n 次導関数を「ライプニッツの公式」を用いて求めよ．

(1) $x^4 e^x$ (2) $x^4 e^{-2x}$ (3) $x^3 \sin 3x$

(4) $x^4 \cos 2x$ (5) $x^2 \sin^2 x$ (6) $x^2 \log(1+x)$

2.8 次の関数の第 n 次導関数を「ライプニッツの公式」を用いて漸化式の形で表せ．さらに，$x=0$ での第 n 次微分係数を求めよ．

(1) $\sqrt{2+x^2}$ (2) $\sqrt{2-x^2}$ (3) e^{x^3}

(4) $x^2 e^{x^2}$ (5) $\log(x+\sqrt{1+x^2})$ (6) $\log(1+x^3)$

第3章
微分法の応用

§3.1 微分可能な関数の基本定理

◆ **平均値の定理**　微分可能な関数の性質を学ぶためには，連続関数に対する「最大値・最小値の定理」を利用して得られる次の「ロルの定理」が出発点の役割を担う．

ロルの定理

関数 $f(x)$ が閉区間 $[a, b]$ で連続で，開区間 (a, b) で微分可能とする．もし $f(a) = f(b)$ ならば，$f'(c) = 0$ をみたす点 c $(a < c < b)$ が少なくとも 1 つ存在する．

「ロルの定理」を用いて容易に示される次の「平均値の定理」は微分可能な関数 $f(x)$ の性質を学ぶ際に重要な役割を果たす．

平均値の定理

関数 $f(x)$ が閉区間 $[a, b]$ で連続で，開区間 (a, b) で微分可能とする．このとき

$$f'(c) = \frac{f(b) - f(a)}{b - a} \quad (a < c < b)$$

をみたす点 c が少なくとも 1 つ存在する．

[証明]　曲線 $y = f(x)$ 上の 2 点 $(a, f(a))$, $(b, f(b))$ を結ぶ直線

$$y = \frac{f(b) - f(a)}{b - a}(x - a) + f(a)$$

と $y = f(x)$ の差を考えて

$$F(x) = f(x) - \frac{f(b) - f(a)}{b - a}(x - a) - f(a)$$

とおくと，$F(a) = F(b) = 0$ となる．関数 $F(x)$ に対して「ロルの定理」を適用すると

$$0 = F'(c) = f'(c) - \frac{f(b) - f(a)}{b - a}$$

をみたす点 $c\ (a < c < b)$ が少なくとも1つ存在する． □

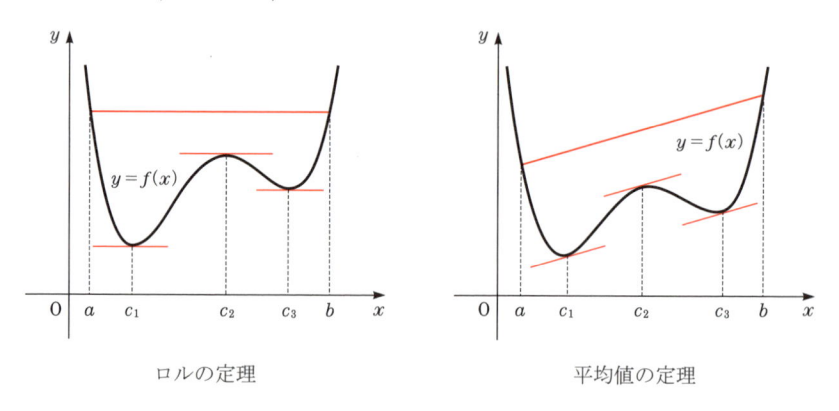

ロルの定理　　　　　　　平均値の定理

次の「コーシーの平均値の定理」は「平均値の定理」を特別な場合として含んでいるが，この定理も「ロルの定理」を適用することによって示される．

コーシーの平均値の定理

関数 $f(x)$, $g(x)$ がともに閉区間 $[a, b]$ で連続で，開区間 (a, b) で微分可能とする．もし $g'(x) \neq 0\ (a < x < b)$ ならば

$$\frac{f'(c)}{g'(c)} = \frac{f(b) - f(a)}{g(b) - g(a)} \quad (a < c < b)$$

をみたす点 c が少なくとも1つ存在する．

[証明] 導関数 $g'(x)$ が常に $g'(x) \neq 0\ (a < x < b)$ をみたすならば，「ロルの定理」の対偶により $g(a) \neq g(b)$ となることに注意する．そこで，「平均値の

定理」の証明と同様に

$$F(x) = f(x) - \frac{f(b)-f(a)}{g(b)-g(a)}\{g(x)-g(a)\} - f(a)$$

とおくと，$F(a) = F(b) = 0$ となるので，「ロルの定理」を適用すればよい． □

◆ **平均値の定理の応用**　微分可能な関数の増減は微分係数の符号によって判定できることが，「平均値の定理」を利用すると容易に示すことができる．

関数の増減と微分係数

関数 $f(x)$ は閉区間 $[a,b]$ で連続で，開区間 (a,b) で微分可能とする．
(ⅰ) すべての点 x $(a<x<b)$ で $f'(x)=0$ をみたしているならば，$f(x)$ は閉区間 $[a,b]$ で定値関数である．
(ⅱ) すべての点 x $(a<x<b)$ で $f'(x)>0$ をみたしているならば，$f(x)$ は閉区間 $[a,b]$ で単調増加関数である．
(ⅲ) すべての点 x $(a<x<b)$ で $f'(x)<0$ をみたしているならば，$f(x)$ は閉区間 $[a,b]$ で単調減少関数である．

[証明]「平均値の定理」によれば，任意の点 x_1, x_2 $(a \leqq x_1 < x_2 \leqq b)$ に対して

$$f(x_2) - f(x_1) = f'(c)(x_2 - x_1)$$

となる点 c $(x_1 < c < x_2)$ が少なくとも 1 つ存在する．(ⅰ), (ⅱ), (ⅲ) の仮定によれば，それぞれ

$$f'(c) = 0, \quad f'(c) > 0, \quad f'(c) < 0$$

であるから

$$f(x_2) = f(x_1), \quad f(x_2) > f(x_1), \quad f(x_2) < f(x_1)$$

が成り立つ．したがって，関数 $f(x)$ は閉区間 $[a,b]$ でそれぞれ定値関数，単調増加関数，単調減少関数である． □

「関数の増減と微分係数」の (ⅰ) から，例題 1.4 および問題 1.4 で与えられた等式は逆三角関数の微分を利用することによって容易に示される．

例題 3.1 逆三角関数の微分を利用して，次の等式を示せ．

（1） $\mathrm{Sin}^{-1} x + \mathrm{Cos}^{-1} x = \dfrac{\pi}{2}$

（2） $\mathrm{Tan}^{-1} x + \mathrm{Tan}^{-1} \dfrac{1}{x} = \begin{cases} \dfrac{\pi}{2} & (x > 0 \text{ のとき}), \\ -\dfrac{\pi}{2} & (x < 0 \text{ のとき}) \end{cases}$

[解] （1）は（2）より易しいので各自の演習に任せることにする．

（2） $y = \mathrm{Tan}^{-1} x + \mathrm{Tan}^{-1}(1/x)$ を x で微分すると，例題 2.2（1）より

$$y' = \frac{1}{1+x^2} + \frac{1}{1+\dfrac{1}{x^2}}\left(-\frac{1}{x^2}\right) = \frac{1}{1+x^2} - \frac{1}{x^2+1} = 0$$

となる．関数 $y = \mathrm{Tan}^{-1} x + \mathrm{Tan}^{-1}(1/x)$ は $x > 0$ および $x < 0$ において $y' = 0$ となるから，「関数の増減と微分係数」の (ⅰ) より，この関数は $x > 0$ において定数 c_+ に等しく，$x < 0$ において定数 c_- に等しい．そこで，$x = \pm 1$ を代入して定数 $c_\pm$ の値を求めると，

$$c_+ = \mathrm{Tan}^{-1} 1 + \mathrm{Tan}^{-1} 1 = \frac{\pi}{4} + \frac{\pi}{4} = \frac{\pi}{2},$$
$$c_- = \mathrm{Tan}^{-1}(-1) + \mathrm{Tan}^{-1}(-1) = -\frac{\pi}{4} - \frac{\pi}{4} = -\frac{\pi}{2}$$

である．この結果，求めるべき等式が得られる． □

問題 3.1 逆三角関数の微分を利用して，次の等式を示せ．

$$\mathrm{Tan}^{-1} x + \mathrm{Tan}^{-1} \frac{1-x}{1+x} = \begin{cases} \dfrac{\pi}{4} & (x > -1 \text{ のとき}), \\ -\dfrac{3\pi}{4} & (x < -1 \text{ のとき}). \end{cases}$$

§3.2　不定形の極限

◆ **不定形**　関数 $f(x)$, $g(x)$ において，$\lim_{x \to a} f(x) = 0$ かつ $\lim_{x \to a} g(x) = 0$ のとき，$\dfrac{f(x)}{g(x)}$ に対する極限は形式的に

$$\lim_{x \to a} \frac{f(x)}{g(x)} = \frac{0}{0}$$

の形になる．このような形を**不定形**とよぶ．この他にも不定形としては

$$\frac{\infty}{\infty}, \quad 0 \times \infty, \quad \infty - \infty, \quad 0^0, \quad 1^\infty, \quad \infty^0$$

の形がある．なお，$0 \times \infty$ の不定形は

$$0 \times \infty = \frac{0}{\dfrac{1}{\infty}} = \frac{0}{0} \quad \text{または} \quad 0 \times \infty = \frac{\infty}{\dfrac{1}{0}} = \pm\frac{\infty}{\infty}$$

と変形されるので，この不定形は $\dfrac{0}{0}$ または $\dfrac{\infty}{\infty}$ とみなすことができる．また，$\infty - \infty$ の不定形は

$$\infty - \infty = \frac{1}{\dfrac{1}{\infty}} - \frac{1}{\dfrac{1}{\infty}} = \frac{1}{0} - \frac{1}{0} = \frac{0 - 0}{0 \cdot 0} = \frac{0}{0}$$

と変形されるので，この不定形も $\dfrac{0}{0}$ とみなすことができる．さらに，0^0, 1^∞, ∞^0 の不定形に対してはそれぞれ対数をとると

$$\log 0^0 = 0 \log 0 = 0 \times (-\infty), \quad \log 1^\infty = \infty \log 1 = \infty \times 0,$$
$$\log \infty^0 = 0 \log \infty = 0 \times \infty$$

と変形されるので，これらの不定形はすべて対数をとることにより $0 \times \infty$ の不定形になることに注意しよう．この結果，不定形の極限は $\dfrac{0}{0}$ および $\dfrac{\infty}{\infty}$ の不定形について考察すればよいことがわかる．

◆ **ロピタルの定理** $\dfrac{0}{0}$ および $\dfrac{\infty}{\infty}$ の形をもつ不定形の極限を求めるためには，微分を利用して極限値を計算する次の「ロピタルの定理」が有用である．

ロピタルの定理 I

関数 $f(x)$, $g(x)$ は点 $x=a$ の十分近くにあるすべての点 $x \neq a$ で微分可能で，かつ $g'(x) \neq 0$ とする．さらに，次の (i)，(ii) のいずれかをみたしているとする．

(i) $\lim_{x \to a} f(x) = \lim_{x \to a} g(x) = 0$,　　(ii) $\lim_{x \to a} f(x) = \lim_{x \to a} g(x) = \infty$.

もし $\lim_{x \to a} \dfrac{f'(x)}{g'(x)}$ が極限値をもつならば，極限値 $\lim_{x \to a} \dfrac{f(x)}{g(x)}$ が存在して，

$$\lim_{x \to a} \frac{f(x)}{g(x)} = \lim_{x \to a} \frac{f'(x)}{g'(x)}.$$

ロピタルの定理 II

関数 $f(x)$, $g(x)$ は十分大きなすべての点 x で微分可能で，かつ $g'(x) \neq 0$ とする．さらに，次の (iii)，(iv) のいずれかをみたしているとする．

(iii)　$\lim_{x \to \infty} f(x) = \lim_{x \to \infty} g(x) = 0$,

(iv)　$\lim_{x \to \infty} f(x) = \lim_{x \to \infty} g(x) = \infty$.

もし $\lim_{x \to \infty} \dfrac{f'(x)}{g'(x)}$ が極限値をもつならば，極限値 $\lim_{x \to \infty} \dfrac{f(x)}{g(x)}$ が存在して，

$$\lim_{x \to \infty} \frac{f(x)}{g(x)} = \lim_{x \to \infty} \frac{f'(x)}{g'(x)}.$$

[証明] (i) $\lim_{x \to a} f(x) = \lim_{x \to a} g(x) = 0$ であるから，$f(a) = g(a) = 0$ とおけば関数 $f(x)$, $g(x)$ は点 $x=a$ で連続である．$x \neq a$ のとき，「コーシーの平均値の定理」を適用すると

$$\frac{f(x)}{g(x)} = \frac{f(x) - f(a)}{g(x) - g(a)} = \frac{f'(c)}{g'(c)} \quad (a < c < x \text{ または } x < c < a)$$

をみたす点 c が少なくとも 1 つ存在する．x を a に近づけると，c も a に近づくので，求めるべき極限値は

$$\lim_{x \to a} \frac{f(x)}{g(x)} = \lim_{c \to a} \frac{f'(c)}{g'(c)} = \lim_{x \to a} \frac{f'(x)}{g'(x)}.$$

（ ii ）の $\dfrac{\infty}{\infty}$ の不定形の場合も（ i ）と同様に「コーシーの平均値の定理」を適用すると証明できるが，議論がかなり複雑になるので証明を割愛する．

（iii）と（iv）は $x = 1/t$ と変数変換して，2 つの関数 $F(t) = f(1/t)$, $G(t) = g(1/t)$ に（ i ），（ ii ）を適用すればよい． □

例題 3.2 次の不定形の極限値を「ロピタルの定理」を用いて求めよ．ただし，a は正の実数で，n は自然数とする．

（ 1 ） $\displaystyle\lim_{x \to \infty} \frac{x^a}{e^x}$ （ 2 ） $\displaystyle\lim_{x \to +0} x^a (\log x)^n$

[解]（ 1 ） $n-1 < a \leqq n$ をみたす自然数 n を選び，$\dfrac{\infty}{\infty}$ の不定形の極限値 $\displaystyle\lim_{x \to \infty} \frac{x^a}{e^x}$ を「ロピタルの定理 II」を繰り返し用いて計算すると

$$\lim_{x \to \infty} \frac{x^a}{e^x} = \lim_{x \to \infty} \frac{a x^{a-1}}{e^x} = \lim_{x \to \infty} \frac{a(a-1) x^{a-2}}{e^x} = \cdots$$
$$= \lim_{x \to \infty} \frac{a(a-1) \cdots (a-n+1) x^{a-n}}{e^x}$$
$$= \lim_{x \to \infty} \frac{a(a-1) \cdots (a-n+1)}{x^{n-a} e^x} = 0.$$

（ 2 ） $0 \times \infty$ の不定形を $\dfrac{\infty}{\infty}$ の不定形に変形し，「ロピタルの定理 I」を繰り返し用いて不定形の極限値 $\displaystyle\lim_{x \to +0} x^a (\log x)^n$ を計算すると

$$\lim_{x \to +0} x^a (\log x)^n$$
$$= \lim_{x \to +0} \frac{(\log x)^n}{\dfrac{1}{x^a}} = \lim_{x \to +0} \frac{\dfrac{n(\log x)^{n-1}}{x}}{-\dfrac{a}{x^{a+1}}} = -\lim_{x \to +0} \frac{n}{a} x^a (\log x)^{n-1}$$
$$= \lim_{x \to +0} \frac{n(n-1)}{a^2} x^a (\log x)^{n-2} = \cdots = (-1)^n \lim_{x \to +0} \frac{n!}{a^n} x^a = 0. \quad \square$$

例題 3.3 次の不定形の極限値を「ロピタルの定理」を用いて求めよ．

(1) $\displaystyle\lim_{x\to 0}\frac{\log(1+x)^2-2x+x^2}{x^3}$ 　　(2) $\displaystyle\lim_{x\to\infty}(x+1)\mathrm{Tan}^{-1}\frac{1}{x}$

(3) $\displaystyle\lim_{x\to +0}x^x$

[解]（1） $\dfrac{0}{0}$ の不定形の極限値を「ロピタルの定理 I」を用いて計算すると

$$\lim_{x\to 0}\frac{\log(1+x)^2-2x+x^2}{x^3}$$
$$=\lim_{x\to 0}\frac{\dfrac{2}{1+x}-2+2x}{3x^2}=\lim_{x\to 0}\frac{2-2(1-x^2)}{3x^2(1+x)}=\lim_{x\to 0}\frac{2}{3(1+x)}=\frac{2}{3}.$$

（2） $\infty\times 0$ の不定形を $\dfrac{0}{0}$ の不定形に変形して，「ロピタルの定理 II」を用いると

$$\lim_{x\to\infty}(x+1)\mathrm{Tan}^{-1}\frac{1}{x}=\lim_{x\to\infty}\frac{\mathrm{Tan}^{-1}\dfrac{1}{x}}{\dfrac{1}{x+1}}=\lim_{x\to\infty}\frac{-\dfrac{1}{x^2+1}}{-\dfrac{1}{(x+1)^2}}$$
$$=\lim_{x\to\infty}\frac{(x+1)^2}{x^2+1}=\lim_{x\to\infty}\frac{\left(1+\dfrac{1}{x}\right)^2}{1+\dfrac{1}{x^2}}=1.$$

（3） 0^0 の不定形に対数を施して $0\times\infty$ の不定形に変形して，例題 3.2（2）の計算結果を用いて極限値を計算すると

$$\lim_{x\to +0}\log x^x=\lim_{x\to +0}x\log x=0$$

となる．そこで，$x^x=e^{\log x^x}$ であることに注意すると

$$\lim_{x\to +0}x^x=\lim_{x\to +0}e^{\log x^x}=e^0=1. \qquad\square$$

問題 3.2 次の不定形の極限値を「ロピタルの定理」を用いて求めよ．

(1) $\displaystyle\lim_{x\to 0}\frac{1-e^{-x^2}}{1-\cos 3x}$ 　　(2) $\displaystyle\lim_{x\to\infty}\frac{\log(x+2)}{\log\{x^3(x+1)\}}$

(3) $\displaystyle\lim_{x\to 0}\frac{\cos^2 x+x^2-1}{x^4}$ 　　(4) $\displaystyle\lim_{x\to\infty}x\,\mathrm{Sin}^{-1}\frac{2}{x}$

(5) $\displaystyle\lim_{x\to 0}\left(\frac{1}{\tan x}-\frac{1}{x}\right)$ 　　(6) $\displaystyle\lim_{x\to\infty}x^{\frac{1}{x}}$

[答]　(1) 2/9　　(2) 1/4　　(3) 1/3　　(4) 2　　(5) 0　　(6) 1

§3.3 テイラーの定理

◆ **多項式近似** 点 $x=a$ の近くで微分可能な関数 $f(x)$ は「平均値の定理」によって

$$f(x) = f(a) + f'(a + \theta(x-a))(x-a) \quad (0 < \theta < 1)$$

と表される．そこで，関数 $f(x)$ が点 $x=a$ の近くで n 回微分可能であり，かつ点 $x=a$ の近くで n 回微分可能な関数 $r_{n+1}(x)$ を用いて

$$\begin{aligned} f(x) = &c_0 + c_1(x-a) + c_2(x-a)^2 + \cdots \\ &+ c_n(x-a)^n + r_{n+1}(x)(x-a)^{n+1} \end{aligned}$$

と展開できる場合を考える．このとき，上式に $x=a$ を代入すると $f(a) = c_0$ が導かれる．また，両辺を x で微分すると

$$\begin{aligned} f'(x) = &c_1 + 2c_2(x-a) + \cdots + nc_n(x-a)^{n-1} \\ &+ (n+1)r_{n+1}(x)(x-a)^n + r'_{n+1}(x)(x-a)^{n+1} \end{aligned}$$

となるので，この式に $x=a$ を代入すると $f'(a) = c_1$ が導かれる．より一般には，この展開式の両辺を x で m $(0 \leqq m \leqq n)$ 回微分すると

$$\begin{aligned} f^{(m)}(x) = &m!\, c_m + (m+1)!\, c_{m+1}(x-a) + \cdots \\ &+ \frac{n!}{(n-m)!} c_n (x-a)^{n-m} \\ &+ \sum_{k=0}^{m} {}_m\mathrm{C}_k \frac{(n+1)!}{(n-k+1)!} r_{n+1}^{(m-k)}(x)(x-a)^{n-k+1} \end{aligned}$$

が導かれる．そこで，上式に $x=a$ を代入して係数 c_m を求めると

$$c_m = \frac{f^m(a)}{m!} \quad (0 \leqq m \leqq n)$$

である．この考察を念頭において「平均値の定理」を拡張すると，次の「テイラーの定理」が「ロルの定理」を適用することによって得られる．

テイラーの定理

関数 $f(x)$ が閉区間 $[a, b]$ を含む開区間で $n+1$ 回微分可能とする．このとき，

$$f(b) = f(a) + f'(a)(b-a) + \frac{f''(a)}{2}(b-a)^2 + \cdots$$
$$+ \frac{f^{(n)}(a)}{n!}(b-a)^n + \frac{f^{(n+1)}(c)}{(n+1)!}(b-a)^{n+1}$$

をみたす点 c $(a < c < b)$ が少なくとも 1 つ存在する．なお，展開式の剰余項 $R_{n+1} = \frac{f^{(n+1)}(c)}{(n+1)!}(b-a)^{n+1}$ は**ラグランジュの剰余項**とよばれる．

[証明] 右辺の展開式の剰余項 R_{n+1} を求めるために，ρ_{n+1} を

$$\rho_{n+1} = \frac{1}{(b-a)^{n+1}}R_{n+1}$$
$$= \frac{1}{(b-a)^{n+1}}\Big\{f(b) - f(a) - f'(a)(b-a)$$
$$- \frac{f''(a)}{2}(b-a)^2 - \cdots - \frac{f^{(n)}(a)}{n!}(b-a)^n\Big\}$$

と定め，閉区間 $[a, b]$ を含む開区間で微分可能な関数

$$F(x) = f(x) + f'(x)(b-x) + \frac{f''(x)}{2}(b-x)^2 + \cdots$$
$$+ \frac{f^{(n)}(x)}{n!}(b-x)^n + \rho_{n+1}(b-x)^{n+1} - f(b)$$

を考える．両辺を x で微分すると

$$F'(x) = \frac{f^{(n+1)}(x)}{n!}(b-x)^n - (n+1)\rho_{n+1}(b-x)^n$$

となる．関数 $F(x)$ は $F(a) = F(b) = 0$ をみたしているので

$$F'(c) = \left\{\frac{f^{(n+1)}(c)}{n!} - (n+1)\rho_{n+1}\right\}(b-c)^n = 0$$

をみたす点 c $(a < c < b)$ が少なくとも 1 つ存在する．それゆえ，剰余項 $R_{n+1} = \rho_{n+1}(b-a)^{n+1}$ は

$$R_{n+1} = \frac{f^{(n+1)}(c)}{(n+1)!}(b-a)^{n+1}$$

で与えられる． □

◆ **有限マクローリン展開** 点 $x = 0$ の近くで $n+1$ 回微分可能な関数 $f(x)$ に対し，「テイラーの定理」を適用して $a = 0$, $b = x$ とおくと，$f(x)$ は

$$f(x) = f(0) + f'(0)x + \frac{f''(0)}{2}x^2 + \cdots + \frac{f^{(n)}(0)}{n!}x^n$$
$$+ \frac{f^{(n+1)}(\theta x)}{(n+1)!}x^{n+1} \quad (0 < \theta < 1)$$

と展開される．この展開式を $f(x)$ の **有限マクローリン展開** という．幾つかの初等関数の有限マクローリン展開は，それぞれ次の展開式で与えられる．

例 3.1 （1） $e^x = 1 + x + \dfrac{1}{2}x^2 + \cdots + \dfrac{1}{n!}x^n + \dfrac{e^{\theta x}}{(n+1)!}x^{n+1}$

（2） $\sin x = x - \dfrac{1}{3!}x^3 + \dfrac{1}{5!}x^5 - \cdots + \dfrac{(-1)^{n-1}}{(2n-1)!}x^{2n-1}$
$\qquad\qquad + \dfrac{(-1)^n \cos\theta x}{(2n+1)!}x^{2n+1}$

（3） $\cos x = 1 - \dfrac{1}{2}x^2 + \dfrac{1}{4!}x^4 - \cdots + \dfrac{(-1)^n}{(2n)!}x^{2n} + \dfrac{(-1)^{n+1}\cos\theta x}{(2n+2)!}x^{2n+2}$

（4） $\log(1+x) = x - \dfrac{1}{2}x^2 + \dfrac{1}{3}x^3 - \cdots + \dfrac{(-1)^{n-1}}{n}x^n$
$\qquad\qquad + \dfrac{(-1)^n}{(n+1)(1+\theta x)^{n+1}}x^{n+1}$

（5） $(1+x)^a = 1 + ax + \dfrac{a(a-1)}{2}x^2 + \cdots$
$\qquad\qquad + \dfrac{a(a-1)\cdots(a-n+1)}{n!}x^n$
$\qquad\qquad + \dfrac{a(a-1)\cdots(a-n)}{(n+1)!}(1+\theta x)^{a-n-1}x^{n+1}$

ただし，a は定数で，（4），（5）における x の範囲は $x > -1$ である． ◇

関数 e^x, $\log(1+x)$, $\sin x$, $\cos x$ に対し，有限マクローリン展開式の主要部分である

$$S_n(x) = f(0) + f'(0)x + \frac{f''(0)}{2}x^2 + \cdots + \frac{f^{(n)}(0)}{n!}x^n$$

のグラフを n が小さいときに幾つか図示してみると，これらは点 $x=0$ の近くで $f(x)$ の近似を与えていることが確認できる．$S_n(x)$ を $x=0$ の近くにおける $f(x)$ の **n 次近似**という．

e^x や $\sin x$, $\cos x$ では n を大きくしていくと，$x=0$ から離れた範囲においても関数の良い近似を与えていくことが分かる．しかし，$\log(1+x)$ では $x=0$ から離れると n を大きくしても近似が良くならない範囲が存在し，良い近似を与える範囲が限定されていることがわかる．

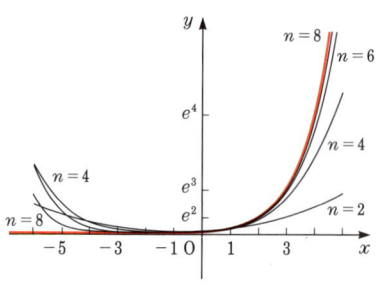

e^x-近似 $(n=2,4,6,8)$

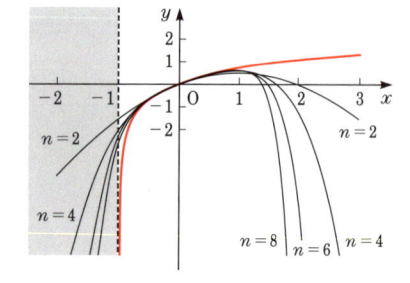

$\log(1+x)$-近似 $(n=2,4,6,8)$

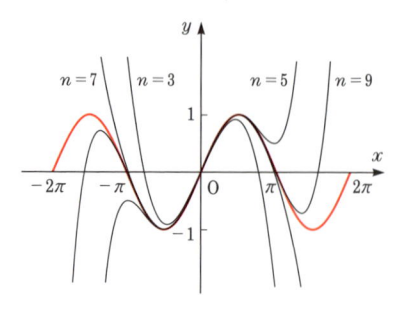

$\sin x$-近似 $(n=3,5,7,9)$

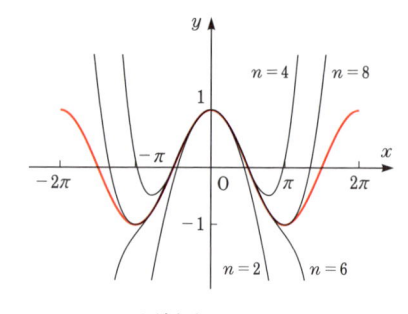

$\cos x$-近似 $(n=2,4,6,8)$

§3.4 ベキ級数展開

◆ **マクローリン展開** 点 $x=0$ の近くで何回でも微分可能な関数 $f(x)$ に対し，$f(x)$ の n 次近似を

$$S_n(x) = f(0) + f'(0)x + \frac{f''(0)}{2}x^2 + \cdots + \frac{f^{(n)}(0)}{n!}x^n$$

とおく．その極限値が

$$\lim_{n \to \infty} S_n(x) = f(x)$$

をみたすとき，関数 $f(x)$ は**マクローリン展開可能**であるといい

$$f(x) = f(0) + f'(0)x + \frac{f''(0)}{2}x^2 + \cdots + \frac{f^{(n)}(0)}{n!}x^n + \cdots$$

と表す．「テイラーの定理」によれば

$$f(x) = S_n(x) + \frac{f^{(n+1)}(\theta x)}{(n+1)!}x^{n+1}$$

をみたす θ $(0 < \theta < 1)$ が存在する．それゆえ，右辺の剰余項 $R_{n+1}(x) = \dfrac{f^{(n+1)}(\theta x)}{(n+1)!}x^{n+1}$ の極限値が

$$\lim_{n \to \infty} R_{n+1}(x) = \lim_{n \to \infty} \frac{f^{(n+1)}(\theta x)}{(n+1)!}x^{n+1} = 0$$

をみたせば，関数 $f(x)$ はマクローリン展開可能である．

幾つかのよく知られた初等関数 $\dfrac{1}{1+x}$, e^x, $\sin x$, $\cos x$ のマクローリン展開について考える．

$1/(1+x)$ のマクローリン展開

関数 $\dfrac{1}{1+x}$ は $-1 < x < 1$ の範囲において次のようにマクローリン級数に展開できる．

$$\frac{1}{1+x} = 1 - x + x^2 - \cdots + (-1)^n x^n + \cdots .$$

[考察] 関数 $f(x) = \dfrac{1}{1+x}$ の第 n 次導関数は

$$f^{(n)}(x) = (-1)^n \dfrac{n!}{(1+x)^{n+1}}$$

であり，点 $x=0$ における第 n 次微分係数は $f^{(n)}(0) = (-1)^n n!$ で与えられる．このとき

$$S_n(x) = 1 - x + x^2 - \cdots + (-1)^n x^n = \dfrac{1-(-x)^{n+1}}{1+x}$$

となるので，$\lim_{n\to\infty} S_n(x)$ は x を $-1 < x < 1$ に制限したときにのみ存在して

$$\lim_{n\to\infty} S_n(x) = \lim_{n\to\infty} \dfrac{1-(-x)^{n+1}}{1+x} = \dfrac{1}{1+x}.$$ □

$e^x,\ \sin x,\ \cos x$ のマクローリン展開

関数 $e^x,\ \sin x,\ \cos x$ はすべての実数 x において次のようにマクローリン級数に展開できる．

（1）　$e^x = 1 + x + \dfrac{x^2}{2!} + \cdots + \dfrac{x^n}{n!} + \cdots$

（2）　$\sin x = x - \dfrac{x^3}{3!} + \dfrac{x^5}{5!} - \cdots + (-1)^n \dfrac{x^{2n+1}}{(2n+1)!} + \cdots$

（3）　$\cos x = 1 - \dfrac{x^2}{2!} + \dfrac{x^4}{4!} - \cdots + (-1)^n \dfrac{x^{2n}}{(2n)!} + \cdots$

[考察] 実数 x を固定する．このとき，$|x|$ より大きな自然数 N を1つ選ぶと

$$\lim_{n\to\infty} \dfrac{|x|^{n+1}}{(n+1)!} \leq \lim_{n\to\infty} \dfrac{|x|^N}{N!} \left(\dfrac{|x|}{N+1}\right)^{n-N+1} = 0$$

となるので

$$\lim_{n\to\infty} \dfrac{|x|^{n+1}}{(n+1)!} = 0$$

が導かれる．この結果を用いると，例3.1（1），（2），（3）の有限マクローリン展開式の剰余項 $R_{n+1}(x)$ の極限値はすべての実数 x において

$$\lim_{n\to\infty} R_{n+1}(x) = 0$$

をみたす． □

問題 3.3 次の関数のマクローリン展開を求めよ.

（1） $\dfrac{1}{4+x^2}$ 　　　　（2） $(e^x - e^{-x})^2$ 　　　　（3） $\cos^2 x$

[答]　（1） $\dfrac{1}{4}\left\{1 - \dfrac{x^2}{4} + \dfrac{x^4}{16} - \cdots + (-1)^n \dfrac{x^{2n}}{4^n} + \cdots\right\}$ 　$(|x| < 2)$

（2） $4x^2 + \dfrac{4}{3}x^4 + \cdots + \dfrac{2^{2n+1}}{(2n)!}x^{2n} + \cdots$

（3） $1 - x^2 + \dfrac{1}{3}x^4 - \cdots + (-1)^n \dfrac{2^{2n-1}}{(2n)!}x^{2n} + \cdots$

◆ **双曲線関数**　e^x のマクローリン展開式において，実数 x の代わりに複素数 ix $(i^2 = -1)$ を代入すると

$$e^{ix} = 1 + ix - \frac{1}{2}x^2 - i\frac{1}{3!}x^3 + \frac{1}{4!}x^4 + \cdots + i^n \frac{1}{n!}x^n + \cdots$$
$$= 1 - \frac{1}{2}x^2 + \frac{1}{4!}x^4 - \cdots + i\left(x - \frac{1}{3!}x^3 + \frac{1}{5!}x^5 - \cdots\right)$$

と展開されて，次の複素数に関する「オイラーの公式」が得られる.

オイラーの公式

$$e^{ix} = \cos x + i \sin x$$

複素数に関する「オイラーの公式」

$$e^{ix} = \cos x + i \sin x, \quad e^{-ix} = \cos x - i \sin x$$

を用いると，三角関数 $\cos x$, $\sin x$, $\tan x$ は

$$\sin x = \frac{e^{ix} - e^{-ix}}{2i}, \quad \cos x = \frac{e^{ix} + e^{-ix}}{2}, \quad \tan x = \frac{e^{ix} - e^{-ix}}{i(e^{ix} + e^{-ix})}$$

と複素指数関数で表される．複素指数関数を実指数関数に置き換えて得られる次の関数を総称して **双曲線関数** とよぶ．

双曲線関数

$$\sinh x = \frac{e^x - e^{-x}}{2}, \quad \cosh x = \frac{e^x + e^{-x}}{2}, \quad \tanh x = \frac{e^x - e^{-x}}{e^x + e^{-x}}$$

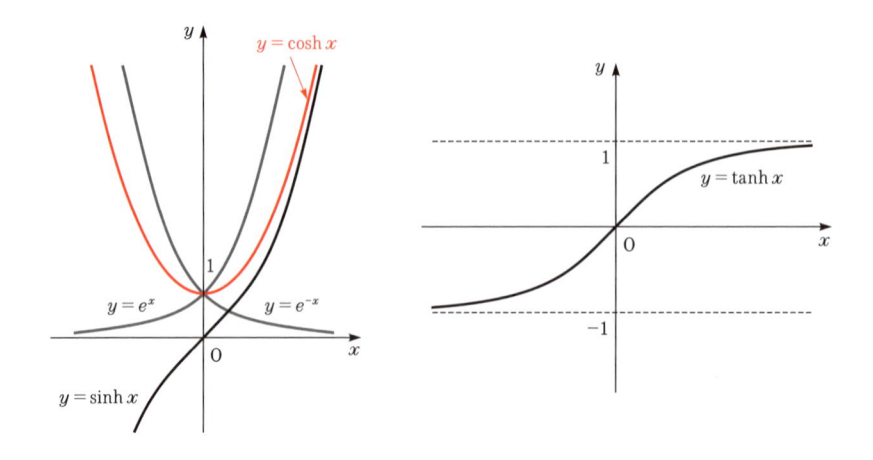

双曲線正弦関数 $\sinh x$ と双曲線正接関数 $\tanh x$ は奇関数であり，双曲線余弦関数 $\cosh x$ は偶関数である．また，双曲線関数の間には「三角関数の基本関係式」と類似した次の関係式が成り立つ．

双曲線関数の基本関係式

$$\cosh^2 x - \sinh^2 x = 1, \quad \tanh x = \frac{\sinh x}{\cosh x}, \quad 1 - \tanh^2 x = \frac{1}{\cosh^2 x}$$

　$X = \cosh x$，$Y = \sinh x$ とおくと，最初の基本関係式は双曲線を表す方程式 $X^2 - Y^2 = 1$ である．これが双曲線関数と呼ばれる所以である．さらに，双曲線関数の導関数も三角関数の導関数と類似な次の関係式が成り立つ．

双曲線関数の導関数

$$(\sinh x)' = \cosh x, \quad (\cosh x)' = \sinh x, \quad (\tanh x)' = \frac{1}{\cosh^2 x}$$

　双曲線正弦関数 $\sinh x$ と双曲線正接関数 $\tanh x$，および定義域を $x \geqq 0$ に制限された双曲線余弦関数 $\cosh x$ は単調増加関数であるから，これら双曲線関数はそれぞれ逆関数 $\sinh^{-1} x$，$\cosh^{-1} x$，$\tanh^{-1} x$ をもつ．

逆双曲線関数

(1) $\sinh^{-1} x = \log(x + \sqrt{x^2+1}\,)$

(2) $\cosh^{-1} x = \log(x + \sqrt{x^2-1}\,)$ $(x \geqq 1)$

(3) $\tanh^{-1} x = \dfrac{1}{2} \log \dfrac{1+x}{1-x}$ $(-1 < x < 1)$

[考察] 双曲線正弦関数 $y = \sinh x$ の逆関数を求めるために x と y を入れ換えると,

$$x = \frac{e^y - e^{-y}}{2}$$

である.この式を変形すると,$2xe^y = e^{2y} - 1$ より

$$(e^y - x)^2 = x^2 + 1$$

となるので

$$e^y = x \pm \sqrt{x^2+1}$$

が導かれる.ところが,$e^y > 0$ であるから

$$e^y = x + \sqrt{x^2+1}$$

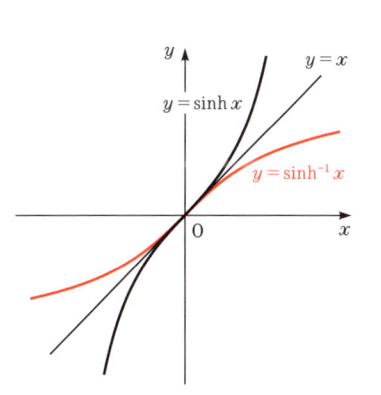

に限定される.したがって,求めるべき逆双曲線正弦関数 $y = \sinh^{-1} x$ は

$$\sinh^{-1} x = \log(x + \sqrt{x^2+1}\,).$$

逆双曲線余弦関数 $\cosh^{-1} x$ と逆双曲線正接関数 $\tanh^{-1} x$ も同様に求めることができるので,各自の演習に任せることにする. □

なお,逆双曲線関数の導関数はそれぞれ次の関数で与えられる.

逆双曲線関数の導関数

(1) $(\sinh^{-1} x)' = \dfrac{1}{\sqrt{x^2+1}}$ (2) $(\cosh^{-1} x)' = \dfrac{1}{\sqrt{x^2-1}}$

(3) $(\tanh^{-1} x)' = \dfrac{1}{1-x^2}$

§3.5 関数の極値と変曲点

◆ **極値** 関数 $f(x)$ が点 a の十分近くにある（両側の）すべての点 $x \neq a$ で

$$f(x) < f(a)$$

をみたしているとき，関数 $f(x)$ は点 $x = a$ で**極大**になるといい，$f(a)$ を**極大値**という．同様に，点 a の十分近くにあるすべての点 $x \neq a$ で

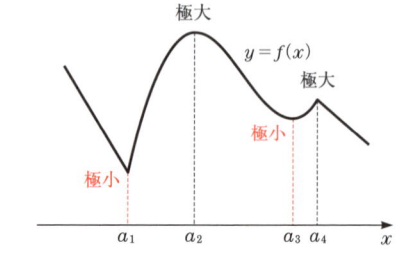

$$f(x) > f(a)$$

をみたしているとき，関数 $f(x)$ は点 $x = a$ で**極小**になるといい，$f(a)$ を**極小値**という．極大値と極小値を合わせて**極値**という．

極値における微分係数

関数 $f(x)$ が点 $x = a$ の近くで微分可能で，点 $x = a$ において極値をもつならば，$f'(a) = 0$ である．さらに，次の判定法が成り立つ．

(ⅰ) $f'(a) = 0$ でかつ $f'(x)$ の符号が点 $x = a$ で正から負に変われば，$f(x)$ は点 $x = a$ で極大値をもつ．

(ⅱ) $f'(a) = 0$ でかつ $f'(x)$ の符号が点 $x = a$ で負から正に変われば，$f(x)$ は点 $x = a$ で極小値をもつ．

[証明] 関数 $f(x)$ が点 $x = a$ で極大値をもつならば，点 $x = a$ における左右の微分係数 $f'_{-}(a)$, $f'_{+}(a)$ は

$$f'_{-}(a) = \lim_{h \to -0} \frac{f(a+h) - f(a)}{h} \geqq 0,$$

$$f'_{+}(a) = \lim_{h \to +0} \frac{f(a+h) - f(a)}{h} \leqq 0$$

§3.5 関数の極値と変曲点

となる．これらの極限値は一致して点 $x=a$ における微分係数 $f'(a)$ に等しいので，$f'(a) = f'_+(a) = f'_-(a) = 0$ が導かれる．

関数 $f(x)$ が極小値をもつ場合も同様に示される． □

例 3.2 関数 $f(x) = 2x^3 - 9x^2 - 18x + 66\log|x| + \dfrac{36}{x}$ の導関数は

$$f'(x) = 6x^2 - 18x - 18 + \frac{66}{x} - \frac{36}{x^2} = \frac{6}{x^2}(x^4 - 3x^3 - 3x^2 + 11x - 6)$$

$$= \frac{6}{x^2}(x-1)^2(x^2 - x - 6) = \frac{6}{x^2}(x+2)(x-1)^2(x-3)$$

である．そこで，導関数 $f'(x)$ の符号を調べて関数 $f(x)$ の増減を表にして極値判定をすると，次の判定結果が得られる．

x	$\cdots$	-2	$\cdots$	0	$\cdots$	1	$\cdots$	3	$\cdots$
$f'(x)$	$+$	0	$-$		$-$	0	$-$	0	$+$
$f(x)$	↗	$66\log 2 - 34$	↘		↘	11	↘	$66\log 3 - 69$	↗
判定		極大				×		極小	

◇

次に，高次導関数を用いて極値を判定する方法を，「テイラーの定理」を適用して考察する．

高次導関数による極値判定法

関数 $f(x)$ が点 $x=a$ の近くで $n+1$ 回微分可能で，その第 $n+1$ 次導関数 $f^{(n+1)}(x)$ が連続とする．さらに，点 $x=a$ において $f'(a) = f''(a) = \cdots = f^{(n)}(a) = 0$ で，かつ $f^{(n+1)}(a) \neq 0$ とする．ただし，$n \geqq 1$ である．

(i) $n = 2m - 1$ で $f^{(2m)}(a) > 0$ ならば，$f(x)$ は点 $x=a$ で極小値をもつ．

(ii) $n = 2m - 1$ で $f^{(2m)}(a) < 0$ ならば，$f(x)$ は点 $x=a$ で極大値をもつ．

(iii) $n = 2m$ ならば，$f(x)$ は点 $x=a$ で極値をもたない．

[証明] 「テイラーの定理」を適用すると，十分小さな h に対して

$$f(a+h) - f(a) = \frac{f^{(n+1)}(a+\theta h)}{(n+1)!}h^{n+1}$$

をみたす $\theta\ (0 < \theta < 1)$ が存在する．第 $n+1$ 次導関数 $f^{(n+1)}(x)$ は点 $x = a$ の近くで連続であるから，十分小さな h に対して $f^{(n+1)}(a+\theta h)$ の正負は $f^{(n+1)}(a)$ の正負と一致する．それゆえ，（ⅰ），（ⅱ）の場合は n が奇数だから $f(a)$ はそれぞれ極小値，極大値になる．ところが，（ⅲ）の場合は n が偶数だから $f(a+h) - f(a)$ の正負は h の正負によって異なるため，$f(x)$ は点 $x = a$ で極値をもたない． □

例題 3.4 関数 $f(x) = x^5 - 5x^4 + 6$ の極値を「高次導関数による極値判定法」によって求めよ．

[解] 関数 $f(x) = x^5 - 5x^4 + 6$ の導関数は $f'(x) = 5x^3(x-4)$ であるから，$f'(x) = 0$ となるのは $x = 0, 4$ のときである．第2次，第3次および第4次導関数はそれぞれ

$$f''(x) = 20(x^3 - 3x^2), \quad f'''(x) = 60(x^2 - 2x), \quad f^{(4)}(x) = 120(x-1)$$

であるから，点 $x = 0, 4$ における微分係数は

$$f'(0) = f''(0) = f'''(0) = 0, \quad f^{(4)}(0) < 0, \quad f'(4) = 0, \quad f''(4) > 0$$

となる．したがって，$f(x) = x^5 - 5x^4 + 6$ は点 $x = 0$ で極大値 $f(0) = 6$ をもち，点 $x = 4$ で極小値 $f(4) = -250$ をもつ． □

問題 3.4 次の関数の極値を「高次導関数による極値判定法」によって求めよ．

(1) $\dfrac{\log x}{x}$ 　　　　(2) $x^4 - 4x^3 + 16x$

[答] (1) 点 $x = e$ で極大値 $1/e$ 　　(2) 点 $x = -1$ で極小値 -11

◆ **関数の凸性と変曲点** 微分可能な関数 $y = f(x)$ の点 $x = a$ における接線 $y = f'(a)(x-a) + f(a)$ に対して，点 $x = a$ の十分近くにあるすべての点 $x \neq a$ で

$$f(x) > f'(a)(x-a) + f(a)$$

をみたしているとき，関数 $y = f(x)$ は点 $x = a$ で**下に凸**であるといい，

$$f(x) < f'(a)(x-a) + f(a)$$

をみたしているとき，関数 $y = f(x)$ は点 $x = a$ で**上に凸**であるという．すなわち，関数 $y = f(x)$ が描く曲線 C が点 $x = a$ の十分近くで点 $x = a$ における接線 l よりも上側にあれば「下に凸である」といい，下側にあれば「上に凸である」という．一方，曲線 C が点 $x = a$ の前後で接線 l の上側から下側へ，または下側から上側へ移るとき，点 $x = a$ は関数 $y = f(x)$ の**変曲点**であるという．

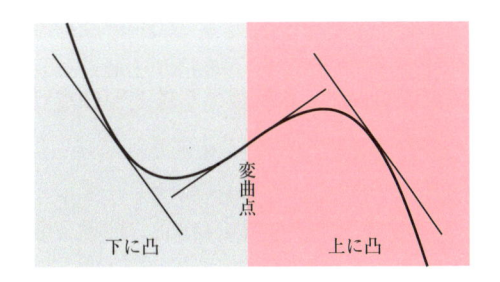

変曲点における第 2 次微分係数

関数 $f(x)$ が点 $x = a$ の近くで 2 回微分可能で，その第 2 次導関数 $f''(x)$ が連続とする．点 $x = a$ が関数 $f(x)$ の変曲点になるならば，$f''(a) = 0$ である．一方，関数の凸性については次の判定法が成り立つ．

(ⅰ) $f''(a) > 0$ ならば，$f(x)$ は点 $x = a$ で下に凸になる．
(ⅱ) $f''(a) < 0$ ならば，$f(x)$ は点 $x = a$ で上に凸になる．

[証明] 「テイラーの定理」を適用すると，十分小さな h に対して

$$f(a+h) - f(a) - f'(a)h = \frac{f''(a+\theta h)}{2}h^2$$

をみたす θ $(0 < \theta < 1)$ が存在する．第 2 次導関数 $f''(x)$ は点 $x = a$ の近くで連続であるから，十分小さな h に対して $f''(a + \theta h)$ の正負は $f''(a)$ の正負と一致する．それゆえ，$f''(a) > 0$ ならば点 $x = a$ で下に凸になり，$f''(a) < 0$ ならば点 $x = a$ で上に凸になる．この結果，点 $x = a$ において変曲点になるためには，$f''(a) = 0$ をみたす必要がある． □

極値判定の場合と同様に，高次導関数を用いると関数の凸性と変曲点を判定することができる．

高次導関数による関数の凸性と変曲点判定法

関数 $f(x)$ が点 $x = a$ の近くで $n+1$ 回微分可能で，その第 $n+1$ 次導関数 $f^{(n+1)}(x)$ が連続とする．さらに，点 $x = a$ において $f''(a) = \cdots = f^{(n)}(a) = 0$ で，かつ $f^{(n+1)}(a) \neq 0$ とする．ただし，$n \geqq 2$ である．

(i)　$n = 2m-1$ で $f^{(2m)}(a) > 0$ ならば，$f(x)$ は点 $x = a$ で下に凸になる．

(ii)　$n = 2m-1$ で $f^{(2m)}(a) < 0$ ならば，$f(x)$ は点 $x = a$ で上に凸になる．

(iii)　$n = 2m$ ならば，点 $x = a$ は関数 $f(x)$ の変曲点になる．

例題 3.5　関数 $f(x) = x^5 - 5x^4 + 6$ の凸性と変曲点を調べよ．

[解]　関数 $f(x) = x^5 - 5x^4 + 6$ の第 2 次導関数は $f''(x) = 20x^2(x-3)$ であるから，$f''(x) = 0$ となるのは $x = 0, 3$ のときである．また，第 3 次および第 4 次導関数は $f'''(x) = 60x(x-2)$, $f^{(4)}(x) = 120(x-1)$ であるから，点 $x = 0, 3$ における微分係数は

$$f''(0) = f'''(0) = 0, \quad f^{(4)}(0) < 0, \quad f''(3) = 0, \quad f'''(3) > 0$$

となる．したがって，点 $x = 3$ は関数 $f(x)$ の変曲点になるが，点 $x = 0$ は変曲点ではない．この結果，与えられた関数 $f(x) = x^5 - 5x^4 + 6$ は $x < 3$ で上に凸になり，$x > 3$ で下に凸になって，点 $x = 3$ は変曲点である．　□

問題 3.5　次の関数の凸性と変曲点を調べよ．

(1)　$\dfrac{\log x}{x}$　　　　　　(2)　$x^4 - 4x^3 + 16x$

[答]　(1)　$0 < x < e^{3/2}$ で上に凸，$x > e^{3/2}$ で下に凸，変曲点は $x = e^{3/2}$

(2)　$x < 0, \ x > 2$ で下に凸，$0 < x < 2$ で上に凸，変曲点は $x = 0, 2$

演習問題

3.1 逆三角関数の微分を利用して,次の値を求めよ.

(1) $\mathrm{Sin}^{-1} x + 2\,\mathrm{Tan}^{-1} \sqrt{\dfrac{1-x}{1+x}}$

(2) $2\,\mathrm{Tan}^{-1} x + \mathrm{Tan}^{-1} \dfrac{1-x^2}{2x}$

(3) $2\,\mathrm{Tan}^{-1}(x + \sqrt{x^2-1}\,) - \mathrm{Tan}^{-1} \sqrt{x^2-1}$

(4) $2\,\mathrm{Sin}^{-1} x + \mathrm{Sin}^{-1}(2x\sqrt{1-x^2}\,) \quad \left(\dfrac{1}{\sqrt{2}} \leqq |x| \leqq 1 \right)$

(5) $2\,\mathrm{Tan}^{-1} x + \mathrm{Tan}^{-1} \dfrac{1-2x-x^2}{1+2x-x^2}$

3.2 次の不定形の極限値を求めよ.

(1) $\displaystyle\lim_{x \to 0} \dfrac{\sqrt[3]{1+x^3} - \sqrt[3]{1-x^3}}{x^3}$

(2) $\displaystyle\lim_{x \to \infty} x(\sqrt{x^3+1} - \sqrt{x^3-1}\,)$

(3) $\displaystyle\lim_{x \to 0} \left(\dfrac{1}{\sqrt{1+x^2}-1} - \dfrac{2}{x^2} \right)$

(4) $\displaystyle\lim_{x \to 0} \dfrac{2\sqrt{1-x^2} - 2 + x^2}{x^4}$

3.3 「ロピタルの定理」を用いて,次の不定形の極限値を求めよ.

(1) $\displaystyle\lim_{x \to 0} \dfrac{\log(1+x)}{e^x - e^{-x}}$

(2) $\displaystyle\lim_{x \to 0} \dfrac{x + \log(1-x)}{x^2}$

(3) $\displaystyle\lim_{x \to 0} \dfrac{\tan x - x}{\sin x - x}$

(4) $\displaystyle\lim_{x \to 0} \dfrac{\tan x - x}{x^3}$

(5) $\displaystyle\lim_{x \to 0} \dfrac{e^x - x - 1}{1 - \cos x}$

(6) $\displaystyle\lim_{x \to 0} \dfrac{\log(1+x^2)}{\sin^2 x}$

(7) $\displaystyle\lim_{x \to \infty} \dfrac{\log(x^2+2)}{2\sqrt{x}}$

(8) $\displaystyle\lim_{x \to 0} \dfrac{\log(x+\sqrt{1+x^2}\,) - x}{\log(1+x) - x}$

(9) $\displaystyle\lim_{x \to 0} \dfrac{e^{2x} + e^{-2x} - 2}{1 - \cos 2x}$

(10) $\displaystyle\lim_{x \to 0} \dfrac{e^x - e^{-x} - 2x}{\sin 2x - 2x}$

(11) $\displaystyle\lim_{x \to 0} \dfrac{\sin x - \tan x}{x^3}$

(12) $\displaystyle\lim_{x \to 0} \dfrac{\mathrm{Sin}^{-1} x - x}{x^3}$

(13) $\displaystyle\lim_{x \to 0} \dfrac{2\cos x - 2 + x^2}{x^4}$

(14) $\displaystyle\lim_{x \to 0} \dfrac{e^{x^2} - 1 - x^2}{x^4}$

(15) $\displaystyle\lim_{x \to 0} \dfrac{\sin^2 x - x^2}{x^4}$

(16) $\displaystyle\lim_{x \to 0} \dfrac{e^{2x} - 2e^x + 1}{x \sin x}$

(17) $\displaystyle\lim_{x\to 0}\frac{x-\sin x}{x^2\sin x}$ (18) $\displaystyle\lim_{x\to\infty}\frac{(\log x)^3}{\sqrt{x}}$

(19) $\displaystyle\lim_{x\to 0}\left(\frac{1}{x}-\frac{1}{e^x-1}\right)$ (20) $\displaystyle\lim_{x\to 0}\left\{\frac{1}{\log(1+x)}-\frac{1}{x}\right\}$

(21) $\displaystyle\lim_{x\to 0}\left(\frac{1}{\mathrm{Sin}^{-1}x}-\frac{1}{x}\right)$ (22) $\displaystyle\lim_{x\to\infty}x\log\frac{x+5}{x+1}$

(23) $\displaystyle\lim_{x\to\infty}x\left(\mathrm{Tan}^{-1}x-\frac{\pi}{2}\right)$ (24) $\displaystyle\lim_{x\to +0}\sqrt[3]{x}\log\left(\frac{1}{x}-1\right)$

(25) $\displaystyle\lim_{x\to +0}\sin x\,(\log x)^2$ (26) $\displaystyle\lim_{x\to +0}\frac{e^{-\frac{1}{x}}}{x^2}$

(27) $\displaystyle\lim_{x\to +0}\frac{x}{x^x-1}$ (28) $\displaystyle\lim_{x\to 0}\frac{(1+x)^{\frac{1}{x}}-e}{x}$

3.4 対数関数を利用し「ロピタルの定理」を用いて, 次の不定形の極限値を求めよ.

(1) $\displaystyle\lim_{x\to 0}(1-x)^{\frac{1}{x}}$ (2) $\displaystyle\lim_{x\to +0}(e^x-1)^x$

(3) $\displaystyle\lim_{x\to 0}|\sin x|^{\tan x}$ (4) $\displaystyle\lim_{x\to 0}(e^x+x)^{\frac{1}{x}}$

(5) $\displaystyle\lim_{x\to 0}(\cos x)^{\frac{1}{x^2}}$ (6) $\displaystyle\lim_{x\to +0}(e^x-1-x)^{\frac{1}{\log x}}$

(7) $\displaystyle\lim_{x\to 0}\left\{\frac{\log(1+x)}{x}\right\}^{\frac{1}{x}}$ (8) $\displaystyle\lim_{x\to\infty}\left(\frac{x}{x+1}\right)^{x^2}e^x$

3.5 次の関数の有限マクローリン展開を求めよ.

(1) $(e^x+e^{-x})^2$ (2) $\sin^2 x$ (3) $\sin x\cos x$

(4) $\log\dfrac{1+x}{1-x}$ (5) $\sqrt{1+2x}$

3.6 次の関数のマクローリン展開を求めよ.

(1) $\dfrac{1}{1-3x+2x^2}$ (2) $\dfrac{1}{1+x+x^2}$ (3) $\cosh^3 x$

(4) $\sin\left(x+\dfrac{\pi}{4}\right)$ (5) $\sin^3 x$

3.7 次の関数の極値を高次導関数による判定法で求め, さらに変曲点を求めよ.

(1) x^x (2) $x^5-10x^4-15x^3$ (3) $x^2(x+3)^4$

(4) $x^4(x+7)^3$ (5) $\sin^3 x+\cos^3 x$

第4章
不定積分

§4.1 不定積分とその基本公式

◆ **不定積分の定義** 関数 $f(x)$ が与えられたとき,微分可能な関数 $F(x)$ の導関数 $F'(x)$ が

$$F'(x) = f(x)$$

をみたすならば,関数 $F(x)$ を $f(x)$ の**原始関数**という. $f(x)$ の原始関数 $F(x)$ を $f(x)$ の**不定積分**といって

$$\int f(x)\,dx$$

で表す.関数 $F(x)$, $G(x)$ が $f(x)$ の原始関数であるならば,関数 $G(x) - F(x)$ の導関数は $G'(x) - F'(x) = 0$ をみたす.これより,関数 $G(x) - F(x)$ は定値関数となるので

$$G(x) = F(x) + C \quad (C \text{ は任意定数})$$

である.したがって,関数 $f(x)$ の不定積分は

$$\int f(x)\,dx = F(x) + C \quad (C \text{ は任意定数})$$

と表される.なお,今後任意定数 C は省略して,単に

$$\int f(x)\,dx = F(x)$$

と表す.

明らかに，「不定積分」は次の図式で示すように「微分」とは逆の関係にある．

微分と不定積分の関係

$$f(x) \xrightarrow{\text{不定積分}} \int f(x)\,dx \xrightarrow{\text{微分}} f(x)$$

◆ **不定積分の基本性質** 関数 $f(x)$ の不定積分 $\int f(x)\,dx$ を求めることは，その導関数 $f'(x)$ が比較的たやすく計算されるのに比べると数段難しく，場合によっては求めることができないこともある．そこで，不定積分を求める際には，定数倍・和・差・積・合成関数に関する微分公式 (26 ページ) から導かれる次の基本性質を利用して，被積分関数 $f(x)$ をその原始関数が既に知られている関数に変形するなどの工夫が必要になる．

関数の定数倍と和・差の不定積分

(1) $\displaystyle\int kf(x)\,dx = k\int f(x)\,dx$ （k は定数）

(2) $\displaystyle\int \{f(x) \pm g(x)\}\,dx = \int f(x)\,dx \pm \int g(x)\,dx$ （複号同順）

部分積分法

$$\int f(x)g'(x)\,dx = f(x)g(x) - \int f'(x)g(x)\,dx$$

置換積分法

$x = \varphi(t)$ と変数変換すれば，

$$\int f(x)\,dx = \int f(\varphi(t))\varphi'(t)\,dt.$$

置換積分法では，$x = \varphi(t)$ と変数変換すると $\dfrac{dx}{dt} = \varphi'(t)$ となるので，これを形式的に $dx = \varphi'(t)\,dt$ と表せばよい．

◆ 不定積分の基本公式

ある関数 $f(x)$ の不定積分を求めるためには，$f(x)$ の原始関数 $F(x)$ を見つければよい．したがって，微分法によってこれまでに得られた導関数に対しては，もとの関数がその原始関数に他ならない．それゆえ，次の不定積分の公式は直ちに与えられる．

積分基本公式 I

a は実数とする．

[0] $\displaystyle\int a\,dx = ax$

[1] $\displaystyle\int x^a\,dx = \frac{1}{a+1}x^{a+1} \quad (a \neq -1)$

[2] $\displaystyle\int \frac{1}{x}\,dx = \log|x|$

[3] $\displaystyle\int e^x\,dx = e^x, \quad \int a^x\,dx = \frac{1}{\log a}a^x \quad (a>0, a \neq 1)$

[4] $\displaystyle\int \sin x\,dx = -\cos x, \quad \int \cos x\,dx = \sin x$

[5] $\displaystyle\int \tan x\,dx = -\log|\cos x|, \quad \int \frac{1}{\tan x}\,dx = \log|\sin x|$

[6] $\displaystyle\int \frac{1}{\cos^2 x}\,dx = \tan x, \quad \int \frac{1}{\sin^2 x}\,dx = -\frac{1}{\tan x}$

[7] $\displaystyle\int \frac{1}{1+x^2}\,dx = \mathrm{Tan}^{-1} x$

[8] $\displaystyle\int \frac{1}{1-x^2}\,dx = \frac{1}{2}\log\left|\frac{x+1}{x-1}\right|$

[9] $\displaystyle\int \frac{1}{\sqrt{1-x^2}}\,dx = \mathrm{Sin}^{-1} x$

[10] $\displaystyle\int \frac{1}{\sqrt{x^2 \pm 1}}\,dx = \log\left|x + \sqrt{x^2 \pm 1}\right|$ （複号同順）

次のように特殊な形をした不定積分は置換積分法を用いて，$t = f(x)$ と変数変換すれば直ちに求められる．

積分基本公式 I′

[1′] $\displaystyle\int \{f(x)\}^a f'(x)\,dx = \frac{1}{a+1}\{f(x)\}^{a+1} \quad (a \neq -1)$

[2′] $\displaystyle\int \frac{f'(x)}{f(x)}\,dx = \log|f(x)|$

また，部分積分法を適用すると次の不定積分が容易に得られる．

積分基本公式 II

[11] $\displaystyle\int \log|x|\,dx = x\log|x| - x$

[12] $\displaystyle\int \mathrm{Tan}^{-1} x\,dx = x\,\mathrm{Tan}^{-1} x - \log\sqrt{1+x^2}$

[13] $\displaystyle\int \mathrm{Sin}^{-1} x\,dx = x\,\mathrm{Sin}^{-1} x + \sqrt{1-x^2}$

[14] $\displaystyle\int \frac{1}{(1+x^2)^2}\,dx = \frac{1}{2}\left(\frac{x}{1+x^2} + \mathrm{Tan}^{-1} x\right)$

[15] $\displaystyle\int \sqrt{1-x^2}\,dx = \frac{1}{2}\left(x\sqrt{1-x^2} + \mathrm{Sin}^{-1} x\right)$

[16] $\displaystyle\int \sqrt{x^2 \pm 1}\,dx = \frac{1}{2}\left(x\sqrt{x^2 \pm 1} \pm \log\left|x + \sqrt{x^2 \pm 1}\right|\right)$ （複号同順）

[考察] 部分積分法を適用して，[11]〜[13] の不定積分を求めると

[11] $\displaystyle\int \log|x|\,dx = x\log|x| - \int dx = x\log|x| - x,$

[12] $\displaystyle\int \mathrm{Tan}^{-1} x\,dx = x\,\mathrm{Tan}^{-1} x - \int \frac{x}{1+x^2}\,dx = x\,\mathrm{Tan}^{-1} x - \frac{1}{2}\log(1+x^2)$
$\qquad\qquad = x\,\mathrm{Tan}^{-1} x - \log\sqrt{1+x^2},$

[13] $\displaystyle\int \mathrm{Sin}^{-1} x\,dx = x\,\mathrm{Sin}^{-1} x - \int \frac{x}{\sqrt{1-x^2}}\,dx = x\,\mathrm{Sin}^{-1} x + \sqrt{1-x^2}.$

また，[14]〜[16] は部分積分法を適用すると次のように変形される．

[14] $\displaystyle\int \frac{1}{1+x^2}\,dx = \frac{x}{1+x^2} + \int \frac{2x^2}{(1+x^2)^2}\,dx$
$\displaystyle\qquad\qquad\quad = \frac{x}{1+x^2} + \int \frac{2}{1+x^2}\,dx - \int \frac{2}{(1+x^2)^2}\,dx,$

[15] $\displaystyle\int \sqrt{1-x^2}\,dx = x\sqrt{1-x^2} + \int \frac{x^2}{\sqrt{1-x^2}}\,dx$
$\displaystyle\qquad\qquad\quad = x\sqrt{1-x^2} - \int \sqrt{1-x^2}\,dx + \int \frac{1}{\sqrt{1-x^2}}\,dx,$

[16] $\displaystyle\int \sqrt{x^2 \pm 1}\,dx = x\sqrt{x^2 \pm 1} - \int \frac{x^2}{\sqrt{x^2 \pm 1}}\,dx$
$\displaystyle\qquad\qquad\quad = x\sqrt{x^2 \pm 1} - \int \sqrt{x^2 \pm 1}\,dx \pm \int \frac{1}{\sqrt{x^2 \pm 1}}\,dx.$

上の等式を整理して，それぞれに積分公式 [7]，[9]，[10] を代入すればよい． □

さらに，「積分基本公式」の [7]〜[10] および [14]〜[16] に置換積分法を適用すると，次の形をしたより一般的な積分公式を与えることができる．

積分基本公式 III

$a > 0$, $c \neq 0$ は定数とする．

[7′] $\displaystyle\int \frac{1}{a^2+x^2}\,dx = \frac{1}{a}\operatorname{Tan}^{-1}\frac{x}{a}$

[8′] $\displaystyle\int \frac{1}{a^2-x^2}\,dx = \frac{1}{2a}\log\left|\frac{x+a}{x-a}\right|$

[9′] $\displaystyle\int \frac{1}{\sqrt{a^2-x^2}}\,dx = \operatorname{Sin}^{-1}\frac{x}{a}$

[10′] $\displaystyle\int \frac{1}{\sqrt{x^2+c}}\,dx = \log\left|x+\sqrt{x^2+c}\right|$

[14′] $\displaystyle\int \frac{1}{(a^2+x^2)^2}\,dx = \frac{1}{2a^2}\left(\frac{x}{a^2+x^2} + \frac{1}{a}\operatorname{Tan}^{-1}\frac{x}{a}\right)$

[15′] $\displaystyle\int \sqrt{a^2-x^2}\,dx = \frac{1}{2}\left(x\sqrt{a^2-x^2} + a^2\operatorname{Sin}^{-1}\frac{x}{a}\right)$

[16′] $\displaystyle\int \sqrt{x^2+c}\,dx = \frac{1}{2}\left(x\sqrt{x^2+c} + c\log\left|x+\sqrt{x^2+c}\right|\right)$

◆ **部分積分法の応用** 「積分基本公式 II」を求める際に用いたように，部分積分法は不定積分の計算において有用である．

例題 4.1 部分積分法を用いて，次の等式を示せ．ただし，$(a, b) \neq (0, 0)$ とする．

$$\int e^{ax} \sin bx \, dx = \frac{e^{ax}}{a^2 + b^2}(a \sin bx - b \cos bx),$$

$$\int e^{ax} \cos bx \, dx = \frac{e^{ax}}{a^2 + b^2}(a \cos bx + b \sin bx).$$

[解] $a = 0$ のときは「積分基本公式 I」の [4] と置換積分法を用いれば明らかである．$a \neq 0$ のとき

$$I = \int e^{ax} \sin bx \, dx, \quad J = \int e^{ax} \cos bx \, dx$$

とおいて，I, J に部分積分法を適用すると

$$\begin{aligned}
I &= \int e^{ax} \sin bx \, dx \\
&= \frac{1}{a} e^{ax} \sin bx - \frac{b}{a} \int e^{ax} \cos bx \, dx = \frac{1}{a} e^{ax} \sin bx - \frac{b}{a} J, \\
J &= \int e^{ax} \cos bx \, dx \\
&= \frac{1}{a} e^{ax} \cos bx + \frac{b}{a} \int e^{ax} \sin bx \, dx = \frac{1}{a} e^{ax} \cos bx + \frac{b}{a} I
\end{aligned}$$

が導かれる．すなわち

$$\begin{cases} aI + bJ = e^{ax} \sin bx, \\ -bI + aJ = e^{ax} \cos bx \end{cases}$$

が成り立つので，この連立方程式を I, J について解くと

$$\begin{aligned}
I &= \int e^{ax} \sin bx \, dx = \frac{e^{ax}}{a^2 + b^2}(a \sin bx - b \cos bx), \\
J &= \int e^{ax} \cos bx \, dx = \frac{e^{ax}}{a^2 + b^2}(a \cos bx + b \sin bx).
\end{aligned}$$ □

▶**注意** 複素数に関する「オイラーの公式」$e^{ix} = \cos x + i \sin x$ を用いると，複素指数関数は

$$e^{(a+ib)x} = e^{ax} e^{ibx} = e^{ax}(\cos bx + i \sin bx)$$

で与えられる．複素数を値にもつ複素指数関数 $e^{(a+ib)x}$ は実指数関数 e^x と同様に「微分・積分」を考えることができ，その不定積分は

$$\int e^{(a+ib)x}\, dx = \frac{1}{a+ib} e^{(a+ib)x}$$

で与えられる．この両辺はそれぞれ次のように変形される．

$$\int e^{(a+ib)x}\, dx = \int (e^{ax}\cos bx + i e^{ax}\sin bx)\, dx,$$

$$\frac{1}{a+ib} e^{(a+ib)x} = \frac{a-ib}{a^2+b^2}(e^{ax}\cos bx + i e^{ax}\sin bx)$$

$$= \frac{e^{ax}}{a^2+b^2}\{(a\cos bx + b\sin bx) + i(a\sin bx - b\cos bx)\}.$$

したがって，実部と虚部を比較すれば例題 4.1 の不定積分が得られる．

積分公式 [14′] の一般的な形は次に示されるように漸化式の形で与えられる．

例題 4.2 自然数 n に対して，

$$I_n = \int \frac{1}{(a^2+x^2)^n}\, dx \quad (a > 0)$$

とおくと，次の漸化式

$$a^2 I_{n+1} = \frac{2n-1}{2n} I_n + \frac{x}{2n(a^2+x^2)^n}$$

が成り立つ．ただし，$I_1 = \dfrac{1}{a} \mathrm{Tan}^{-1} \dfrac{x}{a}$ である．

[解] 部分積分法を用いると，I_n は

$$I_n = \int \frac{1}{(a^2+x^2)^n}\, dx = \frac{x}{(a^2+x^2)^n} + \int \frac{2nx^2}{(a^2+x^2)^{n+1}}\, dx$$

$$= \frac{x}{(a^2+x^2)^n} + 2n\int \frac{1}{(a^2+x^2)^n}\, dx - 2n\int \frac{a^2}{(a^2+x^2)^{n+1}}\, dx$$

$$= \frac{x}{(a^2+x^2)^n} + 2n I_n - 2na^2 I_{n+1}$$

と変形される．この式を整理すると，求めるべき漸化式が得られる． □

§4.2　有理関数の不定積分

◆ **部分分数分解**　$P(x)$, $Q(x)$ が x の多項式で $Q(x) \neq 0$ のとき，$\dfrac{P(x)}{Q(x)}$ を x の**有理関数**という．一般的な形の有理関数をそのままの形で積分することは難しいので，以下の手順によって有理関数を変形して積分すればよい．$P(x)$ の次数が $Q(x)$ の次数に等しいかそれ以上のとき，$P(x)$ を $Q(x)$ で割って

$$P(x) = A(x)Q(x) + R(x)$$

の形に変形すると，有理関数 $\dfrac{P(x)}{Q(x)}$ は

$$\frac{P(x)}{Q(x)} = A(x) + \frac{R(x)}{Q(x)} \quad \text{ただし，} \quad R(x) \text{ の次数} < Q(x) \text{ の次数}$$

の形に書き直される．したがって，有理関数 $\dfrac{P(x)}{Q(x)}$ の不定積分を求めるためには，$P(x)$ の次数が $Q(x)$ の次数より真に小さい場合を調べれば十分である．

　n 次多項式

$$Q(x) = x^n + a_{n-1}x^{n-1} + \cdots + a_1 x + a_0$$

を因数分解するとき，1 次関数 $x+p$ と 2 次関数 $(x+q)^2 + r^2$ の形をした因数で表されるので，これらの因数で重複するものをまとめると $Q(x)$ は

$$Q(x) = (x+p)^k \cdots \{(x+q)^2 + r^2\}^m \cdots$$

と因数分解される (k, m は各因数の重複度)．このとき，多項式 $Q(x)$ を分母にもつ真分数型の有理関数 $\dfrac{P(x)}{Q(x)}$ は多項式 $g(x)$, $h(x)$ を用いて

$$\frac{P(x)}{Q(x)} = \frac{g(x)}{(x+p)^k} + \cdots + \frac{h(x)}{\{(x+q)^2+r^2\}^m} + \cdots$$

と幾つかの真分数型の有理関数の和に分解 (通分の逆算) することができる．しかも，右辺に現れた真分数型の有理関数 $\dfrac{g(x)}{(x+p)^k}$, $\dfrac{h(x)}{\{(x+q)^2+r^2\}^m}$ は

定数 a_i, b_j $(1 \leqq i \leqq k;\ 1 \leqq j \leqq m)$ を用いてそれぞれ

$$\frac{g(x)}{(x+p)^k} = \frac{a_k}{(x+p)^k} + \cdots + \frac{a_2}{(x+p)^2} + \frac{a_1}{x+p},$$

$$\frac{h(x)}{\{(x+q)^2+r^2\}^m} = \frac{b_m x + c_m}{\{(x+q)^2+r^2\}^m} + \cdots + \frac{b_1 x + c_1}{(x+q)^2+r^2}$$

とより簡単で積分が可能な真分数型の有理関数の和に分解できる．

このように，有理関数を簡単な有理関数の和に分解することを**部分分数分解する**という．

例題 4.3 次の有理関数を部分分数分解せよ．

$$\frac{x^3+7}{(x+2)(x+1)^3}$$

[解] 真分数型の有理関数 $\dfrac{x^3+7}{(x+2)(x+1)^3}$ を部分分数分解するために

$$\frac{x^3+7}{(x+2)(x+1)^3} = \frac{a}{x+2} + \frac{bx^2+cx+d}{(x+1)^3}$$

とおく．両辺に $(x+2)(x+1)^3$ を掛けると，次の恒等式

$$x^3+7 = a(x+1)^3 + (bx^2+cx+d)(x+2)$$

が得られる．この恒等式に $x=-2$ $(x+2=0)$ を代入すると $a=1$ となるので，恒等式の右辺に $a=1$ を代入して書き直すと

$$x^3+7 = (1+b)x^3 + (3+2b+c)x^2 + (3+2c+d)x + 1 + 2d$$

となる．そこで，両辺の係数を比較すると $b=0$, $c=-3$, $d=3$ が得られる．それゆえ，与えられた有理関数は次のように部分分数分解される．

$$\frac{x^3+7}{(x+2)(x+1)^3} = \frac{1}{x+2} - \frac{3x-3}{(x+1)^3} = \frac{1}{x+2} - \frac{3}{(x+1)^2} + \frac{6}{(x+1)^3}. \qquad \square$$

▶**注意** 与えられた有理関数を部分分数分解する際に，

$$\frac{x^3+7}{(x+2)(x+1)^3} = \frac{a}{x+2} + \frac{b}{(x+1)^3} + \frac{c}{(x+1)^2} + \frac{d}{x+1}$$

とおいて，定数 a, b, c, d を直接求めてもよい．

問題 4.1 次の有理関数を部分分数分解せよ．

（1） $\dfrac{6}{x^4+x^2-2}$ （2） $\dfrac{4x^2}{(x-2)^2(x^2+4)}$

[答]（1） $\dfrac{1}{x-1}-\dfrac{1}{x+1}-\dfrac{2}{x^2+2}$ （2） $\dfrac{1}{x-2}+\dfrac{2}{(x-2)^2}-\dfrac{x}{x^2+4}$

◆ **有理関数の不定積分** 真分数型の有理関数は次の形をした2種類の有理関数の幾つかの和に部分分数分解することができた．

（i） $\dfrac{a}{(x+p)^n}$ （ii） $\dfrac{bx+c}{\{(x+q)^2+r^2\}^n}$

しかも，（ii）の形をした有理関数は

$$\frac{bx+c}{\{(x+q)^2+r^2\}^n}=\frac{b(x+q)}{\{(x+q)^2+r^2\}^n}+\frac{c-bq}{\{(x+q)^2+r^2\}^n}$$

と変形される．それゆえ，有理関数の不定積分を求める際には，次のように簡潔な形をした3種類の有理関数の不定積分を計算すればよい．

有理関数の積分公式

（i） $\displaystyle\int\dfrac{1}{x+p}\,dx=\log|x+p|,$

$\displaystyle\int\dfrac{1}{(x+p)^n}\,dx=-\dfrac{1}{(n-1)(x+p)^{n-1}}\quad (n\geqq 2).$

（ii） $\displaystyle\int\dfrac{2(x+q)}{x^2+2qx+s}\,dx=\log|x^2+2qx+s|,$

$\displaystyle\int\dfrac{2(x+q)}{(x^2+2qx+s)^n}\,dx=-\dfrac{1}{(n-1)(x^2+2qx+s)^{n-1}}\quad (n\geqq 2).$

（iii） $\displaystyle\int\dfrac{1}{(x+q)^2+r^2}\,dx=\dfrac{1}{r}\mathrm{Tan}^{-1}\dfrac{x+q}{r}.$

$I_n=\displaystyle\int\dfrac{1}{\{(x+q)^2+r^2\}^n}\,dx\ (n\geqq 2)$ とおくと，

$I_n=\dfrac{1}{2(n-1)r^2}\left[\dfrac{x+q}{\{(x+q)^2+r^2\}^{n-1}}+(2n-3)I_{n-1}\right].$

§4.2 有理関数の不定積分

例題 4.4 次の有理関数の不定積分を求めよ．

(1) $\dfrac{7}{2x^2+5x-3}$ (2) $\dfrac{x^3+20}{x^2-2x+10}$

[解] (1) 与えられた有理関数は

$$\frac{7}{2x^2+5x-3}=\frac{7}{(2x-1)(x+3)}=\frac{2}{2x-1}-\frac{1}{x+3}$$

と部分分数分解されるので

$$\int\frac{7}{2x^2+5x-3}\,dx=\int\left(\frac{2}{2x-1}-\frac{1}{x+3}\right)dx$$
$$=\log|2x-1|-\log|x+3|=\log\left|\frac{2x-1}{x+3}\right|.$$

(2) 与えられた有理関数は

$$\frac{x^3+20}{x^2-2x+10}=x+2-\frac{6x}{x^2-2x+10}$$
$$=x+2-\frac{6x-6}{x^2-2x+10}-\frac{6}{x^2-2x+10}$$

と 1 次多項式と 2 つの有理関数の和に分解されるので

$$\int\frac{x^3+20}{x^2-2x+10}\,dx$$
$$=\int\left\{x+2-\frac{6x-6}{x^2-2x+10}-\frac{6}{(x-1)^2+9}\right\}dx$$
$$=\frac{1}{2}x^2+2x-3\log(x^2-2x+10)-2\operatorname{Tan}^{-1}\frac{x-1}{3}. \quad\square$$

問題 4.2 次の有理関数の不定積分を求めよ．

(1) $\dfrac{2x+7}{x^2+x-2}$ (2) $\dfrac{x^4+2x^3-1}{x^2+2x+3}$ (3) $\dfrac{5x}{x^3-2x-4}$

[答] (1) $\log\left|\dfrac{(x-1)^3}{x+2}\right|$ (2) $\dfrac{1}{3}x^3-3x+3\log(x^2+2x+3)+\sqrt{2}\operatorname{Tan}^{-1}\dfrac{x+1}{\sqrt{2}}$

(3) $\dfrac{1}{2}\log\dfrac{(x-2)^2}{x^2+2x+2}+2\operatorname{Tan}^{-1}(x+1)$

§4.3　無理関数の不定積分

2 変数 x, y の多項式 $P(x, y)$, $Q(x, y)$ の商である 2 変数 x, y の有理関数 $g(x, y) = \dfrac{P(x, y)}{Q(x, y)}$ に

$$y = \sqrt[n]{ax + b} \quad \text{または} \quad y = \sqrt{ax^2 + bx + c}$$

を代入して得られる関数

$$g(x, \sqrt[n]{ax + b}), \quad g(x, \sqrt{ax^2 + bx + c})$$

をそれぞれ **1 次無理関数** および **2 次無理関数** とよぶことにする．無理関数の不定積分は必ずしも容易に求められるとは限らないが，これら 1 次および 2 次無理関数の不定積分は適当な 変数変換 を行うことによって 有理関数の不定積分に帰着 することができる．

◆ **1 次無理関数の置換積分法**　1 次無理関数の不定積分を計算する際には，次のような変数変換を施せばよい．

x と $\sqrt[n]{ax + b}$ の有理関数 $g(x, \sqrt[n]{ax + b})$ は

$$t = \sqrt[n]{ax + b}$$

と変数変換すると，$t^n = ax+b$, $nt^{n-1}\,dt = a\,dx$ となるので，$g(x, \sqrt[n]{ax + b})$ の不定積分は次の有理関数の不定積分に変形される．

1 次無理関数の不定積分

$t = \sqrt[n]{ax + b}$ と変数変換すると

$$\int g(x, \sqrt[n]{ax + b})\,dx = \int g\!\left(\dfrac{t^n - b}{a}, t\right) \dfrac{nt^{n-1}}{a}\,dt.$$

例題 4.5　次の 1 次無理関数の不定積分を求めよ．

（1）　$\dfrac{1}{x\sqrt[4]{x + 1}}$　　　　　　　　（2）　$\dfrac{\log x}{2\sqrt{x - 1}}$

[解] （1） $t = \sqrt[4]{x+1}$ と変数変換すると，$x = t^4 - 1$, $dx = 4t^3\, dt$ となるので

$$\int \frac{1}{x\sqrt[4]{x+1}}\, dx = \int \frac{4t^2}{t^4 - 1}\, dt = \int \left(\frac{1}{t-1} - \frac{1}{t+1} + \frac{2}{t^2 + 1} \right) dt$$

$$= \log \left| \frac{t-1}{t+1} \right| + 2\,\mathrm{Tan}^{-1} t = \log \left| \frac{\sqrt[4]{x+1} - 1}{\sqrt[4]{x+1} + 1} \right| + 2\,\mathrm{Tan}^{-1} \sqrt[4]{x+1}.$$

（2） $t = \sqrt{x-1}$ と変数変換すると，$x = t^2 + 1$, $dx = 2t\, dt$ となるので，部分積分法を用いて不定積分を求めると

$$\int \frac{\log x}{2\sqrt{x-1}}\, dx = \int \log(t^2 + 1)\, dt = t\log(t^2 + 1) - \int \frac{2t^2}{t^2 + 1}\, dt$$

$$= t\log(t^2 + 1) - \int \left(2 - \frac{2}{t^2 + 1} \right) dt$$

$$= t\log(t^2 + 1) - 2t + 2\,\mathrm{Tan}^{-1} t$$

$$= \sqrt{x-1}\,(\log x - 2) + 2\,\mathrm{Tan}^{-1} \sqrt{x-1}. \qquad \square$$

問題 4.3 次の 1 次無理関数の不定積分を求めよ．

（1） $\dfrac{1}{x\sqrt{x-4}}$ （2） $\dfrac{1}{x - 2\sqrt{x-1}}$

[答] （1） $\mathrm{Tan}^{-1} \dfrac{\sqrt{x-4}}{2}$ （2） $\log(x - 2\sqrt{x-1}) - \dfrac{2}{\sqrt{x-1} - 1}$

◆ 2 次無理関数の不定積分

2 次無理関数 $g(x, \sqrt{ax^2 + bx + c})$ が有理関数 $\varphi(t)$ を用いて

$$g(x, \sqrt{ax^2 + bx + c}) = (2ax + b)\varphi(\sqrt{ax^2 + bx + c})$$

と特別な形で表されている場合は，$t = \sqrt{ax^2 + bx + c}$ と変数変換すれば，$g(x, \sqrt{ax^2 + bx + c})$ の不定積分は次のように簡単な形に変形できる．

2 次無理関数の不定積分 I

$t = \sqrt{ax^2 + bx + c}$ と変数変換すると

$$\int (2ax + b)\varphi(\sqrt{ax^2 + bx + c})\, dx = \int 2t\varphi(t)\, dt.$$

例題 4.6 次の 2 次無理関数の不定積分を求めよ．

（1） $\dfrac{1}{x\sqrt{1-x^2}}$ 　　　　　（2） $\dfrac{\sqrt{1-x^2}}{1+x}$

[解] （1） $t=\sqrt{1-x^2}$ と変数変換すると，$t^2=1-x^2$, $t\,dt=-x\,dx$ と書き換えられる．それゆえ，求めるべき不定積分は

$$\int \frac{1}{x\sqrt{1-x^2}}\,dx = \int \frac{x}{x^2\sqrt{1-x^2}}\,dx = \int \frac{1}{t^2-1}\,dt$$
$$= \frac{1}{2}\int\left(\frac{1}{t-1}-\frac{1}{t+1}\right)dt = \frac{1}{2}\log\left|\frac{t-1}{t+1}\right| = \frac{1}{2}\log\frac{1-\sqrt{1-x^2}}{1+\sqrt{1-x^2}}.$$

（2） $\dfrac{\sqrt{1-x^2}}{1+x} = \dfrac{1-x}{\sqrt{1-x^2}}$ と変形されるので，求めるべき不定積分は

$$\int \frac{\sqrt{1-x^2}}{1+x}\,dx = \int\left(\frac{1}{\sqrt{1-x^2}} - \frac{x}{\sqrt{1-x^2}}\right)dx = \mathrm{Sin}^{-1} x + \sqrt{1-x^2}. \quad\square$$

問題 4.4 次の 2 次無理関数の不定積分を求めよ．

（1） $\dfrac{1}{x\sqrt{x^2-1}}$ 　　　　（2） $\dfrac{1}{x\sqrt{x^2+1}}$ 　　　　（3） $\dfrac{\sqrt{x^2-1}}{x+1}$

[答] （1） $\mathrm{Tan}^{-1}\sqrt{x^2-1}$ 　　（2） $\dfrac{1}{2}\log\dfrac{\sqrt{x^2+1}-1}{\sqrt{x^2+1}+1}$

（3） $\sqrt{x^2-1} - \log\left|x+\sqrt{x^2-1}\right|$

◆ **2 次無理関数の置換積分法** 2 次無理関数 $g(x,\sqrt{ax^2+bx+c})$ が特別な形をしていない一般の場合には，次のような変数変換を施せばよい．

$a>0$ のときは

$$t = \sqrt{a}\,x + \sqrt{ax^2+bx+c}$$

と変数変換すると

$$x = \frac{t^2-c}{2\sqrt{a}\,t+b}, \quad \sqrt{ax^2+bx+c} = \frac{\sqrt{a}\,t^2+bt+\sqrt{a}\,c}{2\sqrt{a}\,t+b},$$
$$dx = \frac{2(\sqrt{a}\,t^2+bt+\sqrt{a}\,c)}{(2\sqrt{a}\,t+b)^2}\,dt$$

となる．したがって，特に $a=1$ のとき，$g(x,\sqrt{x^2+bx+c})$ の不定積分は次の形をした有理関数の不定積分に変形される．

2次無理関数の不定積分 II

$t = x + \sqrt{x^2 + bx + c}$ と変数変換すると

$$\int g(x, \sqrt{x^2 + bx + c})\, dx$$
$$= \int g\left(\frac{t^2 - c}{2t + b}, \frac{t^2 + bt + c}{2t + b}\right) \frac{2(t^2 + bt + c)}{(2t + b)^2}\, dt.$$

$a < 0$ のときは

$$ax^2 + bx + c = a(x - p)(x - q) \quad (p > q)$$

と因数分解して

$$t = \sqrt{\frac{x - q}{p - x}}$$

と変数変換すると

$$x = \frac{pt^2 + q}{t^2 + 1}, \quad \sqrt{ax^2 + bx + c} = \frac{\sqrt{-a}\,(p - q)t}{t^2 + 1}, \quad dx = \frac{2(p - q)t}{(t^2 + 1)^2}\, dt$$

となる．したがって，特に $a = -1$ のとき，

$$g(x, \sqrt{-(x - p)(x - q)})$$

の不定積分は次の形をした有理関数の不定積分に変形される．

2次無理関数の不定積分 III

$-x^2 + bx + c = -(x - p)(x - q)\ (p > q)$ のとき

$$t = \sqrt{\frac{x - q}{p - x}}$$

と変数変換すると

$$\int g(x, \sqrt{-(x - p)(x - q)})\, dx$$
$$= \int g\left(\frac{pt^2 + q}{t^2 + 1}, \frac{(p - q)t}{t^2 + 1}\right) \frac{2(p - q)t}{(t^2 + 1)^2}\, dt.$$

上述した置換積分法を適用して，2次無理関数の不定積分を計算しよう．

例題 4.7 次の 2 次無理関数の不定積分を求めよ．

（1） $\dfrac{1}{(1-x)\sqrt{x^2-x+1}}$ （2） $\dfrac{1}{(3-x)\sqrt{2+x-x^2}}$

[解]（1） $t = x + \sqrt{x^2-x+1}$ と変数変換すると

$$x = \frac{t^2-1}{2t-1}, \quad \sqrt{x^2-x+1} = \frac{t^2-t+1}{2t-1}, \quad dx = \frac{2(t^2-t+1)}{(2t-1)^2}\,dt$$

と書き換えられる．このとき，求めるべき不定積分は

$$\int \frac{1}{(1-x)\sqrt{x^2-x+1}}\,dx = \int \frac{2t-1}{t(2-t)} \cdot \frac{2t-1}{t^2-t+1} \cdot \frac{2(t^2-t+1)}{(2t-1)^2}\,dt$$

$$= \int \frac{2}{t(2-t)}\,dt = \int \left(\frac{1}{t} + \frac{1}{2-t}\right)dt$$

$$= \log|t| - \log|t-2| = \log\left|\frac{t}{t-2}\right|$$

$$= \log\left|\frac{x+\sqrt{x^2-x+1}}{x-2+\sqrt{x^2-x+1}}\right|.$$

（2） $x^2 - x - 2 = (x+1)(x-2)$ と因数分解されるので，$t = \sqrt{\dfrac{x+1}{2-x}}$ と変数変換すると

$$x = \frac{2t^2-1}{t^2+1}, \quad \sqrt{2+x-x^2} = \frac{3t}{t^2+1}, \quad dx = \frac{6t}{(t^2+1)^2}\,dt$$

と書き換えられる．このとき，求めるべき不定積分は

$$\int \frac{1}{(3-x)\sqrt{2+x-x^2}}\,dx = \int \frac{t^2+1}{t^2+4} \cdot \frac{t^2+1}{3t} \cdot \frac{6t}{(t^2+1)^2}\,dt$$

$$= \int \frac{2}{t^2+4}\,dt = \mathrm{Tan}^{-1}\frac{t}{2} = \mathrm{Tan}^{-1}\frac{1}{2}\sqrt{\frac{x+1}{2-x}}. \qquad \square$$

問題 4.5 次の 2 次無理関数の不定積分を求めよ．

（1） $\dfrac{1}{x^2\sqrt{x^2-1}}$ （2） $\dfrac{1}{x^2\sqrt{x^2+1}}$ （3） $\dfrac{1}{x^2\sqrt{1-x^2}}$

[答]（1） $\dfrac{\sqrt{x^2-1}}{x}$ （2） $-\dfrac{\sqrt{x^2+1}}{x}$ （3） $-\dfrac{\sqrt{1-x^2}}{x}$

§4.4 三角関数の不定積分

◆ **三角関数の不定積分公式** 関数 $f(x)$ が有理関数 $\varphi(t)$ を用いて

$$f(x) = \varphi(\sin x)\cos x \quad \text{または} \quad f(x) = \varphi(\cos x)\sin x$$

と表されている場合は，それぞれ $t = \sin x$, $t = \cos x$ と変数変換すれば，$f(x)$ の不定積分は次のように簡単な形に変形できる．

三角関数の不定積分 I

（1） $t = \sin x$ とおくと， $\displaystyle\int \varphi(\sin x)\cos x\, dx = \int \varphi(t)\, dt$

（2） $t = \cos x$ とおくと， $\displaystyle\int \varphi(\cos x)\sin x\, dx = -\int \varphi(t)\, dt$

最も簡単な形をした三角関数の不定積分は「積分基本公式 I」の [4], [5], [6] で与えられたが，それら以外に次の形のものが容易に計算できる．

例 4.1 三角関数 $\sin^n x$, $\cos^n x$, $\tan^n x$, $\dfrac{1}{\tan^n x}$ $(n = 2, 3)$ の不定積分は次のように表される．

[1] $\displaystyle\int \sin^2 x\, dx = \int \frac{1 - \cos 2x}{2}\, dx = \frac{1}{2}x - \frac{1}{4}\sin 2x,$

$\displaystyle\int \cos^2 x\, dx = \int \frac{1 + \cos 2x}{2}\, dx = \frac{1}{2}x + \frac{1}{4}\sin 2x$

[2] $\displaystyle\int \tan^2 x\, dx = \int \left(\frac{1}{\cos^2 x} - 1\right) dx = \tan x - x,$

$\displaystyle\int \frac{1}{\tan^2 x}\, dx = \int \left(\frac{1}{\sin^2 x} - 1\right) dx = -\frac{1}{\tan x} - x$

[3] $\displaystyle\int \sin^3 x\, dx = \int (\sin x - \cos^2 x \sin x)\, dx = -\cos x + \frac{1}{3}\cos^3 x,$

$\displaystyle\int \cos^3 x\, dx = \int (\cos x - \sin^2 x \cos x)\, dx = \sin x - \frac{1}{3}\sin^3 x$

[4] $\displaystyle\int \tan^3 x \, dx = \int \left(\dfrac{\sin x}{\cos^3 x} - \dfrac{\sin x}{\cos x} \right) dx = \dfrac{1}{2\cos^2 x} + \log|\cos x|,$

$\displaystyle\int \dfrac{1}{\tan^3 x} \, dx = \int \left(\dfrac{\cos x}{\sin^3 x} - \dfrac{\cos x}{\sin x} \right) dx = -\dfrac{1}{2\sin^2 x} - \log|\sin x|$ ◇

例題 4.8 次の三角関数の不定積分を求めよ.

(1) $\displaystyle\int \dfrac{1}{\sin x} \, dx$　　　　(2) $\displaystyle\int \dfrac{1}{\cos x} \, dx$

[解]　$t = \cos x$, $s = \sin x$ と変数変換すると, 求めるべき不定積分は

$$\int \dfrac{1}{\sin x} dx = \int \dfrac{\sin x}{1-\cos^2 x} dx = -\int \dfrac{1}{1-t^2} dt = \dfrac{1}{2}\int \left(\dfrac{1}{t-1} - \dfrac{1}{t+1} \right) dt$$

$$= \dfrac{1}{2} \log \left| \dfrac{t-1}{t+1} \right| = \dfrac{1}{2} \log \dfrac{1-\cos x}{1+\cos x} = \dfrac{1}{2} \log \dfrac{\sin^2 \dfrac{x}{2}}{\cos^2 \dfrac{x}{2}} = \log \left| \tan \dfrac{x}{2} \right|,$$

$$\int \dfrac{1}{\cos x} dx = \int \dfrac{\cos x}{1-\sin^2 x} dx = \int \dfrac{1}{1-s^2} ds = \dfrac{1}{2}\int \left(\dfrac{1}{1+s} + \dfrac{1}{1-s} \right) ds$$

$$= \dfrac{1}{2} \log \left| \dfrac{1+s}{1-s} \right| = \dfrac{1}{2} \log \dfrac{1+\sin x}{1-\sin x}$$

$$= \dfrac{1}{2} \log \dfrac{\left(\cos \dfrac{x}{2} + \sin \dfrac{x}{2} \right)^2}{\left(\cos \dfrac{x}{2} - \sin \dfrac{x}{2} \right)^2} = \log \left| \dfrac{1+\tan \dfrac{x}{2}}{1-\tan \dfrac{x}{2}} \right|.$$ □

問題 4.6 次の三角関数の不定積分を求めよ.

(1) $\dfrac{1}{\cos^3 x}$　　(2) $\sin^4 x$　　(3) $\tan^4 x$　　(4) $\dfrac{1}{\sin^4 x}$

[答]　(1) $\dfrac{\sin x}{2\cos^2 x} + \dfrac{1}{4} \log \dfrac{1+\sin x}{1-\sin x}$　　(2) $\dfrac{3}{8} x - \dfrac{1}{4} \sin 2x + \dfrac{1}{32} \sin 4x$

(3) $\dfrac{1}{3} \tan^3 x - \tan x + x$　　(4) $-\dfrac{1}{\tan x} - \dfrac{1}{3\tan^3 x}$

◆ **三角関数の置換積分法**　$\sin x$, $\cos x$ の有理関数 $g(\sin x, \cos x)$ が特別な形をしていない一般の場合には, 次のような変数変換を施せばよい.

三角関数 $\sin x$, $\cos x$ の有理関数 $g(\sin x, \cos x)$ は, $t = \tan \dfrac{x}{2}$ (すなわち,

$x = 2\,\mathrm{Tan}^{-1} t$) と変数変換して，$t = \tan\dfrac{x}{2}$ の両辺を x で微分すると

$$\frac{dt}{dx} = \frac{1}{2\cos^2\dfrac{x}{2}} = \frac{1 + \tan^2\dfrac{x}{2}}{2} = \frac{1 + t^2}{2}$$

となるので，$dx = \dfrac{2}{1+t^2}\,dt$ である．さらに，次の関係式が得られる．

$$\sin x = 2\sin\frac{x}{2}\cos\frac{x}{2} = 2\tan\frac{x}{2}\cos^2\frac{x}{2} = \frac{2\tan\dfrac{x}{2}}{1+\tan^2\dfrac{x}{2}} = \frac{2t}{1+t^2},$$

$$\cos x = 2\cos^2\frac{x}{2} - 1 = \frac{2}{1 + \tan^2\dfrac{x}{2}} - 1 = \frac{2}{1+t^2} - 1 = \frac{1-t^2}{1+t^2}.$$

よって，$g(\sin x, \cos x)$ の不定積分は次の有理関数の不定積分に変形される．

三角関数の不定積分 II

$t = \tan\dfrac{x}{2}$ と変数変換すると，

$$\int g(\sin x, \cos x)\,dx = \int g\!\left(\frac{2t}{1+t^2}, \frac{1-t^2}{1+t^2}\right)\frac{2}{1+t^2}\,dt.$$

三角関数 $\sin^2 x$, $\cos^2 x$, $\tan x$ の有理関数 $h(\sin^2 x, \cos^2 x, \tan x)$ は，$t = \tan x$ (すなわち，$x = \mathrm{Tan}^{-1} t$) と変数変換した方が簡単である．このとき，$t = \tan x$ の両辺を x で微分すると

$$\frac{dt}{dx} = \frac{1}{\cos^2 x} = 1 + \tan^2 x = 1 + t^2$$

となるので，$dx = \dfrac{1}{1+t^2}\,dt$ である．さらに，次の関係式

$$\sin^2 x = \frac{\tan^2 x}{1 + \tan^2 x} = \frac{t^2}{1+t^2}, \quad \cos^2 x = \frac{1}{1 + \tan^2 x} = \frac{1}{1+t^2}$$

が得られる．したがって，$h(\sin^2 x, \cos^2 x, \tan x)$ の不定積分は次の有理関数の不定積分に変形される．

三角関数の不定積分 III

$t = \tan x$ と変数変換すると，

$$\int h(\sin^2 x, \cos^2 x, \tan x)\,dx = \int h\left(\frac{t^2}{1+t^2}, \frac{1}{1+t^2}, t\right)\frac{1}{1+t^2}\,dt.$$

置換積分法を適用して，幾つかの三角関数の不定積分を計算しよう．

例題 4.9 次の三角関数の不定積分を求めよ．

（1） $\dfrac{1}{1 + 2\sin x - \cos x}$ （2） $\dfrac{2\tan x}{1 + \tan x}$

[解] （1） $t = \tan\dfrac{x}{2}$ と変数変換して，不定積分を求めると

$$\int \frac{1}{1 + 2\sin x - \cos x}\,dx = \int \frac{1 + t^2}{1 + t^2 + 4t - (1 - t^2)} \cdot \frac{2}{1 + t^2}\,dt$$

$$= \int \frac{1}{t^2 + 2t}\,dt = \frac{1}{2}\int \left(\frac{1}{t} - \frac{1}{t + 2}\right)dt$$

$$= \frac{1}{2}\log\left|\frac{t}{t + 2}\right| = \frac{1}{2}\log\left|\frac{\tan\dfrac{x}{2}}{\tan\dfrac{x}{2} + 2}\right|.$$

（2） $t = \tan x$ と変数変換して，不定積分を求めると

$$\int \frac{2\tan x}{1 + \tan x}\,dx = \int \frac{2t}{1 + t} \cdot \frac{1}{1 + t^2}\,dt = \int \frac{2t}{(1 + t)(1 + t^2)}\,dt$$

$$= \int \left(\frac{1 + t}{1 + t^2} - \frac{1}{1 + t}\right)dt = \mathrm{Tan}^{-1} t + \frac{1}{2}\log(1 + t^2) - \log|1 + t|$$

$$= \mathrm{Tan}^{-1} t + \frac{1}{2}\log\frac{1 + t^2}{(1 + t)^2} = x + \frac{1}{2}\log\frac{1 + \tan^2 x}{(1 + \tan x)^2}$$

$$= x + \frac{1}{2}\log\frac{1}{(\cos x + \sin x)^2} = x - \log|\cos x + \sin x|. \qquad \square$$

問題 4.7 次の三角関数の不定積分を求めよ．

（1） $\dfrac{1}{5 + 3\sin x + 4\cos x}$ （2） $\dfrac{3}{\tan x(2 + \cos^2 x)}$

[答] （1） $-\dfrac{2}{\tan\dfrac{x}{2} + 3}$ （2） $\dfrac{1}{2}\log\dfrac{\tan^2 x}{3 + 2\tan^2 x}$

演 習 問 題

4.1 置換積分法を用いて，次の関数の不定積分を求めよ．

(1) $\dfrac{x-1}{(x^2-2x+2)^3}$ (2) $\dfrac{1}{x^2-2x+3}$

(3) $\dfrac{2x+1}{(x-1)^2(x+2)^2}$ (4) $\dfrac{2x}{x^4+x^2+1}$

(5) $\dfrac{2x^3(x^2-1)}{(x^2+1)^3}$ (6) $\dfrac{2}{\sqrt{3-4x-4x^2}}$

(7) $\dfrac{3}{\sqrt{9x^2-12x+1}}$ (8) $\dfrac{3}{x\sqrt{x^3-4}}$

(9) $\dfrac{4}{x\sqrt{x^4+1}}$ (10) $\dfrac{e^x}{e^{2x}-e^x+2}$

(11) $\dfrac{2}{(e^x+e^{-x})^2}$ (12) $\left(\dfrac{1}{e^x+1}-\dfrac{1}{2}\right)^2$

(13) $\dfrac{\log x}{x(1+\log x)^2}$ (14) $\dfrac{\cos x}{3-\cos^2 x}$

(15) $\dfrac{\sin^3 x}{2+\cos x}$ (16) $\dfrac{\sin^4 x}{\cos^6 x}$

(17) $\dfrac{1}{1+\sin x}$ (18) $\tan x \log(1+\tan^2 x)$

(19) $\dfrac{(x+\sqrt{x^2-1}\,)^3}{\sqrt{x^2-1}}$ (20) $\dfrac{x+\mathrm{Sin}^{-1} 2x}{\sqrt{1-4x^2}}$

4.2 部分積分法を用いて，次の関数の不定積分を求めよ．

(1) $\log(x+\sqrt{x^2-1}\,)$ (2) $x^3 e^{2x}$

(3) $(\log|x|)^3$ (4) $x^3(\log|x|)^2$

(5) $x^2 \log(x^2+1)$ (6) $x^3 \cos 2x$

(7) $x\log(x^2-2x+2)$ (8) $x^5 e^{-x^2}$

(9) $e^{4x}\sin 3x$ (10) $e^{-x}\sin^2 x$

(11) $x\,\mathrm{Tan}^{-1} x$ (12) $x\,\mathrm{Sin}^{-1} x$

(13) $x^2\,\mathrm{Tan}^{-1} x$ (14) $x^2\,\mathrm{Sin}^{-1} x$

(15) $x\log(x+\sqrt{x^2+1}\,)$ (16) $(\mathrm{Sin}^{-1} x)^2$

4.3 自然数 n に対し

$$I_n = \int \sin^n x \, dx, \quad J_n = \int \cos^n x \, dx, \quad K_n = \int \tan^n x \, dx$$

とおくと，次の漸化式が成り立つことを示せ．

$$I_{n+1} = \frac{n}{n+1} I_{n-1} - \frac{1}{n+1} \sin^n x \cos x,$$

$$J_{n+1} = \frac{n}{n+1} J_{n-1} + \frac{1}{n+1} \cos^n x \sin x,$$

$$K_{n+1} = -K_{n-1} + \frac{1}{n} \tan^n x.$$

ただし，$I_0 = J_0 = K_0 = x$, $I_1 = -\cos x$, $J_1 = \sin x$, $K_1 = -\log|\cos x|$.

4.4 次の有理関数の不定積分を求めよ．

(1) $\dfrac{x+2}{x^2 - 4x + 8}$

(2) $\dfrac{x^3 + 1}{x^2 + 2x + 10}$

(3) $\dfrac{5x}{2x^2 + 7x + 3}$

(4) $\dfrac{x^2 - 13}{x^2 + 2x - 3}$

(5) $\dfrac{x^2 + 1}{x(x^2 - 1)}$

(6) $\dfrac{x + 1}{x(x^2 + 1)}$

(7) $\dfrac{4}{(x-1)^2(x+1)}$

(8) $\dfrac{x^3 - 1}{x^2(x+1)}$

(9) $\dfrac{2x - 3}{(x+1)(x^2 - 2x + 2)}$

(10) $\dfrac{x^2}{(x+1)(x^2 + 2x + 2)}$

(11) $\dfrac{4x - 5}{(x^2 - 1)(x - 2)}$

(12) $\dfrac{5x^2}{(x+1)(x^2 - 2x + 2)}$

(13) $\dfrac{3x + 5}{(x-1)(x^2 + 2x + 5)}$

(14) $\dfrac{3}{x^3 - 1}$

(15) $\dfrac{4(x+1)}{(x^2 + 2)^2}$

(16) $\dfrac{x^2 + x}{(x^2 + 9)^2}$

(17) $\dfrac{2x}{(x-1)^2(x^2 + 1)}$

(18) $\dfrac{2}{(x-1)^2(x^2 + 1)}$

(19) $\dfrac{x^4 + 1}{x^2(x^2 + 1)}$

(20) $\dfrac{4}{(x^2 - 1)^2}$

(21) $\dfrac{2x(x-2)}{x^4 - 1}$

(22) $\dfrac{8x}{(x-1)^3(x+1)}$

(23) $\dfrac{x}{(x^2-4x+5)^2}$　　　　(24) $\dfrac{8}{x^4+4}$

4.5 次の1次無理関数の不定積分を求めよ．

(1) $\dfrac{1}{(x+3)\sqrt{x+1}}$　　　　(2) $\dfrac{1}{x\sqrt{x+4}}$

(3) $\dfrac{1}{x-3\sqrt{x+4}}$　　　　(4) $\dfrac{1}{x+4+4\sqrt{x+1}}$

(5) $\dfrac{x}{\sqrt{x+1}+2}$　　　　(6) $\dfrac{1}{(x-6\sqrt{x-9})\sqrt{x-9}}$

(7) $\dfrac{x}{(x+4\sqrt{x-3})\sqrt{x-3}}$　　　　(8) $\dfrac{x^2}{(x+\sqrt{x+2})\sqrt{x+2}}$

(9) $\dfrac{2x-1}{x^2\sqrt{x-1}}$　　　　(10) $xe^{\sqrt{x-2}}$

(11) $\log|x+2\sqrt{x+3}|$　　　　(12) $2x\operatorname{Tan}^{-1}\sqrt{x+1}$

(13) $\dfrac{3}{x+4-3\sqrt[3]{x+2}}$　　　　(14) $\dfrac{\sqrt[4]{x}-1}{\sqrt{x}+1}$

(15) $\dfrac{1}{x\sqrt{x}(\sqrt[3]{x}+4)}$　　　　(16) $\dfrac{\log x^3}{4\sqrt[4]{x+1}}$

4.6 次の2次無理関数の不定積分を求めよ．

(1) $\dfrac{\sqrt{1-x^2}}{x(1+x)}$　　　　(2) $\dfrac{\sqrt{x^2-1}}{x(x+1)}$

(3) $\dfrac{x+2}{\sqrt{3-2x-x^2}}$　　　　(4) $\dfrac{x-1}{\sqrt{x^2+2x-3}}$

(5) $\dfrac{x^2-4}{\sqrt{1-(x-2)^2}}$　　　　(6) $\dfrac{x^2+1}{\sqrt{x^2-2x+2}}$

(7) $\dfrac{1}{(x+2)\sqrt{x^2-5}}$　　　　(8) $\dfrac{1}{(x-1)\sqrt{x^2+2x-3}}$

(9) $\dfrac{1}{x\sqrt{x^2-2x+2}}$　　　　(10) $\dfrac{1}{(x+1)\sqrt{1-(x-2)^2}}$

(11) $\dfrac{1}{(1+\sqrt{2x-x^2})\sqrt{2x-x^2}}$　　　　(12) $\dfrac{1}{(x+1)\sqrt{3-2x-x^2}}$

4.7 次の三角関数の不定積分を求めよ．

(1) $\dfrac{\cos x}{1+\cos x}$
(2) $\dfrac{\tan x}{2+\cos x}$

(3) $\dfrac{\tan x}{1+\cos^2 x}$
(4) $\dfrac{\tan x}{1+\sin x}$

(5) $\dfrac{1}{3+\cos x}$
(6) $\dfrac{1+\sin x}{\sin x(1+\cos x)}$

(7) $\dfrac{1}{2-\tan x}$
(8) $\dfrac{1}{2+2\sin x+\cos x}$

(9) $\dfrac{1}{3+\sin x+2\cos x}$
(10) $\dfrac{1}{\sin^2 x(1+\tan x)}$

(11) $\dfrac{3\tan x-5}{\tan x+2\cos^2 x}$
(12) $\dfrac{2}{4\cos^2 x+\tan x-3}$

(13) $\dfrac{\cos x}{1+\sin x-\cos x}$
(14) $\dfrac{\tan x}{1+\sin x+\cos x}$

(15) $\dfrac{\sin x}{(1+\cos x)(3-\sin x+2\cos x)}$
(16) $\dfrac{2\tan^2 x}{2\tan x-2\sin^2 x-1}$

第 5 章
定 積 分

§5.1 定積分

◆ **定積分の定義**　関数 $f(x)$ が閉区間 $[a, b]$ 上で定義されているとき

$$a = x_0 < x_1 < \cdots < x_{n-1} < x_n = b$$

となる分点 $x_1, x_2, \ldots, x_{n-1}$ を選んで，閉区間 $[a, b]$ を n 個の小閉区間 $[x_{i-1}, x_i]$ ($i = 1, 2, \ldots, n$) に分割する．ただし，この分割 Δ は n を十分大きくとればそれに伴い各小閉区間 $[x_{i-1}, x_i]$ の長さ $\delta x_i = x_i - x_{i-1}$ が限りなく 0 に近づくようにとる．ここで，各小閉区間 $[x_{i-1}, x_i]$ 内の点 ξ_i を任意に選んで，次の和

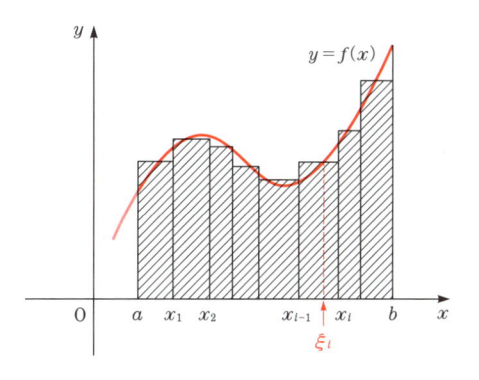

$$A_\Delta = \sum_{i=1}^{n} f(\xi_i) \delta x_i$$

を考える．n を十分大きくとり，すべての小閉区間 $[x_{i-1}, x_i]$ の長さ δx_i を限りなく 0 に近づけたとき，上で与えられた和 A_Δ が分割 Δ の仕方にも点 ξ_i の選び方にもよらないで

$$\lim_{n \to \infty} \sum_{i=1}^{n} f(\xi_i) \delta x_i = A$$

と有限確定値 A に近づくならば，関数 $f(x)$ は閉区間 $[a, b]$ において**積分可能**であるという．このとき，極限値 A を関数 $f(x)$ の閉区間 $[a, b]$ における**定積分**といい

$$\int_a^b f(x)\,dx = A$$

で表す．なお，$a \geqq b$ のときは次のように定める．

$$\int_a^b f(x)\,dx = -\int_b^a f(x)\,dx \quad 特に, \quad \int_a^a f(x)\,dx = 0.$$

連続関数の積分可能性

関数 $f(x)$ が閉区間 I で連続ならば，$f(x)$ は閉区間 I において積分可能である．

◆ **定積分の基本性質**　定積分の定義より，次の性質は容易に示される．

定積分の基本性質

関数 $f(x)$, $g(x)$ が閉区間 $[a, b]$ において連続であるとする．

(ⅰ) $\displaystyle\int_a^b kf(x)\,dx = k\int_a^b f(x)\,dx \quad (k は定数).$

(ⅱ) $\displaystyle\int_a^b \{f(x) \pm g(x)\}\,dx = \int_a^b f(x)\,dx \pm \int_a^b g(x)\,dx \quad (複号同順).$

(ⅲ) $\displaystyle\int_a^c f(x)\,dx + \int_c^b f(x)\,dx = \int_a^b f(x)\,dx \quad (a \leqq c \leqq b).$

(ⅳ) 閉区間 $[a, b]$ において常に $f(x) \leqq g(x)$ ならば

$$\int_a^b f(x)\,dx \leqq \int_a^b g(x)\,dx.$$

(ⅴ) $\displaystyle\left|\int_a^b f(x)\,dx\right| \leqq \int_a^b |f(x)|\,dx.$

連続関数 $f(x)$ は閉区間 $[a, b]$ において最大値 M と最小値 m をもつので,次の不等式

$$m \leqq \frac{1}{b-a} \int_a^b f(x)\,dx \leqq M$$

が成り立つ.したがって,「中間値の定理」を適用すると次の結果が得られる.

定積分に関する平均値の定理

関数 $f(x)$ が閉区間 $[a, b]$ において連続であるとき

$$\int_a^b f(x)\,dx = f(c)(b-a) \quad (a < c < b)$$

をみたす点 c が少なくとも 1 つ存在する.

◆ **定積分と不定積分の関係**　定積分と不定積分の間の関係について調べる.

原始関数の定積分表示

区間 I において連続な関数 $f(x)$ に対し,I 上の 1 点 a を固定して

$$F(x) = \int_a^x f(t)\,dt$$

とおくと,関数 $F(x)$ は $f(x)$ の原始関数である.

[証明]　与えられた関数 $F(x)$ の導関数を定義に基づいて求めると

$$\lim_{h \to 0} \frac{F(x+h) - F(x)}{h} = \lim_{h \to 0} \frac{1}{h} \left\{ \int_a^{x+h} f(t)\,dt - \int_a^x f(t)\,dt \right\}$$

$$= \lim_{h \to 0} \frac{1}{h} \int_x^{x+h} f(t)\,dt$$

と変形される.そこで,$h > 0$ に対して「定積分に関する平均値の定理」を用いると

$$\int_x^{x+h} f(t)\,dt = hf(c)$$

をみたす点 $c\ (x < c < x+h)$ が少なくとも 1 つ存在するので

$$\lim_{h \to +0} \frac{F(x+h) - F(x)}{h} = \lim_{h \to +0} \frac{1}{h} \int_x^{x+h} f(t)\, dt = \lim_{c \to x+0} f(c) = f(x)$$

が成り立つ．$h < 0$ に対しても同様に，点 $c\ (x+h < c < x)$ が存在して

$$\lim_{h \to -0} \frac{F(x+h) - F(x)}{h} = \lim_{h \to -0} \frac{1}{h} \int_x^{x+h} f(t)\, dt = \lim_{c \to x-0} f(c) = f(x)$$

が成り立つ．それゆえ，関数 $F(x)$ は微分可能で

$$F'(x) = f(x)$$

である．すなわち，与えられた関数 $F(x)$ は $f(x)$ の原始関数である． □

上で示されたように，連続関数の原始関数の 1 つは定積分の形で与えられる．それゆえ，連続関数の定積分は（分割や点の選び方による）定積分の定義に基づかなくても，次のように原始関数を利用して計算することができる．

微分積分学の基本定理

関数 $f(x)$ が閉区間 $[a, b]$ において連続で，関数 $F(x)$ が $f(x)$ の原始関数の 1 つであるならば

$$\int_a^b f(x)\, dx = \Big[F(x)\Big]_a^b = F(b) - F(a).$$

[証明] $f(x)$ の原始関数 $F(x)$ は定積分を用いて

$$F(x) = \int_a^x f(t)\, dt + C \quad (C \text{ は任意定数})$$

と表されるので，次の等式が得られる．

$$F(b) - F(a) = \int_a^b f(t)\, dt - \int_a^a f(t)\, dt = \int_a^b f(t)\, dt. \qquad \square$$

◆ **定積分の計算** 「微分積分学の基本定理」により連続関数の定積分はその不定積分が求まれば計算できる．したがって，定積分の計算には不定積分の性質がそのまま役立つことになる．

部分積分法

関数 $f(x)$, $g(x)$ の導関数 $f'(x)$, $g'(x)$ が閉区間 $[a, b]$ 上で連続であるとき

$$\int_a^b f(x)g'(x)\,dx = \Big[f(x)g(x)\Big]_a^b - \int_a^b f'(x)g(x)\,dx.$$

置換積分法

関数 $f(x)$ は閉区間 $[a, b]$ において連続で，関数 $x = \varphi(t)$ の導関数 $\varphi'(t)$ も閉区間 $[r, s]$ において連続とする．ただし，$a = \varphi(r)$, $b = \varphi(s)$ とする．関数 $\varphi(t)$ が $r \leqq t \leqq s$ のとき $a \leqq \varphi(t) \leqq b$ をみたせば

$$\int_a^b f(x)\,dx = \int_r^s f(\varphi(t))\varphi'(t)\,dt.$$

例題 5.1 次の定積分を求めよ．

（1）$\displaystyle\int_0^1 2x\log(x^2+3x+2)\,dx$　　（2）$\displaystyle\int_0^{\frac{\pi}{6}} \frac{2-\sin x + \sin^2 x}{\cos x}\,dx$

[解]（1）部分積分法を用いて定積分の値を計算すると

$$\int_0^1 2x\log(x^2+3x+2)\,dx = \int_0^1 \{2x\log(x+2) + 2x\log(x+1)\}\,dx$$

$$= \Big[x^2\log(x+2) + x^2\log(x+1)\Big]_0^1 - \int_0^1 \left(\frac{x^2}{x+2} + \frac{x^2}{x+1}\right)dx$$

$$= \log 3 + \log 2 - \int_0^1 \left(2x - 3 + \frac{4}{x+2} + \frac{1}{x+1}\right)dx$$

$$= \log 3 + \log 2 - \Big[x^2 - 3x + 4\log(x+2) + \log(x+1)\Big]_0^1$$

$$= 2 - 3\log 3 + 4\log 2.$$

(2) $\dfrac{1}{\cos x} = \dfrac{\cos x}{1-\sin^2 x}$ と変形されるので，$t = \sin x$ と変数変換すると $dt = \cos x\, dx$ である．変数 x が 0 から $\pi/6$ まで変わるとき，t は 0 から $1/2$ まで変わるので

$$\int_0^{\frac{\pi}{6}} \dfrac{2-\sin x + \sin^2 x}{\cos x}\, dx = \int_0^{\frac{\pi}{6}} \dfrac{(2-\sin x + \sin^2 x)\cos x}{1-\sin^2 x}\, dx$$

$$= \int_0^{\frac{1}{2}} \dfrac{2-t+t^2}{1-t^2}\, dt = \int_0^{\frac{1}{2}} \left(\dfrac{3-t}{1-t^2} - 1\right) dt$$

$$= \int_0^{\frac{1}{2}} \left(\dfrac{2}{1+t} + \dfrac{1}{1-t} - 1\right) dt = \left[\log \dfrac{(1+t)^2}{1-t} - t\right]_0^{\frac{1}{2}}$$

$$= \log \dfrac{9}{2} - \dfrac{1}{2} = 2\log 3 - \log 2 - \dfrac{1}{2}. \qquad \square$$

問題 5.1 次の定積分を求めよ．

(1) $\displaystyle\int_0^{\log 2} \dfrac{1}{1+e^{3x}}\, dx$ (2) $\displaystyle\int_0^{\sqrt{3}} x^2 \mathrm{Tan}^{-1} x\, dx$

[答] (1) $\dfrac{4\log 2 - 2\log 3}{3}$ (2) $\dfrac{\pi}{\sqrt{3}} - \dfrac{1}{2} + \dfrac{\log 2}{3}$

例題 5.2 自然数 n に対して，次の2つの定積分の値を求めよ．

$$I_n^* = \int_0^{\frac{\pi}{2}} \sin^n x\, dx, \quad J_n^* = \int_0^{\frac{\pi}{2}} \cos^n x\, dx.$$

[解] 演習問題 4.3 で与えられた漸化式から，次の関係式

$$I_{n+1}^* = \dfrac{n}{n+1} I_{n-1}^* - \left[\dfrac{1}{n+1} \sin^n x \cos x\right]_0^{\frac{\pi}{2}} = \dfrac{n}{n+1} I_{n-1}^*,$$

$$J_{n+1}^* = \dfrac{n}{n+1} J_{n-1}^* + \left[\dfrac{1}{n+1} \cos^n x \sin x\right]_0^{\frac{\pi}{2}} = \dfrac{n}{n+1} J_{n-1}^*$$

が導かれる．$I_0^* = J_0^* = \pi/2,\ I_1^* = J_1^* = 1$ であるから

$$I_{2m}^* = J_{2m}^* = \dfrac{(2m-1)(2m-3)\cdots 3\cdot 1}{2m(2m-2)\cdots 4\cdot 2} \cdot \dfrac{\pi}{2},$$

$$I_{2m+1}^* = J_{2m+1}^* = \dfrac{2m(2m-2)\cdots 4\cdot 2}{(2m+1)(2m-1)\cdots 5\cdot 3}. \qquad \square$$

§5.2 広義積分

◆ **広義積分の定義**　これまでは，閉区間において連続である関数の定積分を取り扱ってきた．ここでは，閉区間内の幾つかの点では定義されていない連続関数や，定義されていても必ずしも連続ではない関数に対して定積分の拡張を考える．

　$a < c < b$ とする．関数 $f(x)$ が区間 $[a, c)$ において連続で，極限値

$$\lim_{s \to c-0} \int_a^s f(x)\,dx$$

が存在するとき，$f(x)$ は閉区間 $[a, c]$ で **広義積分可能** であるといい

$$\int_a^c f(x)\,dx = \lim_{s \to c-0} \int_a^s f(x)\,dx$$

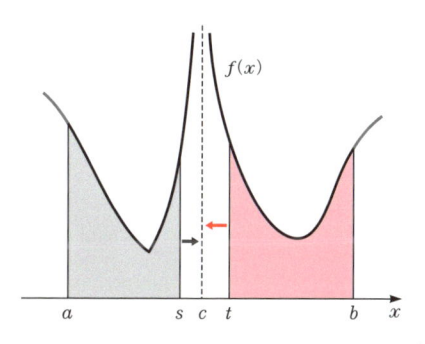

と表す．同様に，関数 $f(x)$ が区間 $(c, b]$ において連続で，極限値

$$\lim_{t \to c+0} \int_t^b f(x)\,dx$$

が存在するとき，$f(x)$ は閉区間 $[c, b]$ で **広義積分可能** であるといい

$$\int_c^b f(x)\,dx = \lim_{t \to c+0} \int_t^b f(x)\,dx$$

と表す．なお，定積分の極限を

$$\lim_{s \to c-0} \int_a^s f(x)\,dx = \int_a^{c-0} f(x)\,dx, \quad \lim_{t \to c+0} \int_t^b f(x)\,dx = \int_{c+0}^b f(x)\,dx,$$

$$\lim_{s \to c-0} \Big[F(x)\Big]_a^s = \Big[F(x)\Big]_a^{c-0}, \quad \lim_{t \to c+0} \Big[F(x)\Big]_t^b = \Big[F(x)\Big]_{c+0}^b$$

と簡単に表すと，広義積分の計算式は

$$\int_a^c f(x)\,dx = \int_a^{c-0} f(x)\,dx = \Big[F(x)\Big]_a^{c-0},$$

$$\int_c^b f(x)\,dx = \int_{c+0}^b f(x)\,dx = \Big[F(x)\Big]_{c+0}^b$$

と見易い形で表示できる．さらに，開区間 (a, b) または 2 つの区間 $[a, c]$，$(c, b]$ $(a < c < b)$ で連続な関数 $f(x)$ が 2 つの区間 $[a, c]$，$[c, b]$ で広義積分可能であるとき

$$\int_a^b f(x)\,dx = \int_{a+0}^c f(x)\,dx + \int_c^{b-0} f(x)\,dx = \Big[F(x)\Big]_{a+0}^c + \Big[F(x)\Big]_c^{b-0},$$

$$\int_a^b f(x)\,dx = \int_a^{c-0} f(x)\,dx + \int_{c+0}^b f(x)\,dx = \Big[F(x)\Big]_a^{c-0} + \Big[F(x)\Big]_{c+0}^b$$

と定めて，関数 $f(x)$ の閉区間 $[a, b]$ における広義積分という．

例題 5.3 次の広義積分を求めよ．

（1） $\displaystyle\int_0^2 \frac{2(x^2+1)}{(x^2-1)^2}\,dx$ （2） $\displaystyle\int_{-1}^1 \frac{x\operatorname{Sin}^{-1} x}{\sqrt{1-x^2}}\,dx$

[解] （1） 有理関数 $\dfrac{2(x^2+1)}{(x^2-1)^2}$ は点 $x = \pm 1$ で定義されていないので，閉区間 $[0, 2]$ を 2 つの区間 $[0, 1]$ と $[1, 2]$ に分けて広義積分を計算すると

$$\begin{aligned}
\int_0^2 \frac{2(x^2+1)}{(x^2-1)^2}\,dx &= \int_0^{1-0} \frac{2(x^2+1)}{(x^2-1)^2}\,dx + \int_{1+0}^2 \frac{2(x^2+1)}{(x^2-1)^2}\,dx \\
&= \int_0^{1-0}\left\{\frac{1}{(x+1)^2} + \frac{1}{(x-1)^2}\right\}dx + \int_{1+0}^2\left\{\frac{1}{(x+1)^2} + \frac{1}{(x-1)^2}\right\}dx \\
&= -\left[\frac{1}{x+1} + \frac{1}{x-1}\right]_0^{1-0} - \left[\frac{1}{x+1} + \frac{1}{x-1}\right]_{1+0}^2 \\
&= -\frac{1}{2} - \lim_{b\to 1-0}\frac{1}{b-1} - \frac{5}{6} + \lim_{a\to 1+0}\frac{1}{a-1} \\
&= -\frac{4}{3} + \infty + \infty = \infty.
\end{aligned}$$

したがって，この広義積分は存在しない．

（２） 部分積分法を用いて広義積分を計算すると

$$\int_{-1}^{1} \frac{x\,\mathrm{Sin}^{-1}x}{\sqrt{1-x^2}}\,dx = \int_{-1+0}^{1-0} \frac{x\,\mathrm{Sin}^{-1}x}{\sqrt{1-x^2}}\,dx$$
$$= \left[-\sqrt{1-x^2}\,\mathrm{Sin}^{-1}x\right]_{-1+0}^{1-0} + \int_{-1+0}^{1-0} dx = \left[x\right]_{-1+0}^{1-0} = 2. \qquad \square$$

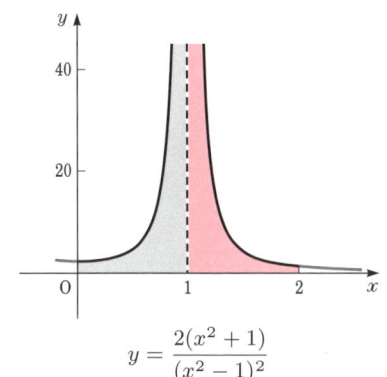

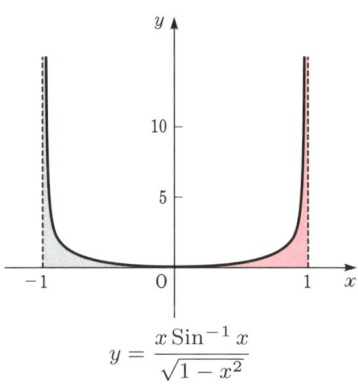

$$y = \frac{2(x^2+1)}{(x^2-1)^2}$$

$$y = \frac{x\,\mathrm{Sin}^{-1}x}{\sqrt{1-x^2}}$$

▶注意 （１）の広義積分において，積分範囲を 2 つの区間に分けることを忘れて

$$\int_0^2 \frac{2(x^2+1)}{(x^2-1)^2}\,dx = \int_0^2 \left\{\frac{1}{(x+1)^2} + \frac{1}{(x-1)^2}\right\}dx$$
$$= -\left[\frac{1}{x+1} + \frac{1}{x-1}\right]_0^2 = -\frac{4}{3}$$

と計算すると，間違いなので注意すること．

問題 5.2 次の広義積分を求めよ．

（１） $\displaystyle\int_{-\frac{\pi}{2}}^{\frac{\pi}{2}} \sin^2 x \tan x\,dx$ 　　　　　　（２） $\displaystyle\int_0^1 \frac{4\,\mathrm{Sin}^{-1}x - 1}{\sqrt{1-x^2}}\,dx$

[答] （１） 存在しない 　　（２） $\dfrac{\pi(\pi-1)}{2}$

◆ **無限広義積分** 積分範囲を有限閉区間 $[a,b]$ に限定しないで $[a,\infty)$，$(-\infty,b]$，$(-\infty,\infty)$ など無限区間に拡張した定積分を考える．関数 $f(x)$ が区間 $[a,\infty)$ において連続で，極限

$$\lim_{t\to\infty} \int_a^t f(x)\,dx$$

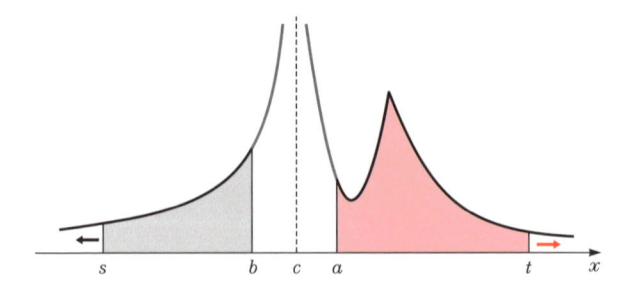

が有限確定値のとき，$f(x)$ は区間 $[a, \infty)$ で**無限広義積分可能**であるといい

$$\int_a^\infty f(x)\,dx = \lim_{t \to \infty} \int_a^t f(x)\,dx$$

と表す．同様に，関数 $f(x)$ が区間 $(-\infty, b]$ において連続で，極限

$$\lim_{s \to -\infty} \int_s^b f(x)\,dx$$

が有限確定値のとき，$f(x)$ は区間 $(-\infty, b]$ で**無限広義積分可能**であるといい

$$\int_{-\infty}^b f(x)\,dx = \lim_{s \to -\infty} \int_s^b f(x)\,dx$$

と表す．なお，極限値を

$$\lim_{t \to \infty} \Bigl[F(x)\Bigr]_a^t = \Bigl[F(x)\Bigr]_a^\infty, \quad \lim_{s \to -\infty} \Bigl[F(x)\Bigr]_s^b = \Bigl[F(x)\Bigr]_{-\infty}^b$$

とそれぞれ簡単に表すと，無限広義積分の計算式は

$$\int_a^\infty f(x)\,dx = \Bigl[F(x)\Bigr]_a^\infty, \quad \int_{-\infty}^b f(x)\,dx = \Bigl[F(x)\Bigr]_{-\infty}^b$$

と見易い形で表示できる．さらに，区間 $(-\infty, b)$, (b, c), (c, a), (a, ∞) ($b < c < a$) で連続な関数 $f(x)$ が区間 $(-\infty, b]$, $[b, c]$, $[c, a]$, $[a, \infty)$ で広義積分可能であるとき

$$\int_{-\infty}^c f(x)\,dx = \int_{-\infty}^{b-0} f(x)\,dx + \int_{b+0}^{c-0} f(x)\,dx = \Bigl[F(x)\Bigr]_{-\infty}^{b-0} + \Bigl[F(x)\Bigr]_{b+0}^{c-0},$$

$$\int_c^\infty f(x)\,dx = \int_{c+0}^{a-0} f(x)\,dx + \int_{a+0}^\infty f(x)\,dx = \Big[F(x)\Big]_{c+0}^{a-0} + \Big[F(x)\Big]_{a+0}^\infty,$$

$$\int_{-\infty}^\infty f(x)\,dx = \int_{-\infty}^{c-0} f(x)\,dx + \int_{c+0}^\infty f(x)\,dx = \Big[F(x)\Big]_{-\infty}^{c-0} + \Big[F(x)\Big]_{c+0}^\infty$$

と定めて,それぞれ関数 $f(x)$ の区間 $(-\infty, c]$, $[c, \infty)$, $(-\infty, \infty)$ における無限広義積分という.

例題 5.4 次の無限広義積分を求めよ.

(1) $\displaystyle\int_0^\infty \frac{x^7}{(1+x^4)^4}\,dx$ \qquad (2) $\displaystyle\int_1^\infty \frac{\mathrm{Tan}^{-1} x}{x^2}\,dx$

[解] (1) $t = 1 + x^4$ と変数変換して,広義積分を計算すると

$$\int_0^\infty \frac{x^7}{(1+x^4)^4}\,dx = \frac{1}{4}\int_1^\infty \frac{t-1}{t^4}\,dt = \frac{1}{4}\left[-\frac{1}{2t^2} + \frac{1}{3t^3}\right]_1^\infty = \frac{1}{24}.$$

(2) 部分積分法を用いて広義積分を計算すると

$$\int_1^\infty \frac{\mathrm{Tan}^{-1} x}{x^2}\,dx = \left[-\frac{\mathrm{Tan}^{-1} x}{x}\right]_1^\infty + \int_1^\infty \frac{1}{x(1+x^2)}\,dx$$

$$= \frac{\pi}{4} - \lim_{b\to\infty}\frac{\mathrm{Tan}^{-1} b}{b} + \int_1^\infty \left(\frac{1}{x} - \frac{x}{1+x^2}\right)dx$$

$$= \frac{\pi}{4} + \left[\log x - \frac{1}{2}\log(1+x^2)\right]_1^\infty = \frac{\pi}{4} + \left[\frac{1}{2}\log\frac{x^2}{1+x^2}\right]_1^\infty$$

$$= \frac{\pi}{4} - \frac{1}{2}\log\frac{1}{2} + \lim_{b\to\infty}\frac{1}{2}\log\frac{b^2}{1+b^2} = \frac{\pi}{4} + \frac{1}{2}\log 2. \qquad \square$$

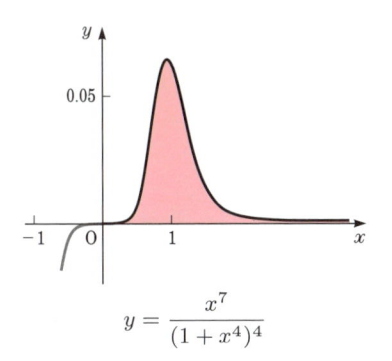

$y = \dfrac{x^7}{(1+x^4)^4}$

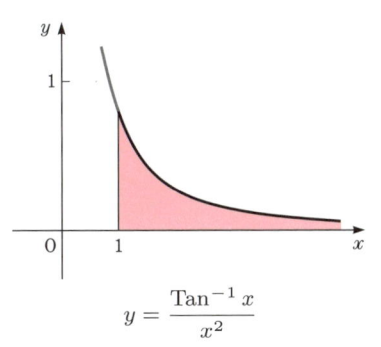

$y = \dfrac{\mathrm{Tan}^{-1} x}{x^2}$

問題 5.3 次の無限広義積分を求めよ．

（1） $\displaystyle\int_{-\infty}^{\infty} \frac{1}{e^x + e^{-x}}\,dx$ （2） $\displaystyle\int_{0}^{\infty} \mathrm{Tan}^{-1} x\,dx$

[答] （1） $\pi/2$ （2） ∞

例題 5.5 関数 $\dfrac{1}{x^k}$, $\dfrac{\log x}{x^k}$ の広義積分は次の表で与えられることを示せ．

	$\displaystyle\int_0^1 \frac{1}{x^k}\,dx$	$\displaystyle\int_1^\infty \frac{1}{x^k}\,dx$	$\displaystyle\int_0^1 \frac{\log x}{x^k}\,dx$	$\displaystyle\int_1^\infty \frac{\log x}{x^k}\,dx$
$k<1$	$\dfrac{1}{1-k}$	∞	$-\dfrac{1}{(1-k)^2}$	∞
$k=1$	∞	∞	$-\infty$	∞
$k>1$	∞	$\dfrac{1}{k-1}$	$-\infty$	$\dfrac{1}{(k-1)^2}$

[解] $k \neq 1$ のとき，$\dfrac{1}{x^k}$ の広義積分を計算すると

$$\int_0^1 \frac{1}{x^k}\,dx = \int_{+0}^1 \frac{1}{x^k}\,dx = \left[\frac{x^{1-k}}{1-k}\right]_{+0}^1 = \begin{cases} \dfrac{1}{1-k} & (k<1 \text{ のとき}), \\ \infty & (k>1 \text{ のとき}), \end{cases}$$

$$\int_1^\infty \frac{1}{x^k}\,dx = \left[\frac{x^{1-k}}{1-k}\right]_1^\infty = \begin{cases} \dfrac{1}{k-1} & (k>1 \text{ のとき}), \\ \infty & (k<1 \text{ のとき}). \end{cases}$$

一方，$k=1$ のときは，

$$\int_0^1 \frac{1}{x}\,dx = \int_{+0}^1 \frac{1}{x}\,dx = \Big[\log x\Big]_{+0}^1$$

$$= -\lim_{a\to +0} \log a = \infty,$$

$$\int_1^\infty \frac{1}{x}\,dx = \Big[\log x\Big]_1^\infty = \lim_{b\to\infty} \log b$$

$$= \infty.$$

広義積分 $\displaystyle\int_0^1 \frac{\log x}{x^k}\,dx$, $\displaystyle\int_1^\infty \frac{\log x}{x^k}\,dx$ の計算は各自の演習に任せる． □

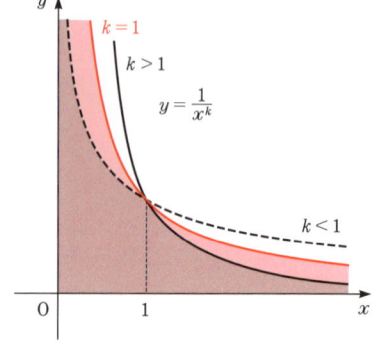

§5.3 広義積分の収束判定

◆ **広義積分の収束・発散** 広義積分については，その値が計算できなくても，その存在がわかるだけで便利なことが多くある．

広義積分が有限な値をもつとき，**広義積分は収束する**といい，そうでない場合は**広義積分は発散する**という．

広義積分の収束・発散を調べるには，次の優関数を用いる判定法が有用である．

優関数による広義積分の収束・発散判定

$-\infty \leqq a < b \leqq \infty$ とする．

(ⅰ) 区間 (a, b) で連続な関数 $f(x)$ に対し，$|f(x)| \leqq g(x)$ をみたす連続関数 $g(x)$ が存在し，かつ広義積分 $\int_a^b g(x)\,dx$ が収束するならば，広義積分 $\int_a^b f(x)\,dx$ は収束する．

(ⅱ) 区間 (a, b) で連続な関数 $f(x)$ に対し，$g(x) \leqq f(x)$ をみたす連続関数 $g(x)$ が存在し，かつ広義積分 $\int_a^b g(x)\,dx$ が無限大に発散するならば，広義積分 $\int_a^b f(x)\,dx$ は無限大に発散する．

(ⅰ)，(ⅱ) で与えられた関数 $g(x)$ を**優関数**という．

$a < c < b$ とする．$k < 1$ のとき $\dfrac{1}{(c-x)^k}$ と $\dfrac{1}{(x-c)^k}$ の区間 $[a, c]$，$[c, b]$ での広義積分は

$$\int_a^c \frac{1}{(c-x)^k}\,dx = \left[\frac{1}{k-1}(c-x)^{1-k}\right]_a^{c-0} = \frac{(c-a)^{1-k}}{1-k},$$

$$\int_c^b \frac{1}{(x-c)^k}\,dx = \left[\frac{1}{1-k}(x-c)^{1-k}\right]_{c+0}^{b} = \frac{(b-c)^{1-k}}{1-k}$$

となる．また，$k>1$，$a>0$ のとき $\dfrac{1}{x^k}$ の区間 $[a,\infty)$ での無限広義積分は

$$\int_a^\infty \frac{1}{x^k}\,dx = \left[\frac{1}{(1-k)x^{k-1}}\right]_a^\infty = \frac{1}{(k-1)a^{k-1}}$$

となる．そこで，優関数として $\dfrac{1}{(c-x)^k}$，$\dfrac{1}{(x-c)^k}$，$\dfrac{1}{x^k}$ を利用すると，次の広義積分および無限広義積分の収束判定条件が得られる．

広義積分の収束判定条件

$-\infty < a < c < b < \infty$ とする．

(ⅰ) 関数 $f(x)$ が区間 $[a,c)$ において連続で

$$|f(x)| \leqq \frac{M}{(c-x)^k}$$

をみたす正数 M と実数 $k<1$ が存在するとき，$f(x)$ は閉区間 $[a,c]$ において広義積分可能である．

(ⅱ) 関数 $f(x)$ が区間 $(c,b]$ において連続で

$$|f(x)| \leqq \frac{M}{(x-c)^k}$$

をみたす正数 M と実数 $k<1$ が存在するとき，$f(x)$ は閉区間 $[c,b]$ において広義積分可能である．

無限広義積分の収束判定条件

関数 $f(x)$ が区間 $[a,\infty)$ $(a>0)$ において連続で，

$$|f(x)| \leqq \frac{M}{x^k}$$

をみたす正数 M と実数 $k>1$ が存在するとき，$f(x)$ は区間 $[a,\infty)$ において無限広義積分可能である．

例題 5.6 次の広義積分の収束・発散を調べよ．

(1) $\displaystyle\int_0^\infty \frac{1}{\sqrt{x^4+1}}\,dx$ (2) $\displaystyle\int_0^1 \frac{\log x}{x\sqrt{x+1}}\,dx$

[解] (1) $\dfrac{1}{\sqrt{x^4+1}} < \dfrac{1}{x^2}$ $(x \geqq 1)$ であり

$$\int_1^\infty \frac{1}{x^2}\,dx = \left[-\frac{1}{x}\right]_1^\infty = 1$$

となるので，無限広義積分

$$\int_0^\infty \frac{1}{\sqrt{x^4+1}}\,dx = \int_0^1 \frac{1}{\sqrt{x^4+1}}\,dx + \int_1^\infty \frac{1}{\sqrt{x^4+1}}\,dx$$

は収束する．

(2) $\dfrac{|\log x|}{x\sqrt{x+1}} > \dfrac{|\log x|}{2x}$ $(0 < x \leqq 1)$ であり

$$\int_0^1 \frac{|\log x|}{2x}\,dx = -\int_{+0}^1 \frac{\log x}{2x}\,dx = -\frac{1}{4}\left[(\log x)^2\right]_{+0}^1 = \infty$$

となるので，広義積分

$$\int_0^1 \frac{\log x}{x\sqrt{x+1}}\,dx = -\int_0^1 \frac{|\log x|}{x\sqrt{x+1}}\,dx$$

は $-\infty$ に発散する． □

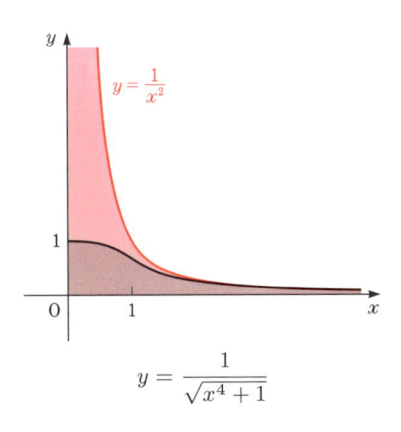

$y = \dfrac{1}{\sqrt{x^4+1}}$

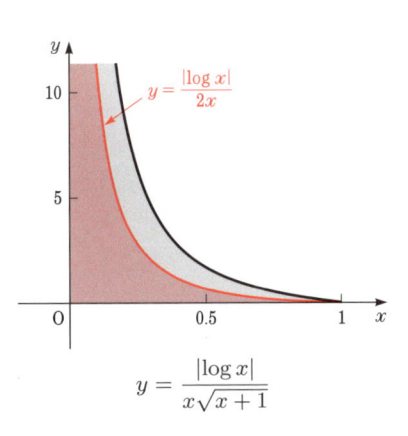

$y = \dfrac{|\log x|}{x\sqrt{x+1}}$

問題 5.4 次の広義積分の収束・発散を調べよ.

（1） $\displaystyle\int_0^1 \frac{\sin x}{\sqrt{1-x}}\,dx$　　（2） $\displaystyle\int_1^\infty \frac{1}{\sqrt[3]{x(x+1)}}\,dx$　　（3） $\displaystyle\int_0^\infty xe^{-x^3}\,dx$

[答]　（1） $\dfrac{|\sin x|}{\sqrt{1-x}} \leqq \dfrac{1}{\sqrt{1-x}}$ $(0 \leqq x < 1)$, 収束

（2） $\dfrac{1}{\sqrt[3]{x(x+1)}} > \dfrac{1}{2x}$ $(x \geqq 1)$, 発散　　（3） $xe^{-x^3} \leqq xe^{-x^2}$ $(x \geqq 1)$, 収束

◆ **ベータ関数とガンマ関数**　次に挙げるベータ関数とガンマ関数は広義積分によって定義される重要な関数である.

ベータ関数

次の広義積分

$$B(p, q) = \int_0^1 x^{p-1}(1-x)^{q-1}\,dx \quad (p > 0,\, q > 0)$$

は収束する. $B(p, q)$ は**ベータ関数**とよばれる.

[証明]　関数 $f(x) = x^{p-1}(1-x)^{q-1}$ は開区間 $(0, 1)$ で連続であるから, 2つの区間 $[0, 1/2]$, $[1/2, 1]$ で広義積分が可能であることを示せばよい.

$0 \leqq x \leqq 1/2$ のとき, 関数 $(1-x)^{q-1}$ は

$$(1-x)^{q-1} = \frac{(1-x)^q}{1-x} \leqq \frac{1}{1-x} \leqq 2$$

をみたすので

$$\int_0^{\frac{1}{2}} x^{p-1}(1-x)^{q-1}\,dx = \int_{+0}^{\frac{1}{2}} x^{p-1}(1-x)^{q-1}\,dx$$

$$\leqq \int_{+0}^{\frac{1}{2}} 2x^{p-1}\,dx = \left[\frac{2}{p}x^p\right]_{+0}^{\frac{1}{2}} = \frac{2}{p \cdot 2^p} < \infty.$$

一方, $1/2 \leqq x \leqq 1$ のとき, 関数 x^{p-1} は

$$x^{p-1} = \frac{x^p}{x} \leqq \frac{1}{x} \leqq 2$$

をみたすので

$$\int_{\frac{1}{2}}^{1} x^{p-1}(1-x)^{q-1}\,dx = \int_{\frac{1}{2}}^{1-0} x^{p-1}(1-x)^{q-1}\,dx$$
$$\leqq \int_{\frac{1}{2}}^{1-0} 2(1-x)^{q-1}\,dx = \left[-\frac{2}{q}(1-x)^q\right]_{\frac{1}{2}}^{1-0} = \frac{2}{q\cdot 2^q} < \infty.$$

これより，関数 $f(x) = x^{p-1}(1-x)^{q-1}$ は 2 つの閉区間 $[0, 1/2]$ および $[1/2, 1]$ において広義積分可能であるから，与えられた閉区間 $[0, 1]$ において広義積分可能である． □

ガンマ関数

次の広義積分
$$\Gamma(s) = \int_0^\infty e^{-x} x^{s-1}\,dx \quad (s > 0)$$
は収束する．$\Gamma(s)$ は**ガンマ関数**とよばれる．

[証明] 関数 $f(x) = e^{-x}x^{s-1}$ は開区間 $(0, \infty)$ で連続であるから，2 つの区間 $[0, 1]$, $[1, \infty)$ で広義積分が可能であることを示せばよい．

$0 \leqq x \leqq 1$ のとき，$e^{-x} \leqq 1$ が成り立つので

$$\int_0^1 e^{-x} x^{s-1}\,dx = \int_{+0}^1 e^{-x} x^{s-1}\,dx \leqq \int_{+0}^1 x^{s-1}\,dx = \left[\frac{1}{s}x^s\right]_{+0}^1 = \frac{1}{s} < \infty.$$

また，区間 $[1, \infty)$ で関数 $\varphi(x) = e^{-x}x^{s+1}$ を考えると，その導関数は

$$\varphi'(x) = -e^{-x}x^{s+1} + (s+1)e^{-x}x^s = -(x-s-1)e^{-x}x^s$$

であるから，関数 $\varphi(x)$ は点 $x = s+1$ で極大値 $M = e^{-s-1}(s+1)^{s+1}$ をもつ．関数 $\varphi(x)$ が区間 $[1, \infty)$ で極値をもつのは点 $x = s+1$ のみであるから，M は最大値となる．これより

$$e^{-x}x^{s-1} = \frac{\varphi(x)}{x^2} \leqq \frac{M}{x^2}$$

が成り立つので

$$\int_1^\infty e^{-x} x^{s-1}\, dx \leqq \int_1^\infty \frac{M}{x^2}\, dx = \left[-\frac{M}{x}\right]_1^\infty = M < \infty.$$

これより，関数 $f(x) = e^{-x} x^{s-1}$ は 2 つの区間 $[0, 1]$ および $[1, \infty)$ において広義積分可能であるから，無限区間 $[0, \infty)$ において広義積分可能である．□

例題 5.7 ガンマ関数 $\Gamma(s)$ は次の漸化式

$$\Gamma(s+1) = s\Gamma(s) \quad (s > 0)$$

をみたす．特に，自然数 n に対しては次の等式が成り立つ．

$$\Gamma(n+1) = n!.$$

[解] $s > 0$ のとき，ガンマ関数 $\Gamma(s+1)$ は部分積分法を用いると

$$\begin{aligned}
\Gamma(s+1) &= \int_0^\infty e^{-x} x^s\, dx = \left[-e^{-x} x^s\right]_0^\infty + \int_0^\infty s e^{-x} x^{s-1}\, dx \\
&= -\lim_{b \to \infty} \frac{b^s}{e^b} + s\int_0^\infty e^{-x} x^{s-1}\, dx = -\lim_{b \to \infty} \frac{b^s}{e^b} + s\Gamma(s)
\end{aligned}$$

と変形される．例題 3.2（1）でロピタルの定理を用いて示されたように $\displaystyle\lim_{b \to \infty} \frac{b^s}{e^b} = 0$ であるから，求めるべき漸化式

$$\Gamma(s+1) = s\Gamma(s) \quad (s > 0)$$

が導かれる．特に

$$\Gamma(1) = \int_0^\infty e^{-x}\, dx = \left[-e^{-x}\right]_0^\infty = 1 - \lim_{b \to \infty} \frac{1}{e^b} = 1$$

となるので，自然数 n に対して

$$\begin{aligned}
\Gamma(n+1) &= n\Gamma(n) = n(n-1)\Gamma(n-1) = \cdots \\
&= n(n-1) \cdots 1 \cdot \Gamma(1) = n!.
\end{aligned} \qquad \square$$

なお，第 9 章では広義 2 重積分を利用して，ガンマ関数とベータ関数のより詳細な性質が調べられる．

§5.4 定積分の平面図形への応用

◆ **平面図形の面積** 閉区間 $[a, b]$ で連続な 2 つの関数 $f_1(x)$, $f_2(x)$ が $f_1(x) \geqq f_2(x)$ をみたすならば, 2 つの曲線 $C_1 : y = f_1(x)$, $C_2 : y = f_2(x)$ と 2 つの直線 $x = a$, $x = b$ で囲まれた平面図形 D_{12} の面積 $|D_{12}|$ は

$$|D_{12}| = \int_a^b \{f_1(x) - f_2(x)\}\, dx$$

で与えられる.

ところで, xy 平面上の曲線 $C_i : y = f_i(x)$ $(i = 1, 2)$ が t を媒介変数として

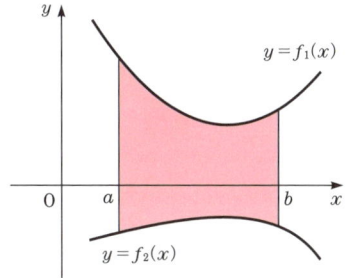

$$x = \varphi(t), \quad y = \psi_i(t) \quad (r \leqq t \leqq s,\ \varphi(r) = a \leqq \varphi(t) \leqq b = \varphi(s))$$

と表示されたとする. このとき, $dx = \varphi'(t)\, dt$ となるので, 平面図形 D_{12} の面積 $|D_{12}|$ は次の定積分で表される.

$$|D_{12}| = \int_r^s \{\psi_1(t) - \psi_2(t)\}\varphi'(t)\, dt.$$

例 5.1 楕円 $\dfrac{x^2}{a^2} + \dfrac{y^2}{b^2} = 1$ $(a > 0, b > 0)$ は

$$x = a\cos t, \quad y = b\sin t \quad (0 \leqq t \leqq 2\pi)$$

と媒介変数表示されるので, 楕円で囲まれた図形の面積 S は

$$S = 2\int_{-a}^{a} y\, dx = 2\int_{\pi}^{0} y\frac{dx}{dt}\, dt = -\int_{\pi}^{0} 2ab\sin^2 t\, dt$$
$$= ab\int_0^{\pi} (1 - \cos 2t)\, dt = ab\left[t - \frac{1}{2}\sin 2t\right]_0^{\pi} = ab\pi. \qquad \diamondsuit$$

$a > 0$ とする. xy 平面上において, 点 $(0, a)$ に中心をもつ半径 a の円を x 軸に沿って転がすとき, 原点にあった円周上の点 A が描く軌跡を**サイクロイ**

ドという．この円が x 軸上の点 $\mathrm{P}(at, 0)$ $(0 \leqq t \leqq 2\pi)$ の位置まで移動すると，点 $\mathrm{A}(x, y)$ の座標は $x = at - a\sin t$，$y = a - a\cos t$ となる．したがって，サイクロイドは媒介変数 t を用いて次のように表示される．

$$x = a(t - \sin t), \quad y = a(1 - \cos t) \quad (0 \leqq t \leqq 2\pi).$$

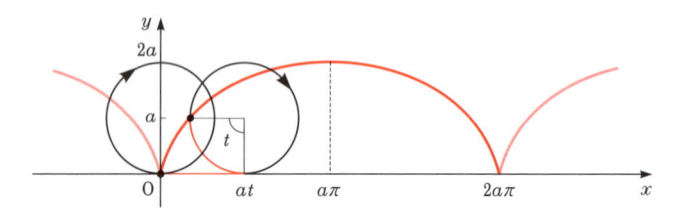

例題 5.8 サイクロイドと x 軸で囲まれた図形の面積を求めよ．ただし，サイクロイドの媒介変数 t の範囲は $0 \leqq t \leqq 2\pi$ とする．

[解] サイクロイドと x 軸で囲まれた図形の面積 $S = \displaystyle\int_0^{2\pi} y \frac{dx}{dt}\, dt$ を計算すると

$$S = \int_0^{2\pi} a^2(1 - \cos t)^2\, dt = a^2 \int_0^{2\pi} \left(1 - 2\cos t + \frac{1 + \cos 2t}{2}\right) dt$$
$$= a^2 \left[\frac{3}{2}t - 2\sin t + \frac{1}{4}\sin 2t\right]_0^{2\pi} = 3a^2\pi. \qquad \square$$

$a > 0$，$b > 0$ のとき，次の曲線

$$\left(\frac{x}{a}\right)^{\frac{2}{3}} + \left(\frac{y}{b}\right)^{\frac{2}{3}} = 1$$

は**アステロイド**（星芒形）とよばれ

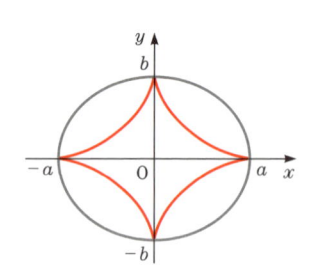

$$x = a\cos^3 t, \quad y = b\sin^3 t \quad (0 \leqq t \leqq 2\pi)$$

と媒介変数表示される．

問題 5.5 アステロイドで囲まれた図形の面積を求めよ．

[答] $\dfrac{3}{8}ab\pi$

◆ **曲線の長さ**　P を始点，Q を終点とする曲線 C において

$$\mathrm{P} = \mathrm{P}_0,\ \mathrm{P}_1,\ \ldots,\ \mathrm{P}_{n-1},\ \mathrm{P}_n = \mathrm{Q}$$

となる分点 $\mathrm{P}_1, \ldots, \mathrm{P}_{n-1}$ を選んで，これらの点を順次線分で結ぶ．ただし，この分割 Δ は n を十分大きくとればそれに伴い各線分 $\mathrm{P}_{i-1}\mathrm{P}_i$ の長さ l_i $(i = 1, 2, \ldots, n-1)$ が限りなく 0 に近づくようにとる．n を十分大きくとり，すべての小線分 $\mathrm{P}_{i-1}\mathrm{P}_i$ の長さ l_i を限りなく 0 に近づけるとき，折れ線分の長さの和

$$L_\Delta = \sum_{i=1}^{n} l_i$$

が分割 Δ の仕方によらないで

$$\lim_{n \to \infty} \sum_{i=1}^{n} l_i = L$$

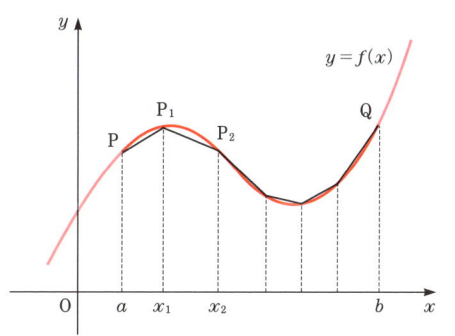

と有限確定値 L に近づくならば，その値 L を**曲線 C の長さ**という．

　関数 $f(x)$ が閉区間 $[a, b]$ において微分可能で，その導関数 $f'(x)$ が連続とする．xy 平面上において点 $\mathrm{P}(a, f(a))$ を始点，点 $\mathrm{Q}(b, f(b))$ を終点とする曲線 $C: y = f(x)$ 上に $n-1$ 個の分点 $\mathrm{P}_i = (x_i, f(x_i))$ $(i = 1, 2, \ldots, n-1)$ を選ぶと，線分 $\mathrm{P}_{i-1}\mathrm{P}_i$ の長さ l_i は

$$l_i = \sqrt{(x_i - x_{i-1})^2 + \{f(x_i) - f(x_{i-1})\}^2}$$

で与えられる．

　一方，平均値の定理によれば

$$\frac{f(x_i) - f(x_{i-1})}{x_i - x_{i-1}} = f'(c_i) \quad (x_{i-1} < c_i < x_i)$$

をみたす点 c_i が存在するので，折れ線分の長さの和 L_Δ は

$$L_\Delta = \sum_{i=1}^{n} l_i = \sum_{i=1}^{n} \sqrt{1 + \{f'(c_i)\}^2}\, \delta x_i$$

で表される．ただし，$\delta x_i = x_i - x_{i-1}$ とする．$f'(x)$ は閉区間 $[a, b]$ において連続であるから，n を十分大きくとり δx_i を限りなく 0 に近づけると

$$\lim_{n\to\infty}\sum_{i=1}^{n} l_i = \lim_{n\to\infty}\sum_{i=1}^{n}\sqrt{1+\{f'(c_i)\}^2}\,\delta x_i = \int_a^b \sqrt{1+\{f'(x)\}^2}\,dx$$

となり，曲線 $C : y = f(x)$ は定積分で表される長さ L をもつ．

曲線の長さ

関数 $f(x)$ が閉区間 $[a, b]$ において微分可能でその導関数 $f'(x)$ が連続ならば，関数 $f(x)$ が表す曲線 $C : y = f(x)$ $(a \leqq x \leqq b)$ の長さ L は次の定積分で与えられる．

$$L = \int_a^b \sqrt{1+\{f'(x)\}^2}\,dx.$$

$a > 0$ のとき

$$y = \frac{a}{2}(e^{\frac{x}{a}} + e^{-\frac{x}{a}}) = a\cosh\frac{x}{a}$$

で表される曲線は**カタナリー**（懸垂線）とよばれ，右図のように y 軸に関して対称な図形で，指数関数 $y = \frac{a}{2}e^{\frac{x}{a}}$ と $y = \frac{a}{2}e^{-\frac{x}{a}}$ を漸近線にもつ．

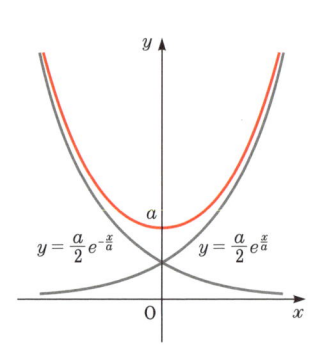

例題 5.9 カタナリー $y = \frac{a}{2}(e^{\frac{x}{a}} + e^{-\frac{x}{a}})$ $(0 \leqq x \leqq b)$ の長さを求めよ．

[解] $y = \frac{a}{2}\left(e^{\frac{x}{a}} + e^{-\frac{x}{a}}\right)$ の導関数は $y' = \frac{1}{2}\left(e^{\frac{x}{a}} - e^{-\frac{x}{a}}\right)$ であるから，カタナリーの長さ L は

$$L = \int_0^b \sqrt{1+(y')^2}\,dx = \int_0^b \sqrt{1+\frac{1}{4}\left(e^{\frac{x}{a}}-e^{-\frac{x}{a}}\right)^2}\,dx$$

$$= \int_0^b \frac{1}{2}\left(e^{\frac{x}{a}}+e^{-\frac{x}{a}}\right)dx = \frac{a}{2}\left[e^{\frac{x}{a}}-e^{-\frac{x}{a}}\right]_0^b = \frac{a}{2}(e^{\frac{b}{a}}-e^{-\frac{b}{a}}). \qquad \square$$

問題 5.6 次の曲線の長さを求めよ．

（1） $y = \dfrac{2}{3} x^{\frac{3}{2}}$ $(0 \leqq x \leqq 3)$ （2） $y = \dfrac{1}{2} x^2$ $(0 \leqq x \leqq 2)$

[答] （1） $\dfrac{14}{3}$ （2） $\sqrt{5} + \dfrac{\log(2 + \sqrt{5}\,)}{2}$

◆ 媒介変数表示された曲線の長さ

xy 平面上の曲線 $C : y = f(x)$ が

$$x = \varphi(t), \quad y = \psi(t) \quad (r \leqq t \leqq s, \, a = \varphi(r), \, b = \varphi(s))$$

と媒介変数 t を用いて表示されている場合，曲線 C の長さ L は

$$L = \int_a^b \sqrt{1 + \{f'(x)\}^2}\, dx = \int_r^s \sqrt{1 + \{f'(\varphi(t))\}^2}\, \varphi'(t)\, dt$$

$$= \int_r^s \sqrt{\{\varphi'(t)\}^2 + \{\psi'(t)\}^2}\, dt = \int_r^s \sqrt{\left(\dfrac{dx}{dt}\right)^2 + \left(\dfrac{dy}{dt}\right)^2}\, dt$$

で与えられる．

媒介変数表示された曲線の長さ

2 つの関数 $x = \varphi(t)$, $y = \psi(t)$ が閉区間 $[r, s]$ において微分可能で，それらの導関数 $\varphi'(t)$, $\psi'(t)$ がともに連続ならば，曲線

$$C : x = \varphi(t), \quad y = \psi(t) \quad (r \leqq t \leqq s)$$

の長さ L は次の定積分で与えられる．

$$L = \int_r^s \sqrt{\{\varphi'(t)\}^2 + \{\psi'(t)\}^2}\, dt = \int_r^s \sqrt{\left(\dfrac{dx}{dt}\right)^2 + \left(\dfrac{dy}{dt}\right)^2}\, dt.$$

例 5.2 楕円 $\dfrac{x^2}{a^2} + \dfrac{y^2}{b^2} = 1$ $(a > 0, b > 0)$ の周の長さは定積分

$$L = \int_0^{2\pi} \sqrt{a^2 \sin^2 t + b^2 \cos^2 t}\, dt = \int_0^{2\pi} \sqrt{a^2 + (b^2 - a^2) \cos^2 t}\, dt$$

で与えられる．$a = b$ の場合は半径 a の円となり，その円周の長さはよく知られているように $2a\pi$ である．ところが，$a \neq b$ の場合は初等関数の積分の知識では残念ながらこの定積分の値を求めることができない． ◇

例題 5.10 アステロイド $x^{\frac{2}{3}} + y^{\frac{2}{3}} = a^{\frac{2}{3}}$ $(a > 0)$ の周の長さを求めよ.

[解] アステロイドは $x = a\cos^3 t,\ y = a\sin^3 t\ (0 \leqq t \leqq 2\pi)$ と媒介変数表示されるので，その周の長さ L は

$$L = \int_0^{2\pi} \sqrt{\left(\frac{dx}{dt}\right)^2 + \left(\frac{dy}{dt}\right)^2}\,dt$$

$$= \int_0^{2\pi} \sqrt{9a^2 \cos^4 t \sin^2 t + 9a^2 \sin^4 t \cos^2 t}\,dt$$

$$= 3a\int_0^{2\pi} \sqrt{\sin^2 t \cos^2 t}\,dt = \frac{3}{2}a\int_0^{2\pi} |\sin 2t|\,dt = 6a\int_0^{\frac{\pi}{2}} \sin 2t\,dt$$

$$= 3a\left[-\cos 2t\right]_0^{\frac{\pi}{2}} = 6a. \qquad \square$$

問題 5.7 媒介変数 t を用いて表示された次の曲線の長さを求めよ．

（1） $x = \cos t + t\sin t,\ y = \sin t - t\cos t \quad (0 \leqq t \leqq 2\pi)$

（2） $x = e^t \cos t,\ y = e^t \sin t \quad (0 \leqq t \leqq \pi)$

（3） $x = t - \sin t,\ y = 1 - \cos t \quad (0 \leqq t \leqq 2\pi)$

[答] （1） $2\pi^2$　　（2） $\sqrt{2}(e^\pi - 1)$　　（3） 8

◆ **極座標表示された曲線の長さ**　原点を O とする xy 平面において，任意の点 P(x, y) をとる．線分 OP の長さを r，線分 OP が x 軸の正方向と反時計回りになす角を θ (時計回りになす角は $-\theta$) で表すと，x, y は

$$\sqrt{x^2 + y^2} = r,$$

$$x = r\cos\theta,\quad y = r\sin\theta$$

をみたす．この実数の組 (r, θ) を原点 O を極とする点 P の（**平面の**）**極座標**という．

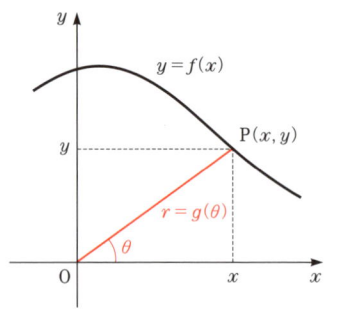

平面上の曲線 C が極座標を用いて $r = g(\theta)\ (\alpha \leqq \theta \leqq \beta)$ と表示されているとき，この曲線 C は θ を媒介変数として

$$x = r\cos\theta = g(\theta)\cos\theta,\quad y = r\sin\theta = g(\theta)\sin\theta$$

と表される．このとき，次の等式が成り立つ．

$$\left(\frac{dx}{d\theta}\right)^2 + \left(\frac{dy}{d\theta}\right)^2$$
$$= \{g'(\theta)\cos\theta - g(\theta)\sin\theta\}^2 + \{g'(\theta)\sin\theta + g(\theta)\cos\theta\}^2$$
$$= g(\theta)^2 + g'(\theta)^2 = r^2 + \left(\frac{dr}{d\theta}\right)^2.$$

極座標表示された曲線の長さ

関数 $r = g(\theta)$ が閉区間 $[\alpha, \beta]$ において微分可能でその導関数 $g'(\theta)$ が連続ならば，極座標で表された曲線 $C : r = g(\theta)$ $(\alpha \leqq \theta \leqq \beta)$ の長さ L は次の定積分で与えられる．

$$L = \int_\alpha^\beta \sqrt{g(\theta)^2 + g'(\theta)^2}\,d\theta = \int_\alpha^\beta \sqrt{r^2 + \left(\frac{dr}{d\theta}\right)^2}\,d\theta.$$

半径 $a > 0$ の円

$$x^2 + y^2 = a^2, \quad x^2 + (y-a)^2 = a^2$$

をそれぞれ極座標表示すると，

$$r = a, \quad r = 2a\sin\theta \quad (0 \leqq \theta \leqq \pi)$$

となる．また，次の極座標表示で表される曲線は，それぞれ**アルキメデス螺旋**，**等角螺旋**，**双曲螺旋**，**カーディオイド（心臓形）**，**レムニスケート（連珠形）**とよばれる．

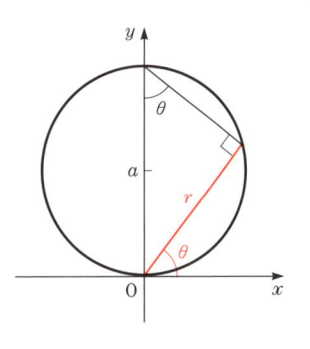

(1) $r = a\theta \quad (\theta \geqq 0)$

(2) $r = ke^{a\theta} \quad (k > 0, \theta \geqq 0)$

(3) $r = \dfrac{a}{\theta} \quad (\theta > 0)$

(4) $r = a(1 + \cos\theta) \quad (0 \leqq \theta \leqq 2\pi)$

(5) $r^2 = 2a^2 \cos 2\theta \quad \left(-\dfrac{\pi}{4} \leqq \theta \leqq \dfrac{\pi}{4}, \dfrac{3\pi}{4} \leqq \theta \leqq \dfrac{5\pi}{4} \right)$

なお，カーディオイドは直径 a の円が同じ直径 a の円の外側を転がるときに円周上の1点が描く軌跡であり，レムニスケートは2点 $(a, 0)$, $(-a, 0)$ からの距離の積が a^2 になる点の軌跡である．

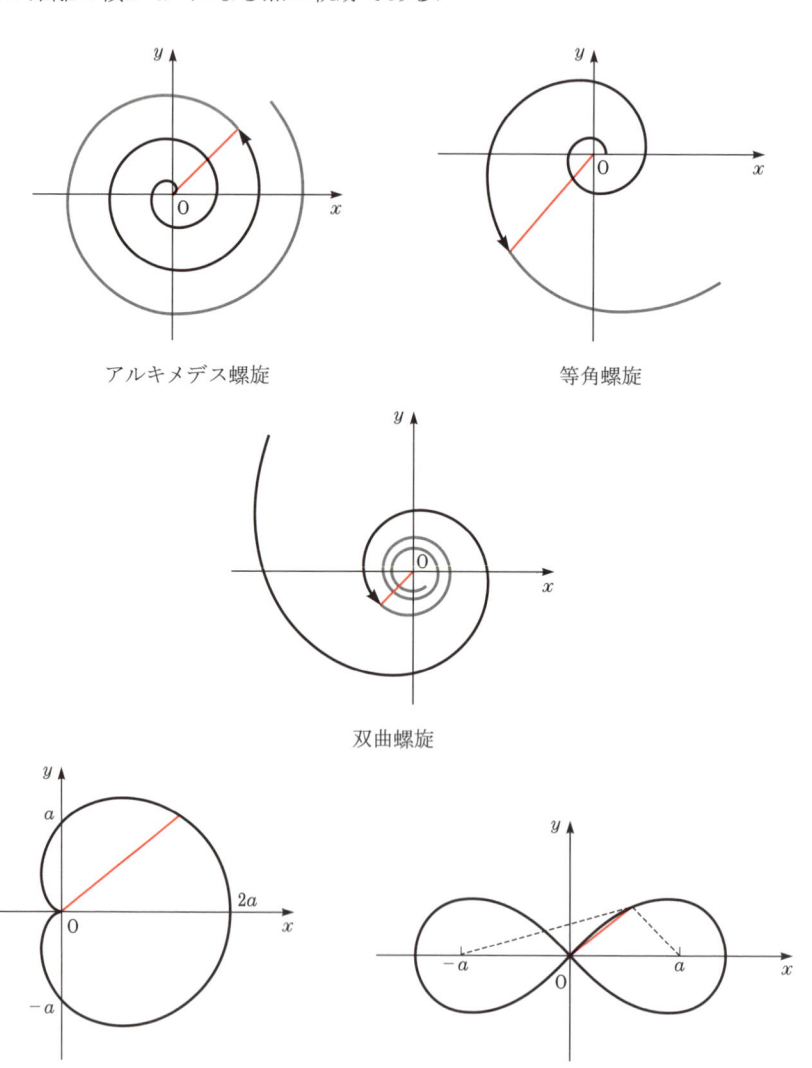

アルキメデス螺旋

等角螺旋

双曲螺旋

カーディオイド

レムニスケート

例題 5.11 カーディオイド

$$r = a(1+\cos\theta) \quad (a>0, 0 \leqq \theta \leqq 2\pi)$$

の周の長さを求めよ．

[解] カーディオイドの周の長さ L を計算すると

$$\begin{aligned}L &= \int_0^{2\pi}\sqrt{r^2+\left(\frac{dr}{d\theta}\right)^2}\,d\theta = \int_0^{2\pi}\sqrt{a^2(1+\cos\theta)^2+a^2\sin^2\theta}\,d\theta \\ &= \sqrt{2}\,a\int_0^{2\pi}\sqrt{1+\cos\theta}\,d\theta = 2a\int_0^{2\pi}\sqrt{\cos^2\frac{\theta}{2}}\,d\theta = 2a\int_0^{2\pi}\left|\cos\frac{\theta}{2}\right|d\theta \\ &= 4a\int_0^{\pi}\cos\frac{\theta}{2}\,d\theta = 8a\left[\sin\frac{\theta}{2}\right]_0^{\pi} = 8a.\end{aligned}$$ □

問題 5.8 極座標で与えられた次の曲線の長さを求めよ．ただし，$a>0$ とする．

(1) $r = e^{-a\theta} \quad (\theta \geqq 0)$ (2) $r = a\theta^2 \quad (0 \leqq \theta \leqq 2\pi)$

[答] (1) $\dfrac{\sqrt{a^2+1}}{a}$ (2) $\dfrac{8}{3}a\{(\pi^2+1)^{\frac{3}{2}}-1\}$

◆ **極座標表示された平面図形の面積**　極座標 (r,θ) で表される関数 $r=g(\theta)$ が閉区間 $[\alpha,\beta]$ において連続であるとき，曲線 $r=g(\theta)$ と 2 つの半直線 $\theta=\alpha$，$\theta=\beta$ で囲まれた図形 D の面積 $|D|$ を求める．まず，

$$\alpha = \theta_0 < \theta_1 < \cdots < \theta_{n-1} < \theta_n = \beta$$

となる角 $\theta_1, \theta_2, \ldots, \theta_{n-1}$ を選んで，角 $\beta-\alpha$ を n 個の小角 $\delta\theta_i = \theta_i - \theta_{i-1}$ ($i=1,2,\cdots,n$) に分割する．ただし，この分割 Δ は n を十分大きくとるに伴いすべての小角 $\delta\theta_i$ が限りなく 0 に近

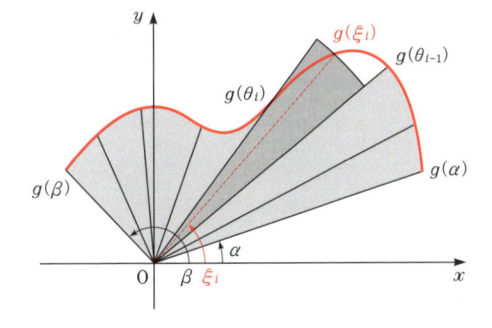

づくようにとる．ここで，各小角 $\delta\theta_i = \theta_i - \theta_{i-1}$ に対し角 ξ_i $(\theta_{i-1} \leqq \xi_i \leqq \theta_i)$ を任意に選んで，原点を中心とし半径が $g(\xi_i)$ でその挟角が $\delta\theta_i$ の扇形の面積の和

$$\sum_{i=1}^{n} \pi g(\xi_i)^2 \frac{\delta\theta_i}{2\pi} = \sum_{i=1}^{n} \frac{1}{2} g(\xi_i)^2 \delta\theta_i$$

を考える．関数 $r = g(\theta)$ は閉区間 $[\alpha, \beta]$ において連続であるから，n を十分大きくとりすべての小角 $\delta\theta_i = \theta_i - \theta_{i-1}$ を限りなく 0 に近づけると

$$\lim_{n \to \infty} \sum_{i=1}^{n} \frac{1}{2} g(\xi_i)^2 \delta\theta_i = \frac{1}{2} \int_{\alpha}^{\beta} \{g(\theta)\}^2 \, d\theta$$

となり，この定積分が求めるべき面積 $|D|$ である．

極座標表示された平面図形の面積

関数 $r = g(\theta)$ が閉区間 $[\alpha, \beta]$ において連続であるならば，曲線 $r = g(\theta)$ と 2 つの半直線 $\theta = \alpha$，$\theta = \beta$ で囲まれた図形 D の面積 $|D|$ は

$$|D| = \frac{1}{2} \int_{\alpha}^{\beta} \{g(\theta)\}^2 \, d\theta.$$

$a > 0$ のとき，次の方程式

$$x^3 + y^3 = 3axy$$

で表される曲線は**デカルトの正葉形**（せいようけい）とよばれ，$x = r\cos\theta$，$y = r\sin\theta$ と極座標変換すると，

$$r = \frac{3a\cos\theta\sin\theta}{\cos^3\theta + \sin^3\theta}$$

と表される．デカルトの正葉形は右図に描かれるように直線 $y = x$ において対称な図形で，直線 $y = -x - a$ を漸近線にもつ．

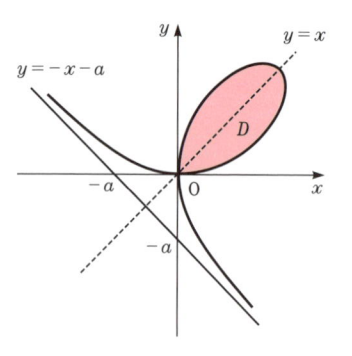

例題 5.12 デカルトの正葉形

$$C: x^3 + y^3 = 3axy \quad (a > 0)$$

で囲まれた図形 D の面積を求めよ．

[解] デカルトの正葉形 C は直線 $y = x$ において対称な図形であり，曲線 C で囲まれた図形 D は第 1 象限に位置している．したがって，D の面積 $|D|$ は

$$|D| = \frac{1}{2}\int_0^{\frac{\pi}{2}} r^2\, d\theta = \int_0^{\frac{\pi}{4}} r^2\, d\theta = \int_0^{\frac{\pi}{4}} \left(\frac{3a\cos\theta\sin\theta}{\cos^3\theta + \sin^3\theta}\right)^2 d\theta$$

$$= 9a^2 \int_0^{\frac{\pi}{4}} \frac{\tan^2\theta}{\cos^2\theta(1+\tan^3\theta)^2}\, d\theta$$

で与えられる．そこで，$t = 1 + \tan^3\theta$ と変数変換して計算を続けると

$$|D| = 3a^2 \int_1^2 \frac{1}{t^2}\, dt = 3a^2 \left[-\frac{1}{t}\right]_1^2 = \frac{3}{2}a^2. \qquad \square$$

問題 5.9 次の曲線で囲まれた図形の面積を求めよ．ただし，$a > 0$ とする．

(1) $r = a(1+\cos\theta) \quad (0 \leqq \theta \leqq 2\pi)$

(2) $r^2 = 2a^2\cos 2\theta \quad \left(-\frac{\pi}{4} \leqq \theta \leqq \frac{\pi}{4}, \frac{3\pi}{4} \leqq \theta \leqq \frac{5\pi}{4}\right)$

[答] (1) $\frac{3}{2}a^2\pi$ (2) $2a^2$

演習問題

5.1 次の定積分を求めよ．

(1) $\displaystyle\int_1^2 x(2x-3)^5\, dx$

(2) $\displaystyle\int_{-1}^1 \frac{x^2+1}{x^2-x-6}\, dx$

(3) $\displaystyle\int_1^3 \frac{x^2}{x^2-4x+5}\, dx$

(4) $\displaystyle\int_0^3 \frac{x^2}{\sqrt{1+x}}\, dx$

(5) $\displaystyle\int_0^1 \frac{x^2}{(x^2-2x+2)^2}\, dx$

(6) $\displaystyle\int_0^{\log\sqrt{3}} \frac{1}{e^x+e^{3x}}\, dx$

(7) $\displaystyle\int_0^2 x^5 e^{x^2}\, dx$

(8) $\displaystyle\int_3^4 (x-2)\log(x^3-2x^2)\, dx$

(9) $\displaystyle\int_{\frac{\pi}{6}}^{\frac{\pi}{4}} \tan^2 x\, dx$ 　　(10) $\displaystyle\int_0^{\frac{\pi}{3}} \sin^5 x\, dx$

(11) $\displaystyle\int_{\frac{\pi}{4}}^{\frac{\pi}{3}} \frac{\cos x}{1+\cos x}\, dx$ 　　(12) $\displaystyle\int_0^{\frac{\pi}{3}} \frac{x}{\cos^2 x}\, dx$

(13) $\displaystyle\int_0^{\frac{\pi}{4}} x^2 \cos 2x\, dx$ 　　(14) $\displaystyle\int_0^{\pi} e^{-x} \sin\frac{x}{3}\, dx$

(15) $\displaystyle\int_1^{\sqrt{3}} x^3 \operatorname{Tan}^{-1} x\, dx$ 　　(16) $\displaystyle\int_{\frac{1}{2}}^1 \frac{\operatorname{Sin}^{-1} x}{x^2}\, dx$

5.2 自然数 m, n に対して，次の等式が成り立つことを示せ.

(1) $\displaystyle\int_{-\pi}^{\pi} \sin mx \sin nx\, dx = \int_{-\pi}^{\pi} \cos mx \cos nx\, dx$
$= \begin{cases} \pi & (m=n \text{ のとき}), \\ 0 & (m\neq n \text{ のとき}) \end{cases}$

(2) $\displaystyle\int_{-\pi}^{\pi} \sin mx \cos nx\, dx = 0$

5.3 次の広義積分を求めよ.

(1) $\displaystyle\int_0^9 \frac{1}{\sqrt[3]{x-1}}\, dx$ 　　(2) $\displaystyle\int_0^2 \frac{2}{1-x^2}\, dx$

(3) $\displaystyle\int_0^2 \frac{x}{\sqrt{2x-x^2}}\, dx$ 　　(4) $\displaystyle\int_1^2 \frac{x}{\sqrt{x^2+2x-3}}\, dx$

(5) $\displaystyle\int_1^{\sqrt{2}} \frac{1}{x\sqrt{2-x^2}}\, dx$ 　　(6) $\displaystyle\int_0^{\frac{\pi}{2}} \frac{1-\cos x}{\sin x}\, dx$

(7) $\displaystyle\int_0^1 \frac{x+(\operatorname{Sin}^{-1} x)^3}{\sqrt{1-x^2}}\, dx$ 　　(8) $\displaystyle\int_0^1 \frac{\log x}{(1+x)^2}\, dx$

(9) $\displaystyle\int_0^1 \frac{\log(1+x^2)}{x^2}\, dx$ 　　(10) $\displaystyle\int_1^2 \frac{\log x}{\sqrt{x-1}}\, dx$

(11) $\displaystyle\int_0^1 x(\log x)^2\, dx$ 　　(12) $\displaystyle\int_0^{\frac{\pi}{2}} \left(\frac{1}{\tan x} - \frac{1}{x}\right) dx$

(13) $\displaystyle\int_0^{\pi} \frac{2}{\cos x}\, dx$ 　　(14) $\displaystyle\int_0^{\frac{\pi}{2}} \left(\frac{1}{\sin^2 x} - \frac{1}{x^2}\right) dx$

(15) $\displaystyle\int_0^{\log 2} \frac{1}{e^x \sqrt{e^x-1}}\, dx$ 　　(16) $\displaystyle\int_{\frac{1}{2}}^1 \frac{\operatorname{Sin}^{-1} x}{x^2 \sqrt{1-x^2}}\, dx$

5.4 次の無限広義積分を求めよ．

(1) $\displaystyle\int_2^\infty \frac{2}{1-x^2}\,dx$

(2) $\displaystyle\int_1^\infty \frac{1}{x(x+1)^2}\,dx$

(3) $\displaystyle\int_0^\infty \frac{x^2}{(x^2+2x+2)^2}\,dx$

(4) $\displaystyle\int_2^\infty \frac{x-1}{\sqrt{x^2-1}}\,dx$

(5) $\displaystyle\int_2^\infty \frac{1}{x\sqrt{x^2-4}}\,dx$

(6) $\displaystyle\int_1^\infty \frac{1}{x\sqrt{x^2+3}}\,dx$

(7) $\displaystyle\int_{-1}^\infty \frac{1+(\mathrm{Tan}^{-1} x)^2}{1+x^2}\,dx$

(8) $\displaystyle\int_1^\infty \frac{1}{e^{2x}-e^x}\,dx$

(9) $\displaystyle\int_0^\infty x^3 e^{-2x^2}\,dx$

(10) $\displaystyle\int_0^\infty \frac{xe^x}{(1+e^x)^2}\,dx$

(11) $\displaystyle\int_1^\infty \frac{\log(x^2+1)}{x^3}\,dx$

(12) $\displaystyle\int_1^\infty \frac{2\log x}{(1+x)^3}\,dx$

(13) $\displaystyle\int_1^\infty \frac{(1+\log x)^2}{x^2}\,dx$

(14) $\displaystyle\int_0^\infty \frac{1}{e^x\sqrt{e^x+1}}\,dx$

(15) $\displaystyle\int_0^\infty e^{-x}\sin 2x\,dx$

(16) $\displaystyle\int_0^\infty \frac{\mathrm{Tan}^{-1} x}{(1+x^2)^2}\,dx$

5.5 次の広義積分の収束・発散を調べよ．

(1) $\displaystyle\int_0^1 \frac{e^x}{\sqrt{x}}\,dx$

(2) $\displaystyle\int_0^\infty \frac{x}{\sqrt{x^5+1}}\,dx$

(3) $\displaystyle\int_0^1 \frac{1}{\sqrt{1-x^4}}\,dx$

(4) $\displaystyle\int_0^2 2^x \log x\,dx$

(5) $\displaystyle\int_2^\infty \frac{1}{(x+1)\log x}\,dx$

(6) $\displaystyle\int_0^{\frac{\pi}{4}} \frac{\sqrt{1-x^2}}{\sin x}\,dx$

(7) $\displaystyle\int_0^{\frac{\pi}{2}} \log\frac{x}{\sin x}\,dx$

(8) $\displaystyle\int_0^1 \frac{\mathrm{Sin}^{-1} x}{x}\,dx$

(9) $\displaystyle\int_0^\infty \frac{\mathrm{Tan}^{-1} x}{x}\,dx$

(10) $\displaystyle\int_1^\infty \frac{\mathrm{Tan}^{-1} x}{x\sqrt{x-1}}\,dx$

(11) $\displaystyle\int_0^{\frac{\pi}{2}} \frac{1}{\sqrt{\sin x}}\,dx$

(12) $\displaystyle\int_1^\infty \frac{1}{\sqrt{x^4-1}}\,dx$

(13) $\displaystyle\int_0^\infty \frac{\sin x}{x}\,dx$

(14) $\displaystyle\int_0^\infty \frac{\log x}{\sqrt[3]{x^2(x+1)}}\,dx$

5.6 ベータ関数 $B(p, q)$ は次の漸化式をみたすことを示せ.
$$B(p+1, q) = \frac{p}{q} B(p, q+1) \quad (p > 0, q > 0).$$

さらに，自然数 m, n に対して次の等式が成り立つことを示せ.
$$B(m+1, n+1) = \frac{m!\, n!}{(m+n+1)!}.$$

5.7 次の曲線の長さを求めよ. ただし, a, b は定数で, $a > 0$ とする.

(1) $y = x^{\frac{3}{2}} \quad (0 \leqq x \leqq 5)$

(2) $y = \dfrac{1}{4}x^2 - \dfrac{1}{2}\log x \quad (1 \leqq x \leqq 2)$

(3) $y = \log(x^2 - 1) \quad (2 \leqq x \leqq 3)$

(4) $y = \log(\cos x) \quad \left(0 \leqq x \leqq \dfrac{\pi}{4}\right)$

(5) $y = e^x \quad (0 \leqq x \leqq \log 2)$

(6) $x = \dfrac{1}{2}t^4 - t^2, \quad y = \dfrac{4}{3}t^3 \quad (-1 \leqq t \leqq 2)$

(7) $x = t^2 + 2t, \quad y = \dfrac{2}{3}t^3 + t^2 \quad (0 \leqq t \leqq \sqrt{3})$

(8) $x = \dfrac{1}{2}t^2 - \log t, \quad y = \dfrac{1}{3}t^3 - t \quad (1 \leqq t \leqq 2\sqrt{2})$

(9) $x = 2\cos t + \cos 2t, \quad y = 2\sin t - \sin 2t \quad (0 \leqq t \leqq 2\pi)$

(10) $r = \sin^3 \dfrac{\theta}{3} \quad (0 \leqq \theta \leqq 2\pi)$

(11) $r = a\theta \quad (0 \leqq \theta \leqq b)$

(12) $r = \dfrac{a}{\theta} \quad (1 \leqq \theta \leqq b)$

5.8 次の曲線と x 軸で囲まれた図形の面積を求めよ.

(1) $x = \cos t + t \sin t, \quad y = \sin t \quad (0 \leqq t \leqq \pi)$

(2) $x = 2\cos t + \cos 2t, \quad y = 2\sin t - \sin 2t \quad (0 \leqq t \leqq \pi)$

(3) $x = e^t \cos t, \quad y = e^t \sin t \quad (0 \leqq t \leqq \pi)$

第6章
級　　数

§6.1　正項級数

◆ **級数の収束・発散**　数列 $\{a_n\} = \{a_1, a_2, \ldots, a_n, \ldots\}$ に対して，**第 n 部分和** $A_n = a_1 + a_2 + \cdots + a_n$ を考える．部分和数列 $\{A_n\}$ が極限値 A に収束するとき，**無限級数**（または単に**級数**）

$$\sum_{n=1}^{\infty} a_n = a_1 + a_2 + \cdots + a_n + \cdots$$

は**収束する**といい，極限値 A をこの級数の**和**という．このとき

$$A = a_1 + a_2 + \cdots + a_n + \cdots \quad \text{または} \quad A = \sum_{n=1}^{\infty} a_n$$

と表す．部分和数列 $\{A_n\}$ が収束しないとき，級数は**発散する**という．特に，部分和数列 $\{A_n\}$ が無限大に発散するとき，級数は**無限大に発散する**といい

$$a_1 + a_2 + \cdots + a_n + \cdots = \infty \quad \text{または} \quad \sum_{n=1}^{\infty} a_n = \infty$$

と表す．なお，級数 $\displaystyle\sum_{n=1}^{\infty} a_n$ に有限個の項を追加や削除しても，また有限個の項の順序を変更しても，級数 $\displaystyle\sum_{n=1}^{\infty} a_n$ の収束・発散は変わらない．

級数の収束必要条件

級数 $\displaystyle\sum_{n=1}^{\infty} a_n$ が収束するならば，$\displaystyle\lim_{n \to \infty} a_n = 0$ である．

[証明] 級数 $\sum_{n=1}^{\infty} a_n$ が有限確定値 A に収束すると，数列 $\{a_n\}$ の極限値は

$$\lim_{n\to\infty} a_n = \lim_{n\to\infty}(A_n - A_{n-1}) = \lim_{n\to\infty} A_n - \lim_{n\to\infty} A_{n-1} = A - A = 0$$

をみたす. □

例 6.1 初項が 1，公比が r の**等比級数**

$$\sum_{n=1}^{\infty} r^{n-1} = 1 + r + r^2 + \cdots + r^{n-1} + \cdots$$

の第 n 項までの和は

$$\sum_{k=1}^{n} r^{k-1} = 1 + r + r^2 + \cdots + r^{n-1} = \begin{cases} \dfrac{1-r^n}{1-r} & (r \neq 1 \text{ のとき}), \\ n & (r = 1 \text{ のとき}) \end{cases}$$

である．したがって，等比級数 $\sum_{n=1}^{\infty} r^{n-1}$ は $|r| < 1$ のとき $\dfrac{1}{1-r}$ に収束し，$|r| \geqq 1$ のときは発散する． ◇

◆ **正項級数の収束・発散** すべての n に対して $a_n \geqq 0$ である級数 $\sum_{n=1}^{\infty} a_n$ を**正項級数**という．正項級数の部分和数列 $\{A_n\}$ は単調増加数列になる．有界な単調増加数列は「数列の収束判定条件」により常に収束するので，正項級数では次の収束条件が成り立つ．

正項級数の収束条件

正項級数 $\sum_{n=1}^{\infty} a_n$ が収束するための必要十分条件は，部分和数列 $\{A_n\}$ が有界となることである．

正項級数の収束・発散を調べる際には，次に与えられる幾つかの収束判定法を利用すればよい．

比較判定法 I

2つの正項級数 $\sum_{n=1}^{\infty} a_n, \sum_{n=1}^{\infty} b_n$ において

$$b_n \leqq K a_n \quad (n = 1, 2, \ldots)$$

をみたす正数 K が存在するとする．

(ⅰ) $\sum_{n=1}^{\infty} a_n$ が収束するならば，$\sum_{n=1}^{\infty} b_n$ も収束する．

(ⅱ) $\sum_{n=1}^{\infty} b_n$ が無限大に発散するならば，$\sum_{n=1}^{\infty} a_n$ も無限大に発散する．

[証明] (ⅰ) 2つの正項級数 $\sum_{n=1}^{\infty} a_n, \sum_{n=1}^{\infty} b_n$ の第 n 部分和をそれぞれ A_n, B_n とすると，$B_n \leqq K A_n$ が成り立つ．正項級数 $\sum_{n=1}^{\infty} a_n$ が収束するならば，部分和数列 $\{A_n\}$ は有界である．したがって，部分和数列 $\{B_n\}$ も有界となり，正項級数 $\sum_{n=1}^{\infty} b_n$ が収束する．

(ⅱ) は (ⅰ) の対偶である． □

例題 6.1 (1) 次の正項級数（**調和級数**という）が発散することを示せ．

$$\sum_{n=1}^{\infty} \frac{1}{n} = 1 + \frac{1}{2} + \frac{1}{3} + \cdots + \frac{1}{n} + \cdots.$$

(2) 次の正項級数が収束することを示せ．

$$\sum_{n=1}^{\infty} \frac{1}{n^2} = 1 + \frac{1}{4} + \frac{1}{9} + \cdots + \frac{1}{n^2} + \cdots.$$

[解] (1) $a_1 = 1$ とおき，さらに自然数 k に対し $2^{k-1} < n \leqq 2^k$ をみたす自然数 n は 2^{k-1} 個あるので，この条件をみたすすべての n に対して $a_n = 1/2^k$ とおく．こ

のとき，級数 $\sum_{n=1}^{\infty} a_n$ は

$$\sum_{n=1}^{\infty} a_n = 1 + \frac{1}{2} + 2 \cdot \frac{1}{4} + \cdots + 2^{k-1} \cdot \frac{1}{2^k} + \cdots$$

$$= 1 + \frac{1}{2} + \frac{1}{2} + \cdots + \frac{1}{2} + \cdots = \infty$$

より無限大に発散する．しかも，$a_n = 1/2^k \leqq 1/n\ (2^{k-1} < n \leqq 2^k)$ であるから，「比較判定法 I」を適用すると調和級数 $\sum_{n=1}^{\infty} \frac{1}{n}$ は無限大に発散する．

（2）$b_n = \dfrac{1}{n(n-1)}\ (n \geqq 2)$ とおくと，級数 $\sum_{n=2}^{\infty} b_n$ は

$$\sum_{n=2}^{\infty} b_n = \sum_{n=2}^{\infty} \frac{1}{n(n-1)} = \sum_{n=2}^{\infty} \left(\frac{1}{n-1} - \frac{1}{n} \right) = 1$$

より収束する．しかも，$b_n = \dfrac{1}{n(n-1)} \geqq \dfrac{1}{n^2}\ (n \geqq 2)$ であるから，「比較判定法 I」を適用すると正項級数 $\sum_{n=1}^{\infty} \dfrac{1}{n^2}$ は収束する． □

比較判定法 II

2 つの正項級数 $\sum_{n=1}^{\infty} a_n,\ \sum_{n=1}^{\infty} b_n$ において

$$\lim_{n \to \infty} \frac{a_n}{b_n} = L$$

をみたす正数 L が存在するとき，次のいずれか一方が成り立つ．

（i）2 つの正項級数 $\sum_{n=1}^{\infty} a_n,\ \sum_{n=1}^{\infty} b_n$ がともに収束する．

（ii）2 つの正項級数 $\sum_{n=1}^{\infty} a_n,\ \sum_{n=1}^{\infty} b_n$ がともに無限大に発散する．

[証明] 数列 $\{a_n/b_n\},\ \{b_n/a_n\}$ は収束するので有界である．したがって，$a_n/b_n \leqq K_1,\ b_n/a_n \leqq K_2$ をみたす正数 K_1, K_2 を選ぶことができる．そこで，「比較判定法 I」を適用すればよい． □

問題 6.1 比較判定法を用いて，次の正項級数の収束・発散を調べよ．

(1) $\displaystyle\sum_{n=1}^{\infty} \frac{n}{4^n}$ 　　(2) $\displaystyle\sum_{n=1}^{\infty} \frac{1}{n\sqrt{n}}$ 　　(3) $\displaystyle\sum_{n=1}^{\infty} \frac{1}{n}\left(1+\frac{1}{n}\right)^n$

[答] （1）収束　　（2）収束　　（3）発散

◆ **無限広義積分による収束判定法**　無限広義積分に「比較判定法」を適用すると次の収束判定法が得られる．

無限広義積分による収束判定法

区間 $[1, \infty)$ 上で定義された連続関数 $f(x)$ が単調減少でかつ $f(x) \geqq 0$ をみたしているとする．

(ⅰ) 正項級数 $\displaystyle\sum_{n=1}^{\infty} f(n)$ が収束するための必要十分条件は，無限広義積分 $F = \displaystyle\int_1^{\infty} f(x)\,dx$ が収束することである．

(ⅱ) 正項級数 $\displaystyle\sum_{n=1}^{\infty} f(n)$ が無限大に発散するための必要十分条件は，無限広義積分 $F = \displaystyle\int_1^{\infty} f(x)\,dx$ が無限大に発散することである．

[証明]　連続関数 $f(x)$ は単調減少でかつ $f(x) \geqq 0$ をみたしているので，定積分 $F_n = \displaystyle\int_1^n f(x)\,dx$ に対し，次ページの図からもわかるように次の不等式

$$f(2) + f(3) + \cdots + f(n) < F_n < f(1) + f(2) + \cdots + f(n-1)$$

が成り立つ．無限広義積分

$$F = \int_1^{\infty} f(x)\,dx$$

が収束するならば，数列 $\{F_n\}$ は有界である．それゆえ，部分和

$$A_n = f(1) + f(2) + \cdots + f(n)$$

の数列 $\{A_n\}$ も有界となり，正項級数 $\displaystyle\sum_{n=1}^{\infty} f(n)$ は収束する．

一方，無限広義積分
$$F = \int_1^{\infty} f(x)\, dx$$
が無限大に発散するならば
$$\lim_{n \to \infty} A_{n-1} \geqq \lim_{n \to \infty} F_n = \infty$$
となり，正項級数 $\displaystyle\sum_{n=1}^{\infty} f(n)$ は無限大に発散する． □

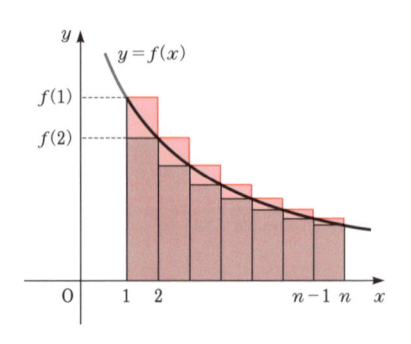

例題 6.2 調和級数を一般化した次の正項級数
$$\sum_{n=1}^{\infty} \frac{1}{n^k} = 1 + \frac{1}{2^k} + \frac{1}{3^k} + \cdots + \frac{1}{n^k} + \cdots$$
は $k > 1$ のときに収束し，$k \leqq 1$ のときは無限大に発散することを示せ．

[解] $k \leqq 0$ のときは明らかに発散するから $k > 0$ の場合を考える．このとき，関数 $f(x) = \dfrac{1}{x^k}$ は区間 $(0, \infty)$ 上で単調減少な連続関数で $f(x) > 0$ をみたす．

$$F(k) = \int_1^{\infty} \frac{1}{x^k}\, dx = \frac{1}{1-k}\left[\frac{1}{x^{k-1}}\right]_1^{\infty} = \begin{cases} \dfrac{1}{k-1} & (k > 1 \text{ のとき}), \\ \infty & (k < 1 \text{ のとき}), \end{cases}$$

$$F(1) = \int_1^{\infty} \frac{1}{x}\, dx = \Big[\log x\Big]_1^{\infty} = \infty$$

となるので,「無限広義積分による収束判定法」を適用すると正項級数 $\displaystyle\sum_{n=1}^{\infty} \frac{1}{n^k}$ は $k > 1$ のとき収束し，$k \leqq 1$ のとき無限大に発散する． □

問題 6.2 「無限広義積分による収束判定法」と「比較判定法」を利用して，次の正項級数の収束・発散を調べよ．

(1) $\displaystyle\sum_{n=1}^{\infty} \frac{1}{4\sqrt{n}}$ (2) $\displaystyle\sum_{n=1}^{\infty} \frac{1}{n \log(n+1)}$ (3) $\displaystyle\sum_{n=1}^{\infty} \frac{\log n}{(n+1)^2}$

[答] (1) 収束 (2) 発散 (3) 収束

§6.2 正項級数の収束判定法

◆ **コーシーの収束判定法**　次の「コーシーの収束判定法」は正項級数の収束判定法として最も重要なものの 1 つである．

コーシーの収束判定法

正項級数 $\displaystyle\sum_{n=1}^{\infty} a_n$ において $\sqrt[n]{a_n}$ の極限値

$$\lim_{n\to\infty} \sqrt[n]{a_n} = \rho \quad (0 \leqq \rho \leqq \infty)$$

が存在するとする．

（ⅰ）　$\rho < 1$ ならば，正項級数 $\displaystyle\sum_{n=1}^{\infty} a_n$ は収束する．

（ⅱ）　$\rho > 1$ ならば，正項級数 $\displaystyle\sum_{n=1}^{\infty} a_n$ は無限大に発散する．

正項級数 $\displaystyle\sum_{n=1}^{\infty} a_n$ において $\sqrt[n]{a_n}$ の極限値が $\displaystyle\lim_{n\to\infty} \sqrt[n]{a_n} = 1$ となる場合は，正項級数 $\displaystyle\sum_{n=1}^{\infty} a_n$ は収束することも発散することもある．したがって，「コーシーの収束判定法」では収束・発散を判定できないので，他の方法で判定しなければならない．例えば，例題 6.2 で与えられた正項級数は次に例示されるように「コーシーの収束判定法」では収束・発散の判定ができない．

例 6.2　正項級数 $\displaystyle\sum_{n=1}^{\infty} a_n = \sum_{n=1}^{\infty} \frac{1}{n^k}$ $(k > 0)$ において，$\sqrt[n]{a_n}$ の極限値は

$$\lim_{n\to\infty} \sqrt[n]{a_n} = \lim_{n\to\infty} \frac{1}{\sqrt[n]{n^k}}$$

である．$\displaystyle\lim_{x\to\infty} x^{\frac{1}{x}} = 1$ より $\displaystyle\lim_{n\to\infty} n^{\frac{1}{n}} = 1$ が導かれるので，$\sqrt[n]{a_n}$ の極限値は

$$\lim_{n\to\infty} \sqrt[n]{a_n} = \lim_{n\to\infty} \frac{1}{\sqrt[n]{n^k}} = \lim_{n\to\infty} \frac{1}{(n^{\frac{1}{n}})^k} = 1. \qquad \diamondsuit$$

例題 6.3 「コーシーの収束判定法」を用いて，次の正項級数の収束・発散を調べよ．
$$\sum_{n=1}^{\infty}\left(\frac{n}{n+1}\right)^{n^2}.$$

[解] $a_n = \left(\dfrac{n}{n+1}\right)^{n^2}$ とおくと，$\sqrt[n]{a_n}$ の極限値は

$$\lim_{n\to\infty}\sqrt[n]{a_n} = \lim_{n\to\infty}\left(\frac{n}{n+1}\right)^n = \lim_{n\to\infty}\frac{1}{\left(1+\frac{1}{n}\right)^n} = \frac{1}{e} < 1.$$

したがって，「コーシーの収束判定法」により与えられた正項級数は収束する． □

問題 6.3 「コーシーの収束判定法」を用いて，次の正項級数の収束・発散を調べよ．

（1） $\displaystyle\sum_{n=1}^{\infty}\left(\frac{n+3}{2n}\right)^{\frac{n}{2}}$ （2） $\displaystyle\sum_{n=1}^{\infty}\frac{1}{2^n}\left(\frac{n+1}{n}\right)^{n^2}$

[答] （1） $\rho = 1/\sqrt{2}$，収束 （2） $\rho = e/2$，発散

◆ **ダランベールの収束判定法** 次の「ダランベールの収束判定法」は「コーシーの収束判定法」と並んで正項級数の収束判定法として最も重要なものの 1 つである．

ダランベールの収束判定法

正項級数 $\displaystyle\sum_{n=1}^{\infty} a_n$ において，$\dfrac{a_{n+1}}{a_n}$ の極限値

$$\lim_{n\to\infty}\frac{a_{n+1}}{a_n} = \rho \quad (0 \leqq \rho \leqq \infty)$$

が存在するとする．

（ⅰ） $\rho < 1$ ならば，正項級数 $\displaystyle\sum_{n=1}^{\infty} a_n$ は収束する．

（ⅱ） $\rho > 1$ ならば，正項級数 $\displaystyle\sum_{n=1}^{\infty} a_n$ は発散する．

「ダランベールの収束判定法」は，極限値 $\lim_{n\to\infty}(a_{n+1}/a_n)=\rho$ が存在すれば $\lim_{n\to\infty}\sqrt[n]{a_n}=\rho$ が導かれることを示し，「コーシーの収束判定法」を適用することによって証明される．ところが，次の例からもわかるように，$\lim_{n\to\infty}\sqrt[n]{a_n}$ が存在しても，$\lim_{n\to\infty}(a_{n+1}/a_n)$ が必ずしも存在するとは限らない．この意味で，「コーシーの収束判定法」の方が「ダランベールの収束判定法」より精密であるといえる．しかし，「ダランベールの収束判定法」の方が「コーシーの収束判定法」に比べると一般的には判定が容易である．

例 6.3 正数 $k\neq 1$ に対して $a_{2m-1}=a_{2m}=k^{2m}$ とおく．正項級数 $\sum_{n=1}^{\infty}a_n$ において，$\sqrt[n]{a_n}$ の極限値は $\lim_{n\to\infty}\sqrt[n]{a_n}=k$ である．しかし，$\dfrac{a_{2m}}{a_{2m-1}}=1$, $\dfrac{a_{2m+1}}{a_{2m}}=k^2\neq 1$ であるから，$\dfrac{a_{n+1}}{a_n}$ の極限値 $\lim_{n\to\infty}\dfrac{a_{n+1}}{a_n}$ は存在しない． ◇

例題 6.4「ダランベールの収束判定法」を用いて，次の正項級数の収束・発散を調べよ．
$$\sum_{n=1}^{\infty}\sin\frac{n}{2^n}.$$

[解] $a_n=\sin\dfrac{n}{2^n}$ とおく．$\dfrac{a_{n+1}}{a_n}$ の極限値を計算すると

$$\lim_{n\to\infty}\frac{a_{n+1}}{a_n}=\lim_{n\to\infty}\frac{\sin\dfrac{n+1}{2^{n+1}}}{\sin\dfrac{n}{2^n}}=\lim_{n\to\infty}\left(\frac{n+1}{2n}\cdot\frac{\dfrac{n}{2^n}\sin\dfrac{n+1}{2^{n+1}}}{\dfrac{n+1}{2^{n+1}}\sin\dfrac{n}{2^n}}\right)=\frac{1}{2}<1$$

となる．したがって，「ダランベールの収束判定法」により与えられた正項級数は収束する． □

問題 6.4「ダランベールの収束判定法」を用いて，次の正項級数の収束・発散を調べよ．ただし，$k>0$ は定数である．

（1）$\displaystyle\sum_{n=1}^{\infty}\frac{n^k}{2^n}$ （2）$\displaystyle\sum_{n=1}^{\infty}\frac{\log n}{n!}$

[答]（1）$\rho=1/2$, 収束 （2）$\rho=0$, 収束

§6.3 絶対収束

◆ **交項級数** 正負の項が交互に現れる級数 $\displaystyle\sum_{n=1}^{\infty}(-1)^{n-1}a_n\ (a_n>0)$ を**交項級数**という．

ライプニッツの収束条件

交項級数 $\displaystyle\sum_{n=1}^{\infty}(-1)^{n-1}a_n\ (a_n>0)$ が次の2つの条件をみたすとき，この交項級数は収束する．

（1） $a_1 \geqq a_2 \geqq \cdots \geqq a_n \geqq \cdots$ 　　　　（2） $\displaystyle\lim_{n\to\infty}a_n = 0$

[証明] 第 n 部分和を $s_n = a_1 - a_2 + \cdots + (-1)^{n-1}a_n$ とおくと

$$s_{2m} = (a_1 - a_2) + (a_3 - a_4) + \cdots + (a_{2m-1} - a_{2m})$$

$$= a_1 - (a_2 - a_3) - \cdots - (a_{2m-2} - a_{2m-1}) - a_{2m} \leqq a_1$$

より，数列 $\{s_{2m}\}$ は条件（1）から有界な単調増加数列である．それゆえ，極限 $\displaystyle\lim_{m\to\infty}s_{2m}$ は有限確定値 s をもつ．しかも，$s_{2m+1} = s_{2m} + a_{2m+1}$ であり，条件（2）がみたされるので数列 $\{s_{2m+1}\}$ の極限は

$$\lim_{m\to\infty}s_{2m+1} = \lim_{m\to\infty}(s_{2m} + a_{2m+1}) = s + 0 = s$$

となる．

$$\lim_{m\to\infty}s_{2m} = \lim_{m\to\infty}s_{2m+1} = s$$

ならば $\displaystyle\lim_{m\to\infty}s_m = s$ が成り立つので，交項級数 $\displaystyle\sum_{n=1}^{\infty}(-1)^{n-1}a_n$ は収束する． □

例 6.4 次の交項級数は収束する．

$$\sum_{n=1}^{\infty}(-1)^{n-1}\frac{1}{n} = 1 - \frac{1}{2} + \frac{1}{3} + \cdots + (-1)^{n-1}\frac{1}{n} + \cdots. \qquad \diamondsuit$$

§6.3 絶対収束

◆ **絶対収束と条件収束**　級数 $\sum_{n=1}^{\infty} a_n$ に対し，各項の絶対値をとることによって正項級数として得られる $\sum_{n=1}^{\infty} |a_n|$ をもとの級数の**絶対値級数**という．絶対値級数 $\sum_{n=1}^{\infty} |a_n|$ が収束するとき，もとの級数 $\sum_{n=1}^{\infty} a_n$ は**絶対収束**するといい，絶対値級数 $\sum_{n=1}^{\infty} |a_n|$ は収束しないが，もとの級数 $\sum_{n=1}^{\infty} a_n$ が収束するとき，もとの級数は**条件収束**するという．

絶対収束級数の収束性

級数 $\sum_{n=1}^{\infty} a_n$ が絶対収束すれば，その級数は収束する．

[証明]　$a_n^+ = \max\{a_n, 0\}$, $a_n^- = \max\{-a_n, 0\}$ とおくと[1]

$$|a_n| = a_n^+ + a_n^-, \quad a_n = a_n^+ - a_n^-$$

である．級数 $\sum_{n=1}^{\infty} a_n$ は絶対収束するので

$$\sum_{n=1}^{\infty} a_n^+ + \sum_{n=1}^{\infty} a_n^- = \sum_{n=1}^{\infty} |a_n| < \infty$$

となる．この結果，正項級数 $\sum_{n=1}^{\infty} a_n^+$, $\sum_{n=1}^{\infty} a_n^-$ の部分和数列 $\{A_n^+\}$, $\{A_n^-\}$ はともに有界となり，正項級数 $\sum_{n=1}^{\infty} a_n^+$, $\sum_{n=1}^{\infty} a_n^-$ は収束する．それゆえ，もとの級数

$$\sum_{n=1}^{\infty} a_n = \sum_{n=1}^{\infty} a_n^+ - \sum_{n=1}^{\infty} a_n^-$$

も収束する．　□

---

[1] $\max\{a, b\}$ は a と b の大きい方を表す．例えば，$\max\{1, 0\} = 1$.

例 6.5 交項級数 $\sum_{n=1}^{\infty}(-1)^{n-1}\dfrac{1}{n}$ は条件収束するが絶対収束しない. ◇

交項級数が与えられたとき，その絶対値級数に対し「ダランベールの収束判定法」，「コーシーの収束判定法」または「比較判定法」などを適用してまず絶対収束性を調べる．そして，与えられた交項級数が絶対収束しない場合は，「ライプニッツの収束判定法」などを用いて条件収束するか否かを調べればよい．

例題 6.5 次の交項級数の収束性，および絶対収束性を調べよ．

$$\sum_{n=1}^{\infty}(-1)^n\left(\sqrt{n^2+1}-n\right).$$

[解] $a_n = (-1)^n(\sqrt{n^2+1}-n)$, $b_n = \dfrac{1}{2(n+1)}$ とおいて

$$|a_n| = \sqrt{n^2+1}-n = \dfrac{1}{\sqrt{n^2+1}+n}$$

と b_n を比較すると

$$|a_n| = \dfrac{1}{\sqrt{n^2+1}+n} > \dfrac{1}{2(n+1)} = b_n$$

となる．級数 $\sum_{n=1}^{\infty}\dfrac{1}{n+1}$ は無限大に発散するので，「比較判定法 I」により与えられた交項級数は絶対収束しない．ところが

$$|a_n| = \sqrt{n^2+1}-n > \sqrt{(n+1)^2+1}-(n+1) = |a_{n+1}|,$$

$$\lim_{n\to\infty}|a_n| = \lim_{n\to\infty}(\sqrt{n^2+1}-n) = \lim_{n\to\infty}\dfrac{1}{\sqrt{n^2+1}+n} = 0$$

となるから，「ライプニッツの収束判定条件」より，この交項級数は条件収束する． □

問題 6.5 次の交項級数の収束性，および絶対収束性を調べよ．

(1) $\sum_{n=1}^{\infty}(-1)^n\dfrac{\log n}{2^n}$ (2) $\sum_{n=1}^{\infty}\dfrac{(-1)^n}{\sqrt{n^2+3}}$

[答] (1) 絶対収束 (2) 条件収束

§6.4 ベキ級数と収束半径

◆ **ベキ級数** x の無限次多項式である次の級数

$$\sum_{n=0}^{\infty} a_n x^n = a_0 + a_1 x + a_2 x^2 + \cdots + a_n x^n + \cdots$$

を**ベキ級数**または**整級数**という．ベキ級数 $\sum_{n=0}^{\infty} a_n x^n$ は $x = 0$ のとき明らかに a_0 に収束する．

ベキ級数の収束範囲

$k \neq 0$ とする．ベキ級数 $\sum_{n=0}^{\infty} a_n x^n$ は次の性質をもつ．

（ⅰ）$x = k$ で収束すれば，$|x| < |k|$ をみたすすべての x で絶対収束する．

（ⅱ）$x = k$ で発散すれば，$|x| > |k|$ をみたすすべての x で発散する．

[証明]（ⅰ）$\sum_{n=0}^{\infty} a_n k^n$ は収束するので，$\lim_{n \to \infty} a_n k^n = 0$ である．したがって，数列 $\{a_n k^n\}$ は有界となり，すべての n に対して $|a_n k^n| \leqq M$ となる正数 M が存在する．このとき，$|x| < |k|$ をみたすすべての x に対して

$$|a_n x^n| = |a_n k^n| \cdot \left|\frac{x}{k}\right|^n \leqq M \left|\frac{x}{k}\right|^n$$

が成り立つ．$\left|\dfrac{x}{k}\right| < 1$ より等比級数 $\sum_{n=0}^{\infty} \left|\dfrac{x}{k}\right|^n$ は収束するので，「比較判定法Ⅰ」により級数 $\sum_{n=0}^{\infty} |a_n x^n|$ は収束する．すなわち，ベキ級数 $\sum_{n=0}^{\infty} a_n x^n$ は $|x| < |k|$ をみたすすべての x で絶対収束する．

（ⅱ）もし $|x_1| > |k|$ をみたすある x_1 でベキ級数 $\sum_{n=0}^{\infty} a_n x_1^n$ が収束するならば，（ⅰ）より $x = k$ においてもそれは絶対収束することになり $x = k$ で

発散するという仮定に矛盾する．ゆえに，$|x| > k$ をみたすすべての x でベキ級数 $\sum_{n=0}^{\infty} a_n x^n$ は発散する． □

◆ **収束半径**　ベキ級数 $\sum_{n=0}^{\infty} a_n x^n$ において，ある数 r $(0 \leqq r \leqq \infty)$ が存在して，次の2つの収束・発散条件をみたすとする．
 (ⅰ)　$|x| < r$ をみたすすべての x で絶対収束する．
 (ⅱ)　$|x| > r$ をみたすすべての x で発散する．

このとき，r をベキ級数 $\sum_{n=0}^{\infty} a_n x^n$ の **収束半径** という．特に，収束半径が 0 ならばベキ級数は 0 以外のすべての x で発散し，また収束半径が ∞ ならばベキ級数はすべての x で収束する．ベキ級数 $\sum_{n=0}^{\infty} a_n x^n$ の収束半径 r を求める際には，コーシーとダランベールの収束判定法が役立つ．なお，$|x| = r$ においては収束することも発散することもある．

収束半径の求め方

ベキ級数 $\sum_{n=0}^{\infty} a_n x^n$ において

$$r = \lim_{n \to \infty} \frac{1}{\sqrt[n]{|a_n|}} \quad \text{または} \quad r = \lim_{n \to \infty} \left| \frac{a_n}{a_{n+1}} \right| \quad (0 \leqq r \leqq \infty)$$

が存在するならば，ベキ級数の収束半径は r である．

[証明]　$\sum_{n=0}^{\infty} |a_n x^n|$ は「コーシーおよびダランベールの収束判定法」により

$$\lim_{n \to \infty} \sqrt[n]{|a_n x^n|} = |x| \lim_{n \to \infty} \sqrt[n]{|a_n|} = \frac{|x|}{r},$$

$$\lim_{n \to \infty} \frac{|a_{n+1} x^{n+1}|}{|a_n x^n|} = |x| \lim_{n \to \infty} \frac{|a_{n+1}|}{|a_n|} = \frac{|x|}{r}$$

が 1 より小さいときに収束し，1 より大きいときに発散する．すなわち，ベキ級数 $\sum_{n=0}^{\infty} a_n x^n$ は $|x| < r$ をみたすすべての x で絶対収束し，$|x| > r$ をみたすすべての x で発散する．それゆえ，収束半径は r である． □

ベキ級数が $\sum_{n=0}^{\infty} b_n x^{kn+l}$ $(0 \leqq l < k)$ の形をしている場合，その収束半径は次の判定法を利用して調べればよい．

ベキ級数の収束半径

ベキ級数 $\sum_{n=0}^{\infty} b_n x^{kn+l}$ $(0 \leqq l < k)$ において

$$r^k = \lim_{n \to \infty} \frac{1}{\sqrt[n]{|b_n|}} \quad \text{または} \quad r^k = \lim_{n \to \infty} \left| \frac{b_n}{b_{n+1}} \right| \quad (0 \leqq r \leqq \infty)$$

が存在するならば，ベキ級数の収束半径は r である．

例題 6.6 次のベキ級数の収束半径 r を求めよ．

（1）$\displaystyle\sum_{n=0}^{\infty} \frac{1}{4\sqrt{n}} x^n$ （2）$\displaystyle\sum_{n=1}^{\infty} \left(\frac{n+4}{n}\right)^{n^2} x^{2n}$

[解]（1）「ダランベールの収束判定法」を用いて収束半径 r を計算すると

$$r = \lim_{n \to \infty} \left| \frac{a_n}{a_{n+1}} \right| = \lim_{n \to \infty} \frac{4^{\sqrt{n+1}}}{4^{\sqrt{n}}} = \lim_{n \to \infty} 4^{\sqrt{n+1}-\sqrt{n}} = \lim_{n \to \infty} 4^{\frac{1}{\sqrt{n+1}+\sqrt{n}}} = 1.$$

（2）「コーシーの収束判定法」を用いて r^2 を計算すると

$$r^2 = \lim_{n \to \infty} \frac{1}{\sqrt[n]{|a_{2n}|}} = \lim_{n \to \infty} \left(\frac{n}{n+4}\right)^n = \lim_{n \to \infty} \frac{1}{\left(1+\frac{4}{n}\right)^n}$$

$$= \lim_{n \to \infty} \frac{1}{\left\{\left(1+\frac{4}{n}\right)^{\frac{n}{4}}\right\}^4} = \frac{1}{e^4} = \left(\frac{1}{e^2}\right)^2.$$

したがって，収束半径は $r = 1/e^2$ である． □

次に，ベキ級数の収束半径だけではなく，その収束範囲も調べることにする．

例題 6.7 次のベキ級数の収束範囲を求めよ．

$$\sum_{n=1}^{\infty} \frac{1}{n(2^n+1)} x^{2n+1}.$$

[解] $a_{2n+1} = \dfrac{1}{n(2^n+1)}$ とおく．$\sum_{n=1}^{\infty} a_{2n+1} x^{2n+1}$ の収束半径 r を「ダランベールの収束判定法」を用いて求めると

$$r^2 = \lim_{n\to\infty} \left|\frac{a_{2n+1}}{a_{2n+3}}\right| = \lim_{n\to\infty} \frac{(n+1)(2^{n+1}+1)}{n(2^n+1)} = 2 = (\sqrt{2})^2$$

であるから，このベキ級数は $|x| < \sqrt{2}$ の範囲において絶対収束し，$|x| > \sqrt{2}$ の範囲において発散する．そこで，$x = \pm\sqrt{2}$ における収束・発散を調べるために，級数

$$\sum_{n=1}^{\infty} \frac{(\pm\sqrt{2})^{2n+1}}{n(2^n+1)} = \pm \sum_{n=1}^{\infty} \frac{2^n \sqrt{2}}{n(2^n+1)}$$

と調和級数 $\sum_{n=1}^{\infty} \dfrac{1}{n}$ を比較する．明らかに

$$\frac{2^n \sqrt{2}}{n(2^n+1)} > \frac{1}{n} \quad (n \geqq 2)$$

をみたすので，調和級数が発散することと「比較判定法 I」により級数

$$\sum_{n=1}^{\infty} \frac{(\pm\sqrt{2})^{2n+1}}{2^n+1}$$

は $\pm\infty$ に発散する．したがって，与えられたベキ級数の収束範囲は $-\sqrt{2} < x < \sqrt{2}$ である． □

問題 6.6 次のベキ級数の収束範囲を求めよ．

(1) $\sum_{n=1}^{\infty} \left(\dfrac{n}{n+2}\right)^n x^n$ (2) $\sum_{n=1}^{\infty} \left(\sqrt{n^3+1} - \sqrt{n^3-1}\right) x^n$

[答] (1) $-1 < x < 1$ (2) $-1 \leqq x \leqq 1$

◆ **ベキ級数の基本性質**　ベキ級数 $\sum_{n=0}^{\infty} a_n x^n$ の収束半径を $r\,(0 < r \leqq \infty)$ とすると，このベキ級数は $|x| < r$ をみたすすべての x で和をもつ．したがって，ベキ級数 $\sum_{n=0}^{\infty} a_n x^n$ は $|x| < r$ において x を変数とするある関数を与える．その関数を $g(x)$ とすると，$g(x)$ は次のように表すことができる．

$$g(x) = a_0 + a_1 x + a_2 x^2 + \cdots + a_n x^n + \cdots \quad (|x| < r).$$

ベキ級数 $g(x) = \sum_{n=0}^{\infty} a_n x^n$ は $|x| < r$ において次の性質をみたす．

ベキ級数の連続性

収束半径が $r\,(0 < r \leqq \infty)$ のベキ級数 $g(x) = \sum_{n=0}^{\infty} a_n x^n$ は $|x| < r$ において連続である．しかも，ベキ級数 $\sum_{n=0}^{\infty} a_n x^n$ が $x = r, -r$ においてそれぞれ b, c に収束するならば

$$\lim_{x \to r-0} g(x) = b, \quad \lim_{x \to -r+0} g(x) = c.$$

ベキ級数の微分・積分可能性

収束半径が $r\,(0 < r \leqq \infty)$ のベキ級数 $g(x) = \sum_{n=0}^{\infty} a_n x^n$ は $|x| < r$ において微分および積分が可能で，その導関数 $g'(x)$ と原始関数 $G(x)$ は

$$g'(x) = \sum_{n=0}^{\infty} n a_n x^{n-1}, \quad G(x) = \sum_{n=0}^{\infty} \frac{a_n}{n+1} x^{n+1} + C$$

(C は定数) であり，ベキ級数 $g'(x), G(x)$ の収束半径も同じ r である．

「ベキ級数の微分・積分可能性」より，収束半径が $r\,(0 < r \leqq \infty)$ のベキ級数 $g(x) = \sum_{n=0}^{\infty} a_n x^n$ は $|x| < r$ において何回でも微分可能である．

§6.5 マクローリン展開

◆ **ベキ級数展開** 関数 $f(x)$ が $|x| < r$ $(0 < r \leqq \infty)$ において

$$f(x) = a_0 + a_1 x + a_2 x^2 + \cdots + a_n x^n + \cdots$$

とベキ級数で表すことができるとき，$f(x)$ は**ベキ級数展開可能**であるという．

ベキ級数展開の一意性

関数 $f(x)$ が $|x| < r$ $(0 < r \leqq \infty)$ においてベキ級数展開可能ならば，$f(x)$ は何回でも微分可能で

$$f(x) = f(0) + f'(0)x + \frac{f''(0)}{2}x^2 + \cdots + \frac{f^{(n)}(0)}{n!}x^n + \cdots$$

と一意的にベキ級数展開される．このベキ級数展開を関数 $f(x)$ の**マクローリン展開**という．

[証明] 関数 $f(x)$ が $|x| < r$ において

$$f(x) = a_0 + a_1 x + a_2 x^2 + \cdots + a_n x^n + \cdots$$

とベキ級数で表されたとする．ベキ級数 $f(x) = \sum_{n=0}^{\infty} a_n x^n$ は $|x| < r$ において何回でも微分可能であるから，両辺を n 回微分すると

$$f^{(n)}(x) = \sum_{k=n}^{\infty} n(n-1)\cdots(n-k+1) a_n x^{n-k}$$

となる．そこで，$x = 0$ を代入すると

$$f^{(n)}(0) = n! a_n \quad \text{すなわち} \quad a_n = \frac{f^{(n)}(0)}{n!}.$$

したがって，係数 a_n は一意的に定まる． □

§6.5 マクローリン展開

点 $x=0$ の近くで何回でも微分可能な関数 $f(x)$ に対して，ベキ級数

$$\sum_{n=0}^{\infty}\frac{f^{(n)}(0)}{n!}x^n = f(0) + f'(0)x + \frac{f''(0)}{2}x^2 + \cdots + \frac{f^{(n)}(0)}{n!}x^n + \cdots$$

を考える．このベキ級数の収束半径が $r\ (0 < r \leqq \infty)$ のとき

$$R_{n+1}(x) = f(x) - \sum_{k=0}^{n}\frac{f^{(k)}(0)}{k!}x^k \quad (|x| < r)$$

とおく．もし $|x| < r$ をみたすすべての x において $\lim_{n\to\infty} R_{n+1}(x) = 0$ が成り立つならば，ベキ級数 $\sum_{n=0}^{\infty}\frac{f^{(n)}(0)}{n!}x^n$ は関数 $f(x)$ に収束（一致）する．

マクローリン展開可能条件

ベキ級数 $\sum_{n=0}^{\infty}\frac{f^{(n)}(0)}{n!}x^n$ の収束半径を $r\ (0 < r \leqq \infty)$ とする．もし $|x| < r$ をみたすすべての x において

$$\lim_{n\to\infty} R_{n+1}(x) = f(x) - \lim_{n\to\infty}\sum_{k=0}^{n}\frac{f^{(k)}(0)}{k!}x^k = 0$$

が成り立つならば，関数 $f(x)$ は $|x| < r$ においてマクローリン展開可能である．

初等関数 e^x, $\sin x$, $\cos x$ はすべての x においてマクローリン展開可能であることが既に §3.4 で示されている．一方，関数 $\log(1+x)$, $\mathrm{Tan}^{-1}x$ に対しては次のように少し工夫をすればマクローリン展開できる．

例題 6.8 関数 $\log(1+x)$, $\mathrm{Tan}^{-1}x$ は次のようにマクローリン展開されることを示せ．

（1） $\log(1+x) = x - \dfrac{x^2}{2} + \dfrac{x^3}{3} - \cdots + (-1)^{n-1}\dfrac{x^n}{n} + \cdots$
$$(-1 < x \leqq 1)$$

（2） $\mathrm{Tan}^{-1}x = x - \dfrac{x^3}{3} + \dfrac{x^5}{5} - \cdots + (-1)^n\dfrac{x^{2n+1}}{2n+1} + \cdots$
$$(-1 \leqq x \leqq 1)$$

[解] $\log(1+x)$, $\text{Tan}^{-1} x$ から導かれるベキ級数の収束半径はともに $r=1$ である ($\text{Tan}^{-1} x$ については例題 2.6 を利用). $|x|<1$ の範囲において与えられる有理関数 $\dfrac{1}{1+x}$, $\dfrac{1}{1+x^2}$ のマクローリン展開式

$$\frac{1}{1+x} = 1 - x + x^2 - \cdots + (-1)^n x^n + \cdots,$$

$$\frac{1}{1+x^2} = 1 - x^2 + x^4 - \cdots + (-1)^n x^{2n} + \cdots$$

を積分すると，$|x|<1$ の範囲においてそれぞれ次のベキ級数展開が導かれる．

（1） $\log(1+x) = c_1 + x - \dfrac{x^2}{2} + \dfrac{x^3}{3} - \cdots + (-1)^{n-1} \dfrac{x^n}{n} + \cdots$

（2） $\text{Tan}^{-1} x = c_2 + x - \dfrac{x^3}{3} + \dfrac{x^5}{5} - \cdots + (-1)^n \dfrac{x^{2n+1}}{2n+1} + \cdots$

ただし，c_1, c_2 は定数である．上の式に $x=0$ を代入すると $\log 1 = \text{Tan}^{-1} 0 = 0$ であるから，$c_1 = c_2 = 0$ となる．しかも，$\log(1+x)$ の場合は例 6.4 より $x=1$ においてもベキ級数は収束し，$\text{Tan}^{-1} x$ の場合は「ライプニッツの収束条件」により $x = \pm 1$ においてもベキ級数は収束する．それゆえ，「ベキ級数の連続性」から関数 $\log(1+x)$ は $-1 < x \leqq 1$ の範囲で，また $\text{Tan}^{-1} x$ は $-1 \leqq x \leqq 1$ の範囲でそれぞれマクローリン展開可能である． □

▶**注意** 例題 6.8 で得られたマクローリン展開式に $x=1$ を代入すると，次の等式が得られることに注意しよう．

（1） $\log 2 = 1 - \dfrac{1}{2} + \dfrac{1}{3} - \cdots + (-1)^{n-1} \dfrac{1}{n} + \cdots$

（2） $\dfrac{\pi}{4} = 1 - \dfrac{1}{3} + \dfrac{1}{5} - \cdots + (-1)^n \dfrac{1}{2n+1} + \cdots$

◆ **一般二項定理** 有理関数 $\dfrac{1}{1+x}$ は $-1 < x < 1$ の範囲においてマクローリン展開可能であることが既に §3.4 で示されている．より一般に，実数 a に対して $(1+x)^a$ のマクローリン展開について考察すると，$(1+x)^a$ は良く知られた二項定理を一般化した次の形の展開式で与えられる．

一般二項定理

0 でも自然数でもない実数 a に対し，$(1+x)^a$ は $-1 < x < 1$ の範囲において次の形をしたマクローリン級数に展開できる．

$$(1+x)^a = \sum_{n=0}^{\infty} \binom{a}{n} x^n = 1 + ax + \frac{a(a-1)}{2}x^2 + \cdots$$
$$+ \frac{a(a-1)\cdots(a-n+1)}{n!}x^n + \cdots.$$

ただし，$\binom{a}{0} = 1$, $\binom{a}{n} = \dfrac{a(a-1)\cdots(a-n+1)}{n!}$ である．

[証明] $\sum_{n=0}^{\infty} \binom{a}{n} x^n$ の収束半径 r を「ダランベールの収束判定法」を用いて求めると

$$r = \lim_{n \to \infty} \frac{\left|\binom{a}{n}\right|}{\left|\binom{a}{n+1}\right|} = \lim_{n \to \infty} \frac{|a(a-1)\cdots(a-n+1)|(n+1)!}{n!|a(a-1)\cdots(a-n)|}$$
$$= \lim_{n \to \infty} \frac{n+1}{|a-n|} = 1$$

である．そこで，$|x| < 1$ において定義されたベキ級数 $g(x) = \sum_{n=0}^{\infty} \binom{a}{n} x^n$ を微分して，両辺に $1+x$ を掛けると

$$(1+x)g'(x) = (1+x) \sum_{n=1}^{\infty} n \binom{a}{n} x^{n-1}$$
$$= \sum_{n=1}^{\infty} n \binom{a}{n} x^{n-1} + \sum_{n=1}^{\infty} n \binom{a}{n} x^n$$
$$= \sum_{n=0}^{\infty} \left\{ (n+1)\binom{a}{n+1} + n\binom{a}{n} \right\} x^n = \sum_{n=0}^{\infty} a \binom{a}{n} x^n = ag(x)$$

が得られる．この計算において，次の関係式

$$(n+1)\binom{a}{n+1} + n\binom{a}{n} = \frac{a(a-1)\cdots(a-n+1)(a-n)}{n!} + n\binom{a}{n}$$

$$= (a-n)\binom{a}{n} + n\binom{a}{n} = a\binom{a}{n}$$

を用いた．この結果，関数 $\dfrac{g(x)}{(1+x)^a}$ の微分は

$$\left\{\frac{g(x)}{(1+x)^a}\right\}' = \frac{(1+x)g'(x) - ag(x)}{(1+x)^{a+1}} = 0$$

となるので，関数 $\dfrac{g(x)}{(1+x)^a}$ は定値関数である．$\dfrac{g(x)}{(1+x)^a} = c$ (c は定数) とおいて，$x=0$ を代入すると $c = g(0) = 1$ が導かれる．したがって，$(1+x)^a$ は $-1 < x < 1$ の範囲において

$$(1+x)^a = g(x) = \sum_{n=0}^{\infty} \binom{a}{n} x^n$$

とマクローリン展開可能である． □

◆ **高次微分係数** 関数 $f(x)$ が $|x| < r$ $(0 < r \leqq \infty)$ において

$$f(x) = a_0 + a_1 x + a_2 x^2 + \cdots + a_n x^n + \cdots$$

とベキ級数展開されているとき，その係数 a_n は $a_n = \dfrac{f^{(n)}(0)}{n!}$ と一意的に与えられる．したがって，関数 $f(x)$ の点 $x=0$ における第 n 次微分係数 $f^{(n)}(0)$ は，ベキ級数展開式の係数 a_n を用いると

$$f^{(n)}(0) = a_n n!$$

と表される．

例題 6.9 次の関数 $f(x)$ のマクローリン展開式を利用して第 n 次微分係数 $f^{(n)}(0)$ を求めよ．

$$f(x) = x^2 \log(1+x).$$

[解] 対数関数 $\log(1+x)$ のマクローリン展開式を利用して，関数 $f(x) = x^2 \log(1+x)$ のベキ級数展開式を求めると，$-1 < x \leqq 1$ において

$$x^2 \log(1+x) = x^2 \left\{ x - \frac{x^2}{2} + \frac{x^3}{3} - \cdots + (-1)^{m-1} \frac{x^m}{m} + \cdots \right\}$$

$$= x^3 - \frac{x^4}{2} + \frac{x^5}{3} - \cdots + (-1)^{m-1} \frac{x^{m+2}}{m} + \cdots$$

が得られる．一方，関数 $f(x)$ のマクローリン展開式は

$$f(x) = \sum_{n=0}^{\infty} \frac{f^{(n)}(0)}{n!} x^n$$

の形で一意的に与えられるので，ベキ級数の係数を比較すると

$$f'(0) = f''(0) = 0, \quad f^{(n)}(0) = (-1)^{n-1} \frac{n!}{n-2} \quad (n \geqq 3). \qquad \square$$

問題 6.7 次の関数 $f(x)$ のマクローリン展開式を利用して微分係数 $f^{(n)}(0)$ を求めよ．

(1) $f(x) = (1+x)e^{x^2}$ (2) $f(x) = (1+x^2)\mathrm{Tan}^{-1} x$

[答] (1) $f^{(2m)}(0) = \dfrac{(2m)!}{m!}$, $f^{(2m+1)}(0) = \dfrac{(2m+1)!}{m!}$ $(m \geqq 0)$

(2) $f'(0) = 1$, $f^{(2m)}(0) = 0$, $f^{(2m+1)}(0) = (-1)^{m-1} 4m\{(2m-2)!\}$ $(m \geqq 1)$

演 習 問 題

6.1 「無限広義積分による収束判定法」を用いて，次の正項級数の収束・発散を調べよ．ただし，$k > 0$ は定数である．

(1) $\displaystyle\sum_{n=1}^{\infty} \frac{\log n}{n^{k+1}}$ (2) $\displaystyle\sum_{n=2}^{\infty} \frac{1}{n(\log n)^k}$

6.2 「コーシーの収束判定法」を用いて，次の正項級数の収束・発散を調べよ．ただし，$a > 0$, $b > 0$, $k > 0$, $l > 0$ は定数である．

(1) $\displaystyle\sum_{n=1}^{\infty} \left(\frac{\log n}{\sqrt{n+1}} \right)^n$ (2) $\displaystyle\sum_{n=1}^{\infty} \left(\frac{n-1}{n} \right)^{n^2}$

(3) $\displaystyle\sum_{n=1}^{\infty} \left(\frac{n}{n+2} \right)^{n^2} 6^n$ (4) $\displaystyle\sum_{n=1}^{\infty} \left(\frac{n^k}{n^k+1} \right)^{n^{k+l+1}}$

(5) $\displaystyle\sum_{n=1}^{\infty} n\left(\frac{n}{n+1}\right)^{n^2}$ (6) $\displaystyle\sum_{n=1}^{\infty} \frac{1}{2^n n}\left(\frac{n+1}{n}\right)^{n^2}$

(7) $\displaystyle\sum_{n=1}^{\infty}\left(\frac{n+b}{an}\right)^n$ (8) $\displaystyle\sum_{n=1}^{\infty} a^{n^2} b^n$

6.3 「ダランベールの収束判定法」を用いて，次の正項級数の収束・発散を調べよ．ただし，$a>0, b>0, c>0, k>0$ は定数である．

(1) $\displaystyle\sum_{n=1}^{\infty} \frac{n^k}{n!}$ (2) $\displaystyle\sum_{n=1}^{\infty} \frac{\log n}{e^n}$ (3) $\displaystyle\sum_{n=1}^{\infty} \frac{n!}{n^n}$

(4) $\displaystyle\sum_{n=1}^{\infty} \frac{\{(n+1)!\}^2}{(2n)!}$ (5) $\displaystyle\sum_{n=1}^{\infty} n\sin\frac{\pi}{2^n}$ (6) $\displaystyle\sum_{n=1}^{\infty} \frac{c^n}{n^k}$

(7) $\displaystyle\sum_{n=1}^{\infty} \frac{(a+1)(2a+1)\cdots(na+1)}{(b+1)(2b+1)\cdots(nb+1)}$ (8) $\displaystyle\sum_{n=1}^{\infty} \frac{c^n}{c^{2n}+1}$

6.4 次の交項級数の収束性，および絶対収束性を調べよ．

(1) $\displaystyle\sum_{n=1}^{\infty} \frac{(-1)^n}{\sqrt[n]{n}}$ (2) $\displaystyle\sum_{n=2}^{\infty} (-1)^n \frac{n-1}{(\log n)^n}$

(3) $\displaystyle\sum_{n=1}^{\infty} (-1)^n \left(1-\frac{1}{\sqrt{n+1}}\right)^{n\sqrt{n}}$ (4) $\displaystyle\sum_{n=1}^{\infty} (-1)^n \frac{\cos\frac{\pi}{2n}}{n^2+1}$

(5) $\displaystyle\sum_{n=1}^{\infty} (-1)^n \frac{\sqrt{n+2}-\sqrt{n}}{n}$ (6) $\displaystyle\sum_{n=2}^{\infty} (-1)^n \frac{\log n}{n}$

(7) $\displaystyle\sum_{n=1}^{\infty} \frac{(-1)^n}{\sqrt{n}} \sin\frac{1}{n}$ (8) $\displaystyle\sum_{n=1}^{\infty} (-1)^n \mathrm{Tan}^{-1}\frac{1}{n}$

6.5 次のベキ級数の収束半径を求めよ．

(1) $\displaystyle\sum_{n=1}^{\infty} \left(\frac{n}{n^2+2}\right)^n x^n$ (2) $\displaystyle\sum_{n=1}^{\infty} \frac{n!}{(n+1)^n} x^{2n+1}$

(3) $\displaystyle\sum_{n=0}^{\infty} \frac{2^{n^2}}{(n+1)!} x^n$ (4) $\displaystyle\sum_{n=1}^{\infty} \frac{(3n)!}{(n!)^3} x^{3n}$

6.6 次のベキ級数の収束半径を求め，さらにその収束範囲を調べよ．ただし，$k > 0$ は定数である．

(1) $\displaystyle\sum_{n=1}^{\infty} n^k x^n$

(2) $\displaystyle\sum_{n=0}^{\infty} \frac{1}{n^k+1} x^n$

(3) $\displaystyle\sum_{n=0}^{\infty} \frac{2^n}{2n+1} x^{2n+1}$

(4) $\displaystyle\sum_{n=0}^{\infty} \frac{1}{\sqrt{n^3-n+1}} x^n$

(5) $\displaystyle\sum_{n=1}^{\infty} \frac{\sqrt{2n}-\sqrt{n-1}}{n} x^n$

(6) $\displaystyle\sum_{n=1}^{\infty} \frac{\log n}{n^2+1} x^n$

(7) $\displaystyle\sum_{n=1}^{\infty} \left(\tan \frac{n+1}{3^n}\right) x^{2n}$

(8) $\displaystyle\sum_{n=1}^{\infty} \left(\frac{1}{n} \cos \frac{1}{n}\right) x^n$

6.7 次の関数 $f(x)$ のマクローリン展開式を利用して微分係数 $f^{(n)}(0)$ を求めよ．

(1) $f(x) = (1+x^2)e^{-x}$

(2) $f(x) = x\log(1+2x)$

(3) $f(x) = (2+x^2)\sin x$

(4) $f(x) = (1-x^2)\operatorname{Tan}^{-1} 2x^2$

(5) $f(x) = \dfrac{3x+1}{2x^2+3x+1}$

(6) $f(x) = \dfrac{1+x}{1+x+x^2}$

6.8 $-1 < x < 1$ の範囲で与えられた次のベキ級数を「ベキ級数の微分・積分可能性」を利用して初等関数で表せ．

(1) $\displaystyle\sum_{n=1}^{\infty} nx^n$

(2) $\displaystyle\sum_{n=1}^{\infty} \frac{1}{n} x^n$

(3) $\displaystyle\sum_{n=1}^{\infty} n^2 x^n$

(4) $\displaystyle\sum_{n=2}^{\infty} \frac{1}{n(n-1)} x^n$

第7章
偏微分法

§7.1 2変数関数

◆**2変数関数と曲面** 2つの実数 x, y の組 (x, y) 全体の集合を $\mathbb{R}^2$ で表し，D を $\mathbb{R}^2$ の部分集合とする．D に属する各点 (x, y) に対して実数 z が**ただ1つ定まる**とき，その対応 f を D 上で定義された**2変数関数**といい

$$f : D \to \mathbb{R} \quad \text{または} \quad z = f(x, y) \quad ((x, y) \in D)$$

と表す．このとき，D を関数 $z = f(x, y)$ の**定義域**といい，D に属するすべての点 (x, y) に対して定まる $f(x, y)$ の全体からなる集合

$$f(D) = \{f(x, y) \in \mathbb{R} \mid (x, y) \in D\}$$

を関数 $z = f(x, y)$ の**値域**という．集合 $f(D)$ は f による D の**像**とよばれる．また，x, y を**独立変数**，z を**従属変数**という．

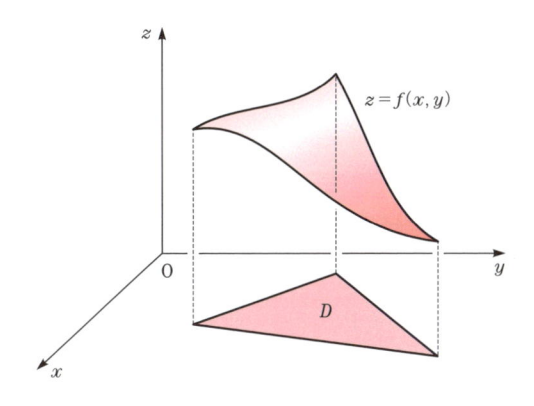

一般に，D を定義域とする 2 変数関数 $f(x, y)$ から得られる集合

$$E = \{(x, y, f(x, y)) \mid (x, y) \in D\}$$

は xyz 空間 $\mathbb{R}^3$ において，D に対応した曲面などで表される．例えば

$$\pi = \{(x, y, p(x-a) + q(y-b) + c) \mid (x, y) \in \mathbb{R}^2\}$$

は点 (a, b, c) を通り，平面 $y = b$ 上の直線 $z = p(x-a) + c$ と平面 $x = a$ 上の直線 $z = q(y-b) + c$ で張られる平面である．

 2 変数関数 $z = f(x, y)$ が描く曲面を xy 平面に垂直な曲面で切り取ると，その切り口の図形は一般に曲線になる．例えば，xz 平面 $y = 0$ による切り口の図形は曲線 $z = f(x, 0)$ であり，yz 平面 $x = 0$ による切り口の図形は曲線 $z = f(0, y)$ である．また，一般の方程式 $y = \phi(x)$ で表される xy 平面に垂直な曲面による切り口の図形は曲線 $z = f(x, \phi(x))$ である．

◆ **極限**　2 変数関数 $z = f(x, y)$ において，$(x, y) \neq (a, b)$ の条件を保ちながら xy 平面の任意の点 $\mathrm{P}(x, y)$ をある定点 $\mathrm{A}(a, b)$ に限りなく近づけるとき，どのような近づけ方をしてもその近づけ方によらずに $f(x, y)$ の値が一定の有限値 α に限りなく近づくならば

$$\lim_{(x, y) \to (a, b)} f(x, y) = \alpha$$

と表し，関数 $f(x, y)$ は点 $\mathrm{P}(x, y)$ が点 $\mathrm{A}(a, b)$ に近づくとき**極限値 α に収束する**という．点 $\mathrm{P}(x, y)$ を点 $\mathrm{A}(a, b)$ に限りなく近づけることは，線分 AP の長さ r を 0 に限りなく近づけることに他ならない．そこで，線分 AP が x 軸の正方向と反時計回りになす角 θ を用いて x, y を $x = a + r\cos\theta$,

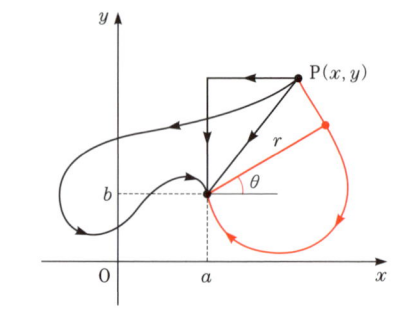

$y = b + r\sin\theta$ と表すと，点 $\mathrm{P}(x, y)$ が点 $\mathrm{A}(a, b)$ に近づくとき関数 $f(x, y)$ が極限値をもつことは

$$\lim_{r \to 0} f(a + r\cos\theta, b + r\sin\theta)$$

が θ によらない有限確定値をもつことと同値である．なお，一般に θ の値は r が 0 に近づくに従って変化するので注意が必要である．

例題 7.1 原点を除いた xy 平面上のすべての点で定義された次の関数の原点における極限を調べよ．

（1） $\dfrac{xy}{\sqrt{x^2 + y^2}}$ （2） $\dfrac{xy}{x^2 + y^2}$

[解]（1） $x = r\cos\theta,\ y = r\sin\theta$ とおくと (ただし，θ は r に依存している)

$$\lim_{(x,y)\to(0,0)} \frac{xy}{\sqrt{x^2 + y^2}} = \lim_{r\to 0} \frac{r^2 \cos\theta \sin\theta}{r} = \frac{1}{2} \lim_{r\to 0} (r \sin 2\theta)$$

となる．$-1 \leqq \sin 2\theta \leqq 1$ であるから，挟み撃ちの原理を用いると

$$0 = \lim_{r \to 0}(-r) \leqq \lim_{r \to 0}(r\sin 2\theta) \leqq \lim_{r \to 0} r = 0$$

が成り立つので

$$\lim_{(x,y)\to(0,0)} \frac{xy}{\sqrt{x^2 + y^2}} = 0$$

である．

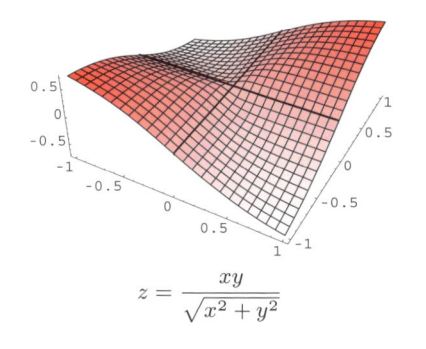

$z = \dfrac{xy}{\sqrt{x^2 + y^2}}$

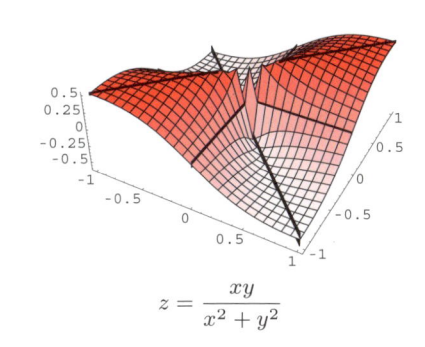

$z = \dfrac{xy}{x^2 + y^2}$

（2） $x = r\cos\theta,\ y = r\sin\theta$ とおくと（ただし，θ は r に依存している）

$$\lim_{(x,y)\to(0,0)} \frac{xy}{x^2+y^2} = \lim_{r\to 0} \frac{r^2\cos\theta\sin\theta}{r^2} = \frac{1}{2}\lim_{r\to 0}\sin 2\theta$$

となり，この値は θ のとり方によって（例えば，$\theta = 0, \pi/4$ をとれば）異なる．したがって，極限値 $\displaystyle\lim_{(x,y)\to(0,0)} \frac{xy}{x^2+y^2}$ は存在しない．実際

$$\lim_{x\to 0}\lim_{y\to mx} \frac{xy}{x^2+y^2} = \lim_{x\to 0}\frac{mx^2}{(1+m^2)x^2} = \frac{m}{1+m^2}$$

となり，この値は m のとり方によって（例えば，$m = 0, 1$ をとれば）異なる． □

問題 7.1 次の関数の原点における極限を調べよ．

（1） $\dfrac{x^3 - 3xy}{x^2 + y^2}$ （2） $\dfrac{2x^3 - y^3}{4x^2 + y^2}$ （3） $\dfrac{xy^2}{x^2 + y^4}$

[答]　（1） 存在しない　（2） 0　（3） 存在しない

◆ **連続関数**　D 上で定義されている 2 変数関数 $f(x,y)$ が D に属する点 (a,b) において

$$\lim_{(x,y)\to(a,b)} f(x,y) = f(a,b)$$

をみたすとき，関数 $f(x,y)$ は点 (a,b) で**連続**であるという．さらに，関数 $f(x,y)$ が定義域 D に属するすべての点 (a,b) で連続であるとき，単に関数 $f(x,y)$ は（D 上で）連続であるという．点 (a,b) を除いた点で定義されている関数 $f(x,y)$ が点 (a,b) で極限値

$$\lim_{(x,y)\to(a,b)} f(x,y) = \alpha$$

をもつとき，関数 $f(x,y)$ を点 (a,b) において $f(a,b) = \alpha$ と定義して拡張すれば，この拡張された関数は点 (a,b) で連続になる．一方，関数 $f(x,y)$ が点 (a,b) で極限値をもたないならば，この関数は点 (a,b) で連続な関数に拡張することはできない．

例 7.1 例題 7.1 で与えられた 2 つの関数のうち $\dfrac{xy}{\sqrt{x^2+y^2}}$ は $f(0,0)=0$ とおけば原点において連続な関数に拡張できる．しかし，$\dfrac{xy}{x^2+y^2}$ は原点において連続な関数には拡張できない． ◇

$\mathbb{R}^2$ の部分集合 D に属する点 P に対し，点 P を含む（十分小さな）開円板を D 内にとることができるならば，点 P を集合 D の**内点**という．集合 D のすべての点 P が内点であるとき D を**開集合**といい，集合 D の補集合 $D^c = \mathbb{R}^2 - D$ が開集合のとき D を**閉集合**という．

また，集合 D に属する任意の 2 点 P, Q が D 内を通る適当な連続曲線で結べるとき D を**領域**といい，特に領域 D が開集合または閉集合のとき**開領域**または**閉領域**という．さらに，集合 D に対して D を含む円 K が存在するとき，D は**有界**であるという．

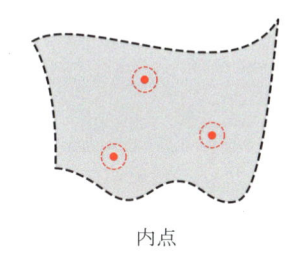

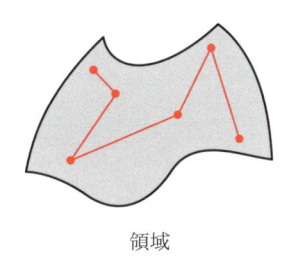

ここで簡単な例とその図（次ページ）を幾つか挙げることにする．

例 7.2 （1） $\{(x,y) \mid x^2+y^2 < 1\}$ は有界な開領域である．

（2） $\{(x,y) \mid 1 \leqq x^2+y^2 \leqq 4\}$ は有界な閉領域である．

（3） $\{(x,y) \mid x^2 < y\}$ は有界でない開領域である．

（4） $\{(x,y) \mid x^2+y^2 \geqq 1\}$ は有界でない閉領域である．

（5） $\{(x,y) \mid x^2+2y^2 = 2\}$ は有界な閉領域である．

（6） $\{(x,y) \mid y^2-x^2 = 1\}$ は有界でない閉集合であるが，領域ではない．

(1) $x^2 + y^2 < 1$

(2) $1 \leqq x^2 + y^2 \leqq 4$

(3) $x^2 < y$

(4) $x^2 + y^2 \geqq 1$

(5) $x^2 + 2y^2 = 2$

(6) $y^2 - x^2 = 1$

◇

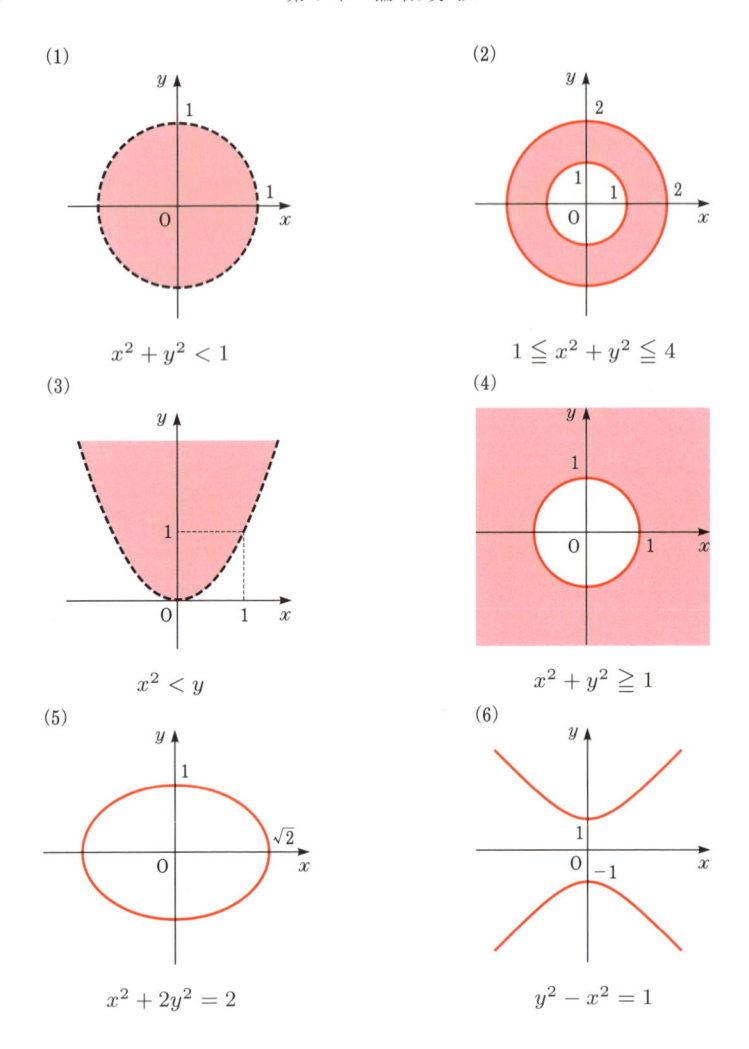

　有界な閉領域上で定義された連続な 2 変数関数については，1 変数の場合と同様に次の最大値と最小値に関する定理が成り立つ．

最大値・最小値の定理

　2 変数関数 $f(x, y)$ が有界な閉領域 D 上で連続ならば，関数 $f(x, y)$ は最大値 M と最小値 m をもつ．

§7.2 偏微分

◆ **偏微分係数** D 上で定義されている2変数関数 $z = f(x, y)$ が描く曲面を D 上の点 (a, b) を通り y 軸および x 軸に垂直な平面で切り取ると，それらの切り口はそれぞれ

$$z = f(x, b), \quad z = f(a, y)$$

で与えられる曲線である．これらはそれぞれ x と y についての1変数関数であるから，次のように *x 方向のみ，y 方向のみに偏った微分* を考えることができる．

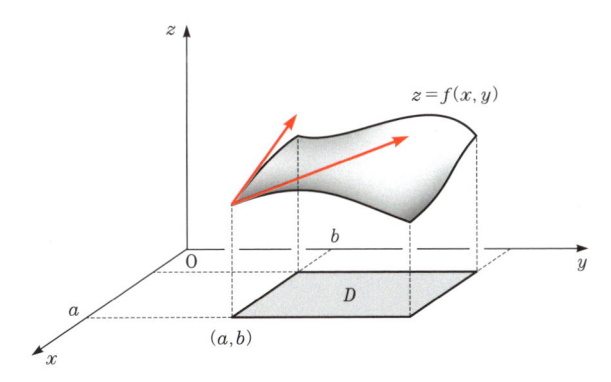

D 上で定義されている2変数関数 $f(x, y)$ が D に属する点 (a, b) において，極限値

$$f_x(a, b) = \lim_{h \to 0} \frac{f(a+h, b) - f(a, b)}{h}$$

をもつとき，関数 $f(x, y)$ は点 (a, b) において **x に関して偏微分可能**であるという．また，極限値

$$f_y(a, b) = \lim_{k \to 0} \frac{f(a, b+k) - f(a, b)}{k}$$

をもつとき，関数 $f(x, y)$ は点 (a, b) において **y に関して偏微分可能**であるという．このとき，これらの極限値 $f_x(a, b)$, $f_y(a, b)$ をそれぞれ $f(x, y)$ の **x に関する偏微分係数，y に関する偏微分係数**という．

x または y に関する偏微分

(i) 2変数関数 $f(x, y)$ が点 (a, b) において x に関して偏微分可能であるとは，$y = b$ を固定して $f(x, b)$ を1変数 x のみの関数と考えたとき，この関数 $f(x, b)$ が点 $x = a$ で微分可能となることである．

(ii) 2変数関数 $f(x, y)$ が点 (a, b) において y に関して偏微分可能であるとは，$x = a$ を固定して $f(a, y)$ を1変数 y のみの関数と考えたとき，この関数 $f(a, y)$ が点 $y = b$ で微分可能となることである．

◆ **偏導関数** 2変数関数 $z = f(x, y)$ が開領域 D の各点で，x または y に関して偏微分可能であるとする．このとき，D 上の任意の点 (a, b) に対して，x に関する偏微分係数 $f_x(a, b)$ または y に関する偏微分係数 $f_y(a, b)$ を対応させると D 上の関数が得られる．これらの関数をそれぞれ **x に関する偏導関数**，**y に関する偏導関数** といい，次の記号で表す．

$$f_x = z_x = \frac{\partial f}{\partial x} = \frac{\partial z}{\partial x}, \quad f_y = z_y = \frac{\partial f}{\partial y} = \frac{\partial z}{\partial y}.$$

偏導関数の求め方

2変数関数 $f(x, y)$ の偏導関数 $f_x(x, y)$ を求めるためには，関数 $f(x, y)$ において y を定数とみなして $f(x, y)$ を x の関数として微分すればよい．また，偏導関数 $f_y(x, y)$ を求めるためには，関数 $f(x, y)$ において x を定数とみなして $f(x, y)$ を y の関数として微分すればよい．

例題 7.2 2変数関数 $f(x, y) = xy(ax^2 + by^2 - 1)$ の偏導関数 $f_x(x, y)$, $f_y(x, y)$ を求めよ．ただし，a と b は定数とする．

[解] $f(x, y) = xy(ax^2 + by^2 - 1) = ax^3y + bxy^3 - xy$ を x, y で偏微分すると

$$f_x(x, y) = y(3ax^2 + by^2 - 1), \quad f_y(x, y) = x(ax^2 + 3by^2 - 1). \qquad \square$$

§7.2 偏微分

問題 7.2 次の関数 $f(x, y)$ の偏導関数 $f_x(x, y)$, $f_y(x, y)$ を求めよ．

(1) $f(x, y) = \log(x^2 - 2xy + 3y^2)$

(2) $f(x, y) = (3x^2 + y^2)e^{-(x^2+2y^2)}$

(3) $f(x, y) = e^{x-2y}\cos(x^2 + 4xy)$

(4) $f(x, y) = \mathrm{Tan}^{-1}\dfrac{y}{x}$

[答] (1) $f_x(x, y) = \dfrac{2(x-y)}{x^2 - 2xy + 3y^2}$, $f_y(x, y) = \dfrac{2(3y-x)}{x^2 - 2xy + 3y^2}$

(2) $f_x(x, y) = 2x(3 - 3x^2 - y^2)e^{-(x^2+2y^2)}$,

$f_y(x, y) = 2y(1 - 6x^2 - 2y^2)e^{-(x^2+2y^2)}$

(3) $f_x(x, y) = e^{x-2y}\{\cos(x^2 + 4xy) - 2(x + 2y)\sin(x^2 + 4xy)\}$,

$f_y(x, y) = -2e^{x-2y}\{\cos(x^2 + 4xy) + 2x\sin(x^2 + 4xy)\}$

(4) $f_x(x, y) = -\dfrac{y}{x^2 + y^2}$, $f_y(x, y) = \dfrac{x}{x^2 + y^2}$

1 変数関数は微分可能であれば常に連続である．しかし，2 変数関数は偏微分可能であっても必ずしも連続とは限らない．

例題 7.3 次の関数 $f(x, y)$ は原点で連続ではないが，偏微分可能である．

$$f(x, y) = \begin{cases} \dfrac{xy}{x^2 + y^2} & ((x, y) \neq (0, 0) \text{ のとき}), \\ 0 & ((x, y) = (0, 0) \text{ のとき}). \end{cases}$$

[解] 例 7.1 で既に確かめたように，関数 $f(x, y)$ は原点において連続ではない．ところが，定義に基づいて原点における偏微分係数を求めると

$$f_x(0, 0) = \lim_{h \to 0} \frac{f(h, 0) - f(0, 0)}{h} = \lim_{h \to 0} \frac{0}{h} = 0,$$
$$f_y(0, 0) = \lim_{k \to 0} \frac{f(0, k) - f(0, 0)}{k} = \lim_{k \to 0} \frac{0}{k} = 0$$

となるので，関数 $f(x, y)$ は原点において偏微分可能である． □

§7.3 全微分

◆ **全微分可能性** 2変数関数 $f(x, y)$ は開領域 D 上の点 $A(a, b)$ において偏微分可能であるとする．このとき，関数 $z = f(x, y)$ が描く曲面 S を点 $A(a, b)$ を通り y 軸および x 軸に垂直な平面で切り取ると，それらの切り口が表す曲線 $C_1 : z = f(x, b)$ および $C_2 : z = f(a, y)$ は点 $P(a, b, f(a, b))$ において接線 l_1, l_2 をもつ．点 P における接線 l_1, l_2 の方程式はそれぞれ

$$l_1 : z - f(a, b) = f_x(a, b)(x - a), \quad y = b,$$

$$l_2 : z - f(a, b) = f_y(a, b)(y - b), \quad x = a$$

と表されるので，これら 2 本の接線 l_1, l_2 を含む平面 π の方程式は

$$\pi : z - f(a, b) = f_x(a, b)(x - a) + f_y(a, b)(y - b)$$

で与えられる．

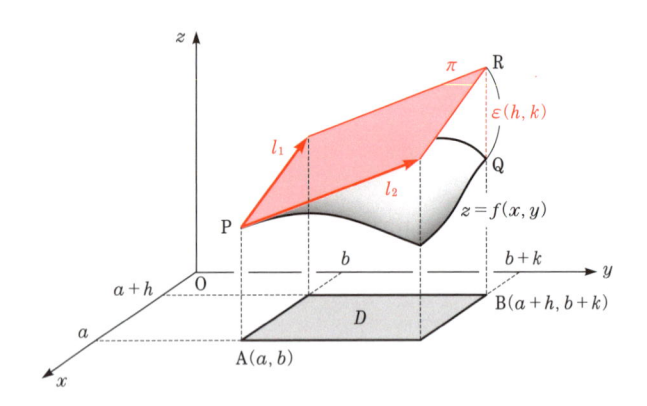

D 上で定義されている 2 変数関数 $f(x, y)$ が D に属する点 $A(a, b)$ において偏微分可能であるとき

$$\varepsilon(h, k) = f(a + h, b + k) - f(a, b) - f_x(a, b)h - f_y(a, b)k$$

とおく．関数 $f(x, y)$ は x および y に関して偏微分可能であるから

$$\lim_{h \to 0} \frac{\varepsilon(h, 0)}{h} = \lim_{h \to 0} \frac{f(a+h, b) - f(a, b)}{h} - f_x(a, b) = 0,$$

$$\lim_{k \to 0} \frac{\varepsilon(0, k)}{k} = \lim_{k \to 0} \frac{f(a, b+k) - f(a, b)}{k} - f_y(a, b) = 0$$

が成り立つ．ここで，x 方向および y 方向のみに限定せず，すべての方向について，2 点 $A(a, b)$, $B(a+h, b+k)$ 間の距離 $\sqrt{h^2 + k^2}$ に対して

$$\lim_{(h, k) \to (0, 0)} \frac{\varepsilon(h, k)}{\sqrt{h^2 + k^2}} = 0$$

が成り立つならば，関数 $f(x, y)$ は点 $A(a, b)$ で**全微分可能**であるという．

上で導入された $\varepsilon(h, k)$ は点 $B(a+h, b+k)$ に対応する曲面 S 上の点 Q と 2 つの接線 l_1, l_2 を含む平面 π 上の点 R との段差を表している．したがって，2 変数関数 $z = f(x, y)$ が点 $A(a, b)$ で全微分可能であることを幾何学的にいい換えれば，関数 $z = f(x, y)$ が描く曲面 S は点 $P(a, b, f(a, b))$ の十分近くにおいては 2 つの接線 l_1, l_2 を含む平面 π によって近似できるということである．

例題 7.4 例題 7.3 で与えられた関数 $f(x, y)$ は原点において全微分可能ではないことを示せ．

[解] 例題 7.3 の関数 $f(x, y)$ は偏微分可能で，原点における偏微分係数は $f_x(0, 0) = f_y(0, 0) = 0$ であるから

$$\varepsilon(h, k) = f(h, k) - f(0, 0) - f_x(0, 0)h - f_y(0, 0)k = \frac{hk}{h^2 + k^2}$$

となる．このとき，極限値

$$\lim_{(h, k) \to (0, 0)} \frac{\varepsilon(h, k)}{\sqrt{h^2 + k^2}} = \lim_{(h, k) \to (0, 0)} \frac{hk}{(h^2 + k^2)^{\frac{3}{2}}}$$

は存在しないので，この関数 $f(x, y)$ は原点において全微分可能ではない． □

実は，例題 7.4 で与えられた関数 $f(x, y)$ は原点において連続ではないので，例題 7.4 で示された $f(x, y)$ の全微分不可能性は次の「全微分可能必要条件」を適用すれば直ちに得られる．

全微分可能必要条件

関数 $f(x, y)$ が点 (a, b) において全微分可能ならば，$f(x, y)$ は点 (a, b) において（偏微分可能でかつ）連続である．

[証明] 関数 $f(x, y)$ が点 (a, b) において全微分可能であるとき

$$\lim_{(h, k) \to (0, 0)} f(a+h, b+k)$$
$$= \lim_{(h, k) \to (0, 0)} \{f(a, b) + f_x(a, b)h + f_y(a, b)k + \varepsilon(h, k)\}$$
$$= f(a, b) + \lim_{(h, k) \to (0, 0)} \left\{ \frac{\varepsilon(h, k)}{\sqrt{h^2 + k^2}} \sqrt{h^2 + k^2} \right\} = f(a, b)$$

となる．したがって，関数 $f(x, y)$ は点 (a, b) において連続である． □

例題 7.5 次の関数 $f(x, y)$ は原点において連続で，かつ偏微分可能であるが，原点において全微分可能ではないことを示せ．

$$f(x, y) = \begin{cases} \dfrac{xy}{\sqrt{x^2 + y^2}} & ((x, y) \neq (0, 0) \text{ のとき}), \\ 0 & ((x, y) = (0, 0) \text{ のとき}). \end{cases}$$

[解] 例 7.1 において既に確かめたように，与えられた関数 $f(x, y)$ は原点において連続である．関数 $f(x, y)$ は原点において全微分可能ではないことを定義に基づいて確かめる．

関数 $f(x, y)$ の原点における偏微分係数は $f_x(0, 0) = f_y(0, 0) = 0$ であるから

$$\varepsilon(h, k) = f(h, k) - f(0, 0)$$
$$- f_x(0, 0)h - f_y(0, 0)k$$
$$= \frac{hk}{\sqrt{h^2 + k^2}}$$

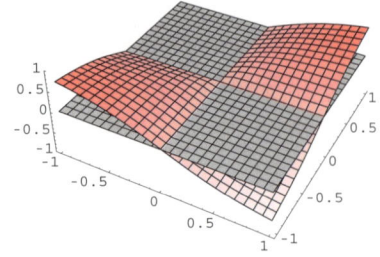

となる．ところが，例題 7.1（2）で既に調べたように，極限値
$$\lim_{(h,k)\to(0,0)} \frac{\varepsilon(h,k)}{\sqrt{h^2+k^2}} = \lim_{(h,k)\to(0,0)} \frac{hk}{h^2+k^2}$$
は存在しないので，関数 $f(x,y)$ は原点において全微分可能ではない． □

▶**注意** 例題 7.5 で示したように，「全微分可能必要条件」の逆は成り立たない．すなわち，連続でかつ偏微分可能であっても，必ずしも全微分可能とは限らない．

問題 7.3 次の関数 $f(x,y)$ が原点において全微分可能であるかどうかを全微分の定義に基づいて調べよ．ただし，（2）は「平均値の定理」を利用すること．

（1） $f(x,y) = \begin{cases} \dfrac{2x^3 - y^3}{4x^2 + y^2} & ((x,y) \neq (0,0) \text{ のとき}), \\ 0 & ((x,y) = (0,0) \text{ のとき}) \end{cases}$

（2） $f(x,y) = x(y+1)e^x$

[答]（1） 全微分可能ではない （2） 全微分可能

◆ **偏導関数の連続性** 偏導関数の連続性について調べるとともに，全微分可能性との関連について考察する．

例題 7.6 例題 7.3 および例題 7.5 で与えられた関数 $f(x,y)$ の偏導関数 $f_x(x,y)$, $f_y(x,y)$ はともに原点において連続ではないことを示せ．

[解] 例題 7.5 の関数の偏導関数 $f_x(x,y)$, $f_y(x,y)$ は，$(x,y) \neq (0,0)$ のとき
$$f_x(x,y) = \frac{y^3}{(x^2+y^2)^{\frac{3}{2}}}, \quad f_y(x,y) = \frac{x^3}{(x^2+y^2)^{\frac{3}{2}}}$$
で与えられる．それゆえ，極限値
$$\lim_{y\to\pm 0}\lim_{x\to 0} f_x(x,y) = \lim_{y\to\pm 0}\frac{y^3}{|y|^3} = \pm 1,$$
$$\lim_{x\to\pm 0}\lim_{y\to 0} f_y(x,y) = \lim_{x\to\pm 0}\frac{x^3}{|x|^3} = \pm 1$$
はそれぞれ $f_x(0,0) = 0$, $f_y(0,0) = 0$ と異なる．したがって，偏導関数 $f_x(x,y)$, $f_y(x,y)$ は共に原点において連続ではない．

例題 7.3 の関数 $f(x,y)$ についても同様に示されるので，各自の演習に任せる． □

実は，例題 7.3 および 7.5 で与えられた関数 $f(x, y)$ は全微分可能ではないので，例題 7.6 で示された偏導関数 $f_x(x, y)$, $f_y(x, y)$ の不連続性は次の「全微分可能十分条件」を適用すれば直ちに導かれる．

全微分可能十分条件

関数 $f(x, y)$ が点 (a, b) の近くで偏微分可能で，その偏導関数 $f_x(x, y)$, $f_y(x, y)$ が点 (a, b) において連続であるならば，関数 $f(x, y)$ は点 (a, b) において全微分可能である．

[証明] x の関数 $f(x, b+k)$ と y の関数 $f(a, y)$ に「平均値の定理」を適用すると，θ_1 $(0 < \theta_1 < 1)$ と θ_2 $(0 < \theta_2 < 1)$ が存在して

$$\begin{aligned}
\varepsilon(h, k) &= f(a+h, b+k) - f(a, b) - f_x(a, b)h - f_y(a, b)k \\
&= f(a+h, b+k) - f(a, b+k) + f(a, b+k) - f(a, b) \\
&\quad - f_x(a, b)h - f_y(a, b)k \\
&= \{f_x(a+\theta_1 h, b+k) - f_x(a, b)\}h \\
&\quad + \{f_y(a, b+\theta_2 k) - f_y(a, b)\}k.
\end{aligned}$$

このとき，偏導関数 $f_x(x, y)$, $f_y(x, y)$ は点 (a, b) において連続であり

$$\frac{|h|}{\sqrt{h^2+k^2}} \leqq 1, \quad \frac{|k|}{\sqrt{h^2+k^2}} \leqq 1$$

がみたされるので

$$\lim_{(h, k) \to (0, 0)} \frac{\varepsilon(h, k)}{\sqrt{h^2+k^2}} = 0$$

が得られる．よって，関数 $f(x, y)$ は点 (a, b) において全微分可能である．□

例 7.3 例題 7.2，問題 7.2（2），（3）および問題 7.3（2）で与えられた関数 $xy(ax^2+by^2-1)$, $(3x^2+y^2)e^{-(x^2+2y^2)}$, $e^{x-2y}\cos(x^2+4xy)$, $x(y+1)e^x$ の偏導関数は xy 平面上のすべての点で連続である．したがって，これらの関数は xy 平面上のすべての点で全微分可能である． ◇

例題 7.7 次の関数 $f(x, y)$ の偏導関数 $f_x(x, y)$, $f_y(x, y)$ は原点において連続ではないが，関数 $f(x, y)$ は原点において全微分可能であることを示せ．

$$f(x, y) = \begin{cases} xy \sin \dfrac{1}{x^2+y^2} & ((x, y) \neq (0, 0) \text{ のとき}), \\ 0 & ((x, y) = (0, 0) \text{ のとき}). \end{cases}$$

[解] 関数 $f(x, y)$ が原点において全微分可能であることを定義に基づいて確かめる．原点における偏微分係数は $f_x(0, 0) = f_y(0, 0) = 0$ であるから

$$\varepsilon(h, k) = f(h, k) - f(0, 0) - f_x(0, 0)h - f_y(0, 0)k = hk \sin \frac{1}{h^2 + k^2}.$$

そこで，$h = r\cos\theta$, $k = r\sin\theta$ とおき

$$-1 \leqq \sin 2\theta, \ \sin \frac{1}{r^2} \leqq 1$$

に注意して極限値を計算すると

$$\lim_{(h, k) \to (0, 0)} \frac{\varepsilon(h, k)}{\sqrt{h^2 + k^2}}$$
$$= \lim_{r \to 0} \frac{r^2 \sin\theta \cos\theta \sin\dfrac{1}{r^2}}{r}$$
$$= \frac{1}{2} \lim_{r \to 0} \left(r \sin 2\theta \sin \frac{1}{r^2} \right) = 0$$

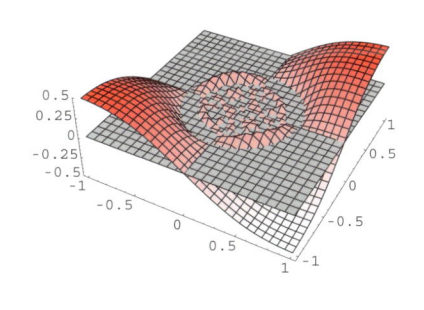

が得られる．したがって，与えられた関数 $f(x, y)$ は原点において全微分可能である．

一方，$(x, y) \neq (0, 0)$ のとき，偏導関数 $f_x(x, y)$, $f_y(x, y)$ を求めると

$$f_x(x, y) = y \sin \frac{1}{x^2 + y^2} - \frac{2x^2 y}{(x^2 + y^2)^2} \cos \frac{1}{x^2 + y^2},$$

$$f_y(x, y) = x \sin \frac{1}{x^2 + y^2} - \frac{2xy^2}{(x^2 + y^2)^2} \cos \frac{1}{x^2 + y^2}$$

である．ところが，次の極限

$$\lim_{x \to 0} \lim_{y \to x} f_x(x, y) = \lim_{x \to 0} \left(x \sin \frac{1}{2x^2} - \frac{1}{2x} \cos \frac{1}{2x^2} \right) = -\lim_{x \to 0} \left(\frac{1}{2x} \cos \frac{1}{2x^2} \right),$$

$$\lim_{y \to 0} \lim_{x \to y} f_y(x, y) = \lim_{y \to 0} \left(y \sin \frac{1}{2y^2} - \frac{1}{2y} \cos \frac{1}{2y^2} \right) = -\lim_{y \to 0} \left(\frac{1}{2y} \cos \frac{1}{2y^2} \right)$$

はいずれも存在しない．したがって，偏導関数 $f_x(x, y)$, $f_y(x, y)$ はともに原点において連続ではない． □

◆ **全微分** 2変数関数 $z = f(x, y)$ が開領域 D の各点で全微分可能であるとき，x と y の増分 $\Delta x, \Delta y$ に対し z の増分

$$\Delta z = f(x + \Delta x, y + \Delta y) - f(x, y)$$

を考える．全微分可能な関数 $z = f(x, y)$ は

$$\varepsilon(\Delta x, \Delta y) = \Delta z - f_x(x, y)\Delta x - f_y(x, y)\Delta y$$

とおくと

$$\lim_{(\Delta x, \Delta y) \to (0, 0)} \frac{\varepsilon(\Delta x, \Delta y)}{\sqrt{\Delta x^2 + \Delta y^2}} = 0$$

をみたしている．そこで，z の増分 $\Delta z = f(x + \Delta x, y + \Delta y) - f(x, y)$ の主要部分である

$$f_x(x, y)\Delta x + f_y(x, y)\Delta y$$

を x の増分 Δx および y の増分 Δy に対する関数 $z = f(x, y)$ の **全微分** といい，df または dz で表す．すなわち

$$df = f_x(x, y)\Delta x + f_y(x, y)\Delta y$$

または

$$dz = f_x(x, y)\Delta x + f_y(x, y)\Delta y$$

と表す．特に，$f(x, y) = x$ のとき $df = dx = \Delta x$ であり，$f(x, y) = y$ のとき $df = dy = \Delta y$ である．したがって，$z = f(x, y)$ の全微分は

$$df = f_x(x, y)dx + f_y(x, y)dy$$

または

$$dz = f_x(x, y)dx + f_y(x, y)dy$$

と表される．

§7.3 全微分

◆ **接平面と法線**　曲面 S 上の点 P を通る S 上のすべての曲線の接線が同一平面 π 上にあるとき，この平面 π を曲面 S の点 P における**接平面**という．

接平面の存在条件とその方程式

2 変数関数 $z = f(x, y)$ が点 (a, b) で全微分可能であるとき，関数 $z = f(x, y)$ が描く曲面 S は点 $\mathrm{P}(a, b, f(a, b))$ において接平面 π をもち，その接平面の方程式は次の式で与えられる．

$$\pi : z - f(a, b) = f_x(a, b)(x - a) + f_y(a, b)(y - b).$$

曲面 S 上の点 P を通り接平面 π に垂直な直線 l を点 P における曲面 S の**法線**という．点 $\mathrm{P}(a, b, c)$ を通る平面 π の方程式が

$$z - c = \alpha(x - a) + \beta(y - b)$$

で与えられているならば，平面 π は 2 つのベクトル

$$\boldsymbol{a} = \begin{pmatrix} 1 \\ 0 \\ \alpha \end{pmatrix}, \quad \boldsymbol{b} = \begin{pmatrix} 0 \\ 1 \\ \beta \end{pmatrix}$$

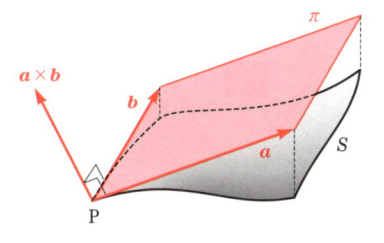

接平面と法線

で張られている．このとき，$\boldsymbol{a}$ と $\boldsymbol{b}$ の外積ベクトル

$$\boldsymbol{a} \times \boldsymbol{b} = \begin{pmatrix} 1 \\ 0 \\ \alpha \end{pmatrix} \times \begin{pmatrix} 0 \\ 1 \\ \beta \end{pmatrix} = \begin{pmatrix} -\alpha \\ -\beta \\ 1 \end{pmatrix}$$

はこれら 2 つのベクトル $\boldsymbol{a}, \boldsymbol{b}$ に垂直なベクトルであるから，点 $\mathrm{P}(a, b, c)$ において平面 π に垂直な直線 l の方程式は次の式で与えられる．

$$\frac{x - a}{\alpha} = \frac{y - b}{\beta} = -(z - c) \quad \text{すなわち,} \quad \begin{cases} x = \alpha t + a, \\ y = \beta t + b, \\ z = -t + c. \end{cases}$$

曲面の法線の方程式

2 変数関数 $z = f(x, y)$ が点 (a, b) で全微分可能であるとき，関数 $z = f(x, y)$ が描く曲面 S は点 $\mathrm{P}(a, b, f(a, b))$ において法線 l をもち，その法線の方程式は次の式で与えられる．

$$l : \frac{x - a}{f_x(a, b)} = \frac{y - b}{f_y(a, b)} = -z + f(a, b).$$

例題 7.8 関数 $f(x, y) = (x^2 + y^2)e^{y^2 - x^2}$ が描く曲面 S において，S 上の点 $\mathrm{P}(1, 1, 2)$ における接平面 π と法線 l の方程式を求めよ．

[解] 関数 $f(x, y)$ の偏導関数は

$$f_x(x, y) = 2x(1 - x^2 - y^2)e^{y^2 - x^2},$$
$$f_y(x, y) = 2y(1 + x^2 + y^2)e^{y^2 - x^2}$$

であり，これらは xy 平面上のすべての点で連続である．よって，関数 $f(x, y)$ はすべての点で全微分可能となり，接平面 π と法線 l をもつ．点 $(1, 1)$ における偏微分係数は $f_x(1, 1) = -2$，$f_y(1, 1) = 6$ となるので，接平面 π と法線 l の方程式はそれぞれ

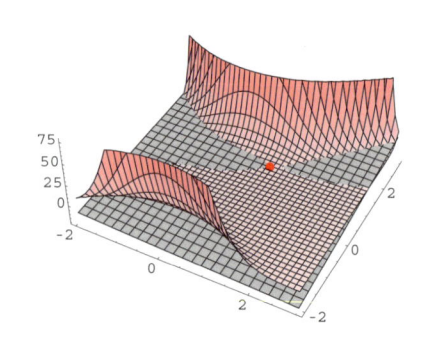

$$\pi : z - 2 = -2(x - 1) + 6(y - 1) \quad \text{すなわち}, \quad -2x + 6y - z = 2,$$

$$l : \frac{x - 1}{-2} = \frac{y - 1}{6} = -(z - 2) \quad \text{すなわち}, \quad \begin{cases} x = -2t + 1, \\ y = 6t + 1, \\ z = -t + 2 \end{cases}$$

と表される． □

問題 7.4 関数 $z = xy(x^2 + 2y^2 - 1)$ が描く曲面 S において，点 $\mathrm{P}(1, 1, 2)$ における接平面 π と法線 l の方程式を求めよ．

[答] $\pi : 4x + 6y - z = 8$, $l : x = 4t + 1$, $y = 6t + 1$, $z = -t + 2$

§7.4 高次偏導関数

◆ **高次偏導関数の定義** 2 変数関数 $f(x, y)$ が偏微分可能で，さらにその偏導関数 $f_x(x, y)$, $f_y(x, y)$ がまた偏微分可能ならば，それらの偏導関数 $(f_x)_x(x, y)$, $(f_x)_y(x, y)$, $(f_y)_x(x, y)$, $(f_y)_y(x, y)$ が得られる．これらを $f(x, y)$ の**第 2 次偏導関数**といい，それぞれ次の記号で表す．

$$(f_x)_x = \frac{\partial}{\partial x}\left(\frac{\partial f}{\partial x}\right) = \frac{\partial^2 f}{\partial x^2} = f_{xx}, \quad (f_x)_y = \frac{\partial}{\partial y}\left(\frac{\partial f}{\partial x}\right) = \frac{\partial^2 f}{\partial y \partial x} = f_{xy},$$

$$(f_y)_x = \frac{\partial}{\partial x}\left(\frac{\partial f}{\partial y}\right) = \frac{\partial^2 f}{\partial x \partial y} = f_{yx}, \quad (f_y)_y = \frac{\partial}{\partial y}\left(\frac{\partial f}{\partial y}\right) = \frac{\partial^2 f}{\partial y^2} = f_{yy}.$$

このとき，関数 $f(x, y)$ は **2 回偏微分可能**であるという．同様にして，**n 回偏微分可能**な関数 $f(x, y)$ を n 回偏微分して得られる関数を**第 n 次偏導関数**という．

例題 7.9 次の関数

$$f(x, y) = \frac{1}{2}\log(x^2 + y^2) - \mathrm{Tan}^{-1}\frac{y}{x}$$

の第 2 次偏導関数 $f_{xx}(x, y)$, $f_{xy}(x, y)$, $f_{yx}(x, y)$, $f_{yy}(x, y)$ を求めよ．

[解] $f(x, y)$ の第 1 次偏導関数は

$$f_x(x, y) = \frac{x}{x^2 + y^2} - \frac{-\dfrac{y}{x^2}}{1 + \left(\dfrac{y}{x}\right)^2} = \frac{x + y}{x^2 + y^2},$$

$$f_y(x, y) = \frac{y}{x^2 + y^2} - \frac{\dfrac{1}{x}}{1 + \left(\dfrac{y}{x}\right)^2} = \frac{-x + y}{x^2 + y^2}$$

であるから，その第 2 次偏導関数はそれぞれ

$$f_{xx}(x, y) = \frac{-x^2 + y^2 - 2xy}{(x^2 + y^2)^2}, \quad f_{xy}(x, y) = \frac{x^2 - y^2 - 2xy}{(x^2 + y^2)^2},$$

$$f_{yx}(x, y) = \frac{x^2 - y^2 - 2xy}{(x^2 + y^2)^2}, \quad f_{yy}(x, y) = \frac{x^2 - y^2 + 2xy}{(x^2 + y^2)^2}. \quad \square$$

問題 7.5 次の関数の第 2 次偏導関数を求めよ．ただし，a, b は定数とする．

（1） $e^{-(ax^2+by^2)}$ 　　　　（2） $e^{ax}\sin by$

[答]　（1） $f_{xx} = -2a(1-2ax^2)e^{-(ax^2+by^2)}$, $f_{xy} = f_{yx} = 4abxy e^{-(ax^2+by^2)}$,
$f_{yy} = -2b(1-2by^2)e^{-(ax^2+by^2)}$

（2） $f_{xx} = a^2 e^{ax}\sin by$, $f_{xy} = f_{yx} = abe^{ax}\cos by$, $f_{yy} = -b^2 e^{ax}\sin by$

◆ **偏微分の順序**　第 n 次偏導関数は x および y に関する偏微分が合計 n 回行われるが，x と y の偏微分の順序を入れ換えるとそれらの第 n 次偏導関数は一般には一致しない．

例題 7.10　次の関数 $f(x, y)$ は原点において 2 回偏微分可能であるが，$f_{xy}(0, 0) \neq f_{yx}(0, 0)$ であることを示せ．

$$f(x, y) = \begin{cases} xy\dfrac{x^2 - y^2}{x^2 + y^2} & ((x, y) \neq (0, 0) \text{ のとき}), \\ 0 & ((x, y) = (0, 0) \text{ のとき}). \end{cases}$$

[解]　関数 $f(x, y)$ の原点における偏微分係数は $f_x(0, 0) = f_y(0, 0) = 0$ である．

一方，$(x, y) \neq (0, 0)$ のとき，偏導関数 $f_x(x, y)$, $f_y(x, y)$ を求めると

$$f_x(x, y) = \frac{y(x^4 + 4x^2y^2 - y^4)}{(x^2+y^2)^2},$$

$$f_y(x, y) = \frac{x(x^4 - 4x^2y^2 - y^4)}{(x^2+y^2)^2}$$

となる．そこで，定義に基づいて原点における第 2 次偏微分係数を求めると

$$f_x(h, 0) = f_y(0, k) = 0,$$

$$f_x(0, k) = -k, \quad f_y(h, 0) = h$$

であるから

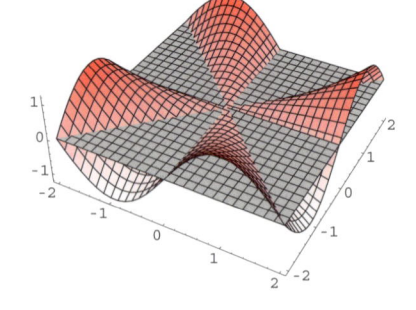

$$f_{xx}(0, 0) = 0, \quad f_{yy}(0, 0) = 0, \quad f_{xy}(0, 0) = -1, \quad f_{yx}(0, 0) = 1$$

が得られる．それゆえ，$f_{xy}(0, 0) \neq f_{yx}(0, 0)$ である．　　□

§7.4 高次偏導関数

次のように,第 n 次偏導関数がすべて連続である場合には,偏微分の順序を入れ換えても第 n 次偏導関数は変わらない.

偏微分の順序交換可能条件

2 回偏微分可能な関数 $f(x, y)$ の第 2 次偏導関数 $f_{xy}(x, y)$, $f_{yx}(x, y)$ が連続ならば, $f_{xy}(x, y) = f_{yx}(x, y)$ である. より一般的には,関数 $f(x, y)$ が n 回偏微分可能で,その第 n 次偏導関数がすべて連続ならば,第 n 次偏導関数は偏微分の順序を入れ換えても変わらない.

[証明] x の関数 $\varphi(x) = f(x, b+k) - f(x, b)$, $f_y(x, b_2)$ と y の関数 $\psi(y) = f(a+h, y) - f(a, y)$, $f_x(a_1, y)$ に「平均値の定理」を適用すると

$$\varphi(a+h) - \varphi(a)$$
$$= \varphi'(a + \theta_1 h)h = \{f_x(a + \theta_1 h, b+k) - f_x(a + \theta_1 h, b)\}h$$
$$= f_{xy}(a + \theta_1 h, b + \theta_4 k)hk,$$

$$\psi(b+k) - \psi(b)$$
$$= \psi'(b + \theta_2 k)k = \{f_y(a+h, b + \theta_2 k) - f_y(a, b + \theta_2 k)\}k$$
$$= f_{yx}(a + \theta_3 h, b + \theta_2 k)hk$$

をみたす $0 < \theta_i < 1$ $(i = 1, 2, 3, 4)$ が存在する. ここで

$$A(h, k) = f(a+h, b+k) - f(a+h, b) - f(a, b+k) + f(a, b)$$

とおくと,等式

$$A(h, k) = \varphi(a+h) - \varphi(a) = f_{xy}(a + \theta_1 h, b + \theta_4 k)hk$$
$$= \psi(b+k) - \psi(b) = f_{yx}(a + \theta_3 h, b + \theta_2 k)hk$$

が得られる. 第 2 次偏導関数 $f_{xy}(x, y)$, $f_{yx}(x, y)$ は点 (a, b) で連続だから

$$\lim_{(h, k) \to (0, 0)} \frac{A(h, k)}{hk} = f_{xy}(a, b) = f_{yx}(a, b). \qquad \square$$

例題 7.11 次の関数

$$f(x, y) = \begin{cases} \dfrac{x^2 y^2}{x^2 + y^2} & ((x, y) \neq (0, 0) \text{ のとき}), \\ 0 & ((x, y) = (0, 0) \text{ のとき}) \end{cases}$$

の第 2 次偏導関数はすべて原点において連続ではないが，偏微分の順序の交換が可能で

$$f_{xy}(x, y) = f_{yx}(x, y)$$

であることを示せ．

[解] $(x, y) \neq (0, 0)$ のとき，関数 $f(x, y)$ の第 1 次および第 2 次偏導関数は

$$f_x(x, y) = \frac{2xy^4}{(x^2 + y^2)^2}, \quad f_y(x, y) = \frac{2x^4 y}{(x^2 + y^2)^2},$$

$$f_{xx}(x, y) = \frac{2y^4(y^2 - 3x^2)}{(x^2 + y^2)^3}, \quad f_{yy}(x, y) = \frac{2x^4(x^2 - 3y^2)}{(x^2 + y^2)^3},$$

$$f_{xy}(x, y) = f_{yx}(x, y) = \frac{8x^3 y^3}{(x^2 + y^2)^3}$$

で与えられる．

一方，原点における関数 $f(x, y)$ の第 1 次および第 2 次偏微分係数を定義に基づいて求めると

$$f_x(0, 0) = f_y(0, 0) = 0,$$

$$f_{xx}(0, 0) = f_{yy}(0, 0) = f_{xy}(0, 0) = f_{yx}(0, 0) = 0$$

となる．それゆえ，すべての点 (x, y) で $f_{xy}(x, y) = f_{yx}(x, y)$ が成り立つ．

ところが，第 2 次偏導関数の原点における極限値は

$$\lim_{y \to 0} \lim_{x \to 0} f_{xx}(x, y) = 2 \neq 0 = f_{xx}(0, 0),$$

$$\lim_{x \to 0} \lim_{y \to x} f_{xy}(x, y) = 1 \neq 0 = f_{xy}(0, 0),$$

$$\lim_{x \to 0} \lim_{y \to 0} f_{yy}(x, y) = 2 \neq 0 = f_{yy}(0, 0)$$

となり，第 2 次偏導関数 $f_{xx}(x, y)$, $f_{xy}(x, y) = f_{yx}(x, y)$, $f_{yy}(x, y)$ はすべて原点において連続ではない． □

§7.5　合成関数の偏微分

◆ **連鎖律**　全微分可能な関数 $z = f(x, y)$ が $x = \varphi(t)$, $y = \psi(t)$ と媒介変数表示されるとき，合成関数 $z = f(\varphi(t), \psi(t))$ の微分は次の「**連鎖律**」によって与えられる．

合成関数の偏微分 I

2 変数関数 $z = f(x, y)$ が全微分可能で，1 変数関数 $x = \varphi(t)$, $y = \psi(t)$ がいずれも t に関して微分可能とする．このとき，合成関数 $z = f(\varphi(t), \psi(t))$ は t に関して微分可能で

$$\frac{dz}{dt} = \frac{\partial f}{\partial x}\frac{dx}{dt} + \frac{\partial f}{\partial y}\frac{dy}{dt} \quad （連鎖律）.$$

[証明]　$\Delta x = \varphi(t + \Delta t) - \varphi(t)$, $\Delta y = \psi(t + \Delta t) - \psi(t)$ とおくと

$$\Delta z = f(\varphi(t + \Delta t), \psi(t + \Delta t)) - f(\varphi(t), \psi(t))$$
$$= f(x + \Delta x, y + \Delta y) - f(x, y)$$
$$= f_x(x, y)\Delta x + f_y(x, y)\Delta y + \varepsilon(\Delta x, \Delta y)$$

と表される．そこで，両辺を Δt で割ると

$$\frac{\Delta z}{\Delta t} = f_x(x, y)\frac{\Delta x}{\Delta t} + f_y(x, y)\frac{\Delta y}{\Delta t}$$
$$+ \frac{\varepsilon(\Delta x, \Delta y)}{\sqrt{\Delta x^2 + \Delta y^2}}\sqrt{\left(\frac{\Delta x}{\Delta t}\right)^2 + \left(\frac{\Delta y}{\Delta t}\right)^2}$$

となる．$f(x, y)$ は全微分可能であるから

$$\lim_{(\Delta x, \Delta y) \to (0, 0)} \frac{\varepsilon(\Delta x, \Delta y)}{\sqrt{\Delta x^2 + \Delta y^2}} = 0$$

となることに注意すると，次の等式が得られる．

$$\frac{dz}{dt} = \frac{\partial f}{\partial x}\frac{dx}{dt} + \frac{\partial f}{\partial y}\frac{dy}{dt}. \qquad \Box$$

全微分可能な関数 $z = f(x, y)$ が $x = \varphi(u, v)$, $y = \psi(u, v)$ と媒介変数表示されるとき，合成関数 $z = f(\varphi(u, v), \psi(u, v))$ の偏微分は次の**「連鎖律」**によって与えられる．

合成関数の偏微分 II

2 変数関数 $z = f(x, y)$ が全微分可能で，2 変数関数 $x = \varphi(u, v)$ と $y = \psi(u, v)$ がいずれも u, v に関して偏微分可能とする．このとき，合成関数 $z = f(\varphi(u, v), \psi(u, v))$ は u, v に関して偏微分可能で

$$\frac{\partial z}{\partial u} = \frac{\partial f}{\partial x}\frac{\partial x}{\partial u} + \frac{\partial f}{\partial y}\frac{\partial y}{\partial u}, \quad \frac{\partial z}{\partial v} = \frac{\partial f}{\partial x}\frac{\partial x}{\partial v} + \frac{\partial f}{\partial y}\frac{\partial y}{\partial v} \quad (\text{連鎖律}).$$

[証明] z を u で偏微分することは，v を定数とみなして u で微分することに他ならない．そこで，v を固定して $u = t$ とおくと，$x = \varphi(t, v) = \widetilde{\varphi}(t)$, $y = \psi(t, v) = \widetilde{\psi}(t)$ および $z = f(\varphi(t, v), \psi(t, v)) = f(\widetilde{\varphi}(t), \widetilde{\psi}(t))$ は t に関して微分可能な関数とみなせる．このとき，「合成関数の偏微分 I」の連鎖律を用いると

$$\frac{\partial z}{\partial u} = \frac{dz}{dt} = \frac{\partial f}{\partial x}\frac{d\widetilde{\varphi}(t)}{dt} + \frac{\partial f}{\partial y}\frac{d\widetilde{\psi}(t)}{dt} = \frac{\partial f}{\partial x}\frac{\partial x}{\partial u} + \frac{\partial f}{\partial y}\frac{\partial y}{\partial u}$$

が得られる．u と v を入れ換えると

$$\frac{\partial z}{\partial v} = \frac{\partial f}{\partial x}\frac{\partial x}{\partial v} + \frac{\partial f}{\partial y}\frac{\partial y}{\partial v}$$

も同様にして得られる． □

例題 7.12 関数

$$f(x, y) = \mathrm{Tan}^{-1}\frac{y}{x}$$

に対して，x, y を下記に指定された媒介変数で表示するとき，その合成関数の微分または偏微分を連鎖律を利用して求めよ．

 (i) $x = e^t + e^{-t}$, $y = e^t - e^{-t}$ (ii) $x = u + v$, $y = uv - 1$

§7.5 合成関数の偏微分

[解] 関数 $f(x, y) = \operatorname{Tan}^{-1} \dfrac{y}{x}$ を x, y で偏微分すると

$$\frac{\partial f}{\partial x} = -\frac{y}{x^2 + y^2}, \quad \frac{\partial f}{\partial y} = \frac{x}{x^2 + y^2}.$$

（ⅰ） $x = e^t + e^{-t}, \; y = e^t - e^{-t}$ を t で微分すると

$$\frac{dx}{dt} = e^t - e^{-t} = y, \quad \frac{dy}{dt} = e^t + e^{-t} = x$$

となる．したがって

$$\frac{dz}{dt} = \frac{\partial f}{\partial x}\frac{dx}{dt} + \frac{\partial f}{\partial y}\frac{dy}{dt} = -\frac{y^2}{x^2+y^2} + \frac{x^2}{x^2+y^2} = \frac{2}{e^{2t}+e^{-2t}}.$$

（ⅱ） $x = u + v, \; y = uv - 1$ を u, v で偏微分すると

$$\frac{\partial x}{\partial u} = 1, \quad \frac{\partial x}{\partial v} = 1, \quad \frac{\partial y}{\partial u} = v, \quad \frac{\partial y}{\partial v} = u$$

となるので

$$\frac{\partial z}{\partial u} = \frac{\partial f}{\partial x}\frac{\partial x}{\partial u} + \frac{\partial f}{\partial y}\frac{\partial y}{\partial u}$$

$$= -\frac{y}{x^2+y^2} + \frac{xv}{x^2+y^2} = \frac{v^2+1}{(u^2+1)(v^2+1)} = \frac{1}{u^2+1},$$

$$\frac{\partial z}{\partial v} = \frac{\partial f}{\partial x}\frac{\partial x}{\partial v} + \frac{\partial f}{\partial y}\frac{\partial y}{\partial v}$$

$$= -\frac{y}{x^2+y^2} + \frac{xu}{x^2+y^2} = \frac{u^2+1}{(u^2+1)(v^2+1)} = \frac{1}{v^2+1}. \quad \square$$

問題 7.6 関数

$$f(x, y) = y e^{\sqrt{x^2+y^2}}$$

に対して，x, y を下記に指定された媒介変数で表示するとき，その合成関数の微分または偏微分を連鎖律を利用して求めよ．

（ⅰ） $x = t^2 - 1, \; y = 2t$ 　　　　（ⅱ） $x = u\cos v, \; y = u\sin v$

[答] （ⅰ） $\dfrac{dz}{dt} = 2(2t^2+1)e^{t^2+1}$ 　（ⅱ） $\dfrac{\partial z}{\partial u} = (1+|u|)e^{|u|}\sin v, \; \dfrac{\partial z}{\partial v} = u e^{|u|}\cos v$

演習問題

7.1 次の関数 (1)〜(4) が描く曲面を (i)〜(v) の平面または曲面で切り取るとき，その切り口の図形の方程式を求めよ．

(1) $\dfrac{xy^2}{x^4+y^2}$ (2) $\dfrac{x^4+y}{x^2+y^2}$ (3) $\dfrac{4x+y^2}{2x^2+y^2}$ (4) $\dfrac{x^2-2y}{\sqrt{x^2+y^2}}$

(i) xz 平面 $y=0$　　(ii) yz 平面 $x=0$　　(iii) 平面 $y=x$
(iv) 方物柱面 $y=x^2$　　(v) 円柱面 $x^2+y^2=1$

7.2 xy 平面から原点を除いた点で定義された次の関数の原点における極限を調べよ．

(1) $\dfrac{\sqrt{x^4+2y^4}}{x^2+y^2}$ 　　　　　　　(2) $\dfrac{x^3+y^4}{x^2+4y^2}$

(3) $\dfrac{x^2-2y^2}{3x^2+y^2}$ 　　　　　　　(4) $\dfrac{xy}{x^4+y^2}$

(5) $\dfrac{xy^3}{x^2+y^4}$ 　　　　　　　(6) $xy\sin\dfrac{1}{\sqrt{x^2+y^2}}$

(7) $\dfrac{1-\cos\sqrt{x^2+y^2}}{x^2+y^2}$ 　　　　　　　(8) $\dfrac{\sin xy}{x^2+y^2}$

(9) $\dfrac{e^{x^2+y^2}-1}{x^2+y^2}$ 　　　　　　　(10) $(x^2+y^2)\log(x^2+y^2)$

7.3 演習問題 7.2 において，xy 平面から原点を除いた点で定義された関数は原点において連続である関数に拡張できるかどうか調べよ．

7.4 演習問題 7.2 で与えられた 2 変数関数の第 1 次偏導関数を求めよ．

7.5 演習問題 7.3 において，原点で連続に拡張された関数に対して，それらは原点において偏微分可能であるかどうか調べよ．さらに，偏微分可能な関数に対して，それらの第 1 次偏導関数は原点において連続であるかどうか調べよ．

7.6 関数
$$f(x,y)=(\sqrt{x^2+y^2}-1)^2$$
の点 $(x,y)\neq(0,0)$ における偏導関数 $f_x(x,y)$, $f_y(x,y)$ を求めよ．さらに，原点における偏微分係数 $f_x(0,0)$, $f_y(0,0)$ が存在するかどうか調べよ．

7.7 演習問題 7.3 で与えられた関数のうち，偏微分可能な関数に対して，それらは原点において全微分可能であるかどうか調べよ．

7.8 次の関数が描く曲面において，指定された点 P における接平面 π と法線 l の方程式を求めよ．

(1)　$z = \log(x^2 + y^2)$,　　　P$(1, 1, \log 2)$

(2)　$z = \dfrac{3}{1 + \sqrt{x^2 + y^2}}$,　　P$(\sqrt{2}, \sqrt{2}, 1)$

(3)　$z = (\sqrt{x^2 + y^2} - 1)^2$,　　P$(\sqrt{2}, \sqrt{2}, 1)$

(4)　$z = \sin \dfrac{x - 2y}{x^2 + 2y^2}$,　　P$(2, 1, 0)$

(5)　$z = e^{x^3 + 3xy - y^3}$,　　P$(1, 1, e^3)$

(6)　$z = \mathrm{Tan}^{-1} \dfrac{y}{x}$,　　P$\left(1, 1, \dfrac{\pi}{4}\right)$

(7)　$z = \mathrm{Sin}^{-1} \dfrac{2xy}{x^2 + y^2}$,　　P$(1, 0, 0)$

7.9 次の関数の第 2 次偏導関数を求めよ．

(1)　$xy^3(1 + x^2 - y)$　　(2)　$\dfrac{x + y}{x - y}$　　(3)　$\sqrt{y^2 - x}$

(4)　$\sin x^2 y$　　(5)　$\cos(x^2 + xy^3)$　　(6)　$\log(x^2 + y^4)$

(7)　$\log(x^2 + 2xy - y^2)$　(8)　$e^{x^2 + xy}$　　(9)　$\log(e^x + e^{2y})$

(10)　$e^{3x} \cos(x + 2y)$　　(11)　$\mathrm{Tan}^{-1} \dfrac{x - y}{x + y}$　(12)　$\mathrm{Sin}^{-1} x^2 y$

7.10 次の関数 (1)〜(3) に対して x, y を (i)〜(iv) の媒介変数で表示するとき，その合成関数の導関数または偏導関数を連鎖律を利用して求めよ．

(1)　$\log(x^2 + y^2)$　　(2)　$\mathrm{Tan}^{-1} xy$　　(3)　$(\sqrt{x^2 + y^2} - 1)^2$

(i)　$x = e^t + e^{-t},\ y = e^t - e^{-t}$

(ii)　$x = e^t \cos t,\ y = e^t \sin t$

(iii)　$x = u + v,\ y = uv - 1$

(iv)　$x = \sin(u + v),\ y = \cos(u - v)$

第8章
偏微分法の応用

§8.1 平均値の定理とテイラーの定理

◆ **2 変数の平均値の定理** 1 変数の場合と同様に，偏微分可能な 2 変数関数に対しても平均値の定理が得られる．

2 変数の平均値の定理

2 変数関数 $f(x, y)$ が開領域 D において偏微分可能で，かつその偏導関数 $f_x(x, y)$, $f_y(x, y)$ が連続であるとする．このとき，D に属する任意の 2 点 $(a+h, b+k)$, (a, b) を結ぶ線分が D に含まれるならば

$$f(a+h, b+k) - f(a, b)$$
$$= f_x(a+\theta h, b+\theta k)h + f_y(a+\theta h, b+\theta k)k$$

をみたす θ $(0 < \theta < 1)$ が存在する．

[証明] 関数 $f(x, y)$ は全微分可能であるから，t の関数

$$F(t) = f(a+th, b+tk)$$

の導関数 $F'(t)$ を「合成関数の偏微分 I」の連鎖律を用いて求めると

$$F'(t) = \frac{\partial f}{\partial x}\frac{dx}{dt} + \frac{\partial f}{\partial y}\frac{dy}{dt} = h\frac{\partial f}{\partial x} + k\frac{\partial f}{\partial y}$$

と表される．そこで，t の関数 $F(t)$ に「1 変数の平均値の定理」を適用して，$F(1) - F(0) = F'(\theta)$ をみたす θ $(0 < \theta < 1)$ を選べばよい． □

◆ **2 変数のテイラーの定理** 定数 h, k に対し,$D_{(h,k)} = h\dfrac{\partial}{\partial x} + k\dfrac{\partial}{\partial y}$ とおく.2 変数関数 $f(x, y)$ に次のような作用

$$D_{(h,k)}f(x,y) = \left(h\frac{\partial}{\partial x} + k\frac{\partial}{\partial y}\right)f(x,y) = h\frac{\partial f}{\partial x}(x,y) + k\frac{\partial f}{\partial y}(x,y)$$

を施すとき,$D_{(h,k)}$ を**偏微分作用素**という.2 変数関数 $f(x,y)$ が n 回偏微分可能でその第 n 次偏導関数がすべて連続ならば,第 n 次偏導関数は偏微分の順序を入れ換えることができる.したがって,このような関数 $f(x,y)$ に偏微分作用素 $D_{(h,k)}^n = \left(h\dfrac{\partial}{\partial x} + k\dfrac{\partial}{\partial y}\right)^n$ を施せば,$D_{(h,k)}^n f(x,y)$ は

$$D_{(h,k)}^n f(x,y) = \sum_{r=0}^n {}_n\mathrm{C}_r h^r k^{n-r} \frac{\partial^n f}{\partial y^{n-r}\partial x^r}(x,y)$$

と二項展開の式の形で表すことができる.

1 変数の微分可能な関数に対する平均値の定理を $n+1$ 回微分可能な関数に対して拡張したのがテイラーの定理であった.同様に,2 変数の偏微分可能な関数に対する平均値の定理を $n+1$ 回偏微分可能な関数に対して拡張すると,次のテイラーの定理が得られる.

2 変数のテイラーの定理

2 変数関数 $f(x,y)$ が開領域 D において $n+1$ 回偏微分可能で,それらのすべての偏導関数が連続であるとする.このとき,D に属する任意の 2 点 $(a+h, b+k)$,(a, b) を結ぶ線分が D に含まれるならば

$$\begin{aligned}
&f(a+h, b+k) \\
&= f(a,b) + \sum_{r=1}^n \frac{1}{r!}\left(h\frac{\partial}{\partial x} + k\frac{\partial}{\partial y}\right)^r f(a,b) \\
&\quad + \frac{1}{(n+1)!}\left(h\frac{\partial}{\partial x} + k\frac{\partial}{\partial y}\right)^{n+1} f(a+\theta h, b+\theta k)
\end{aligned}$$

をみたす θ $(0 < \theta < 1)$ が存在する.右辺の最終項を**剰余項**という.

[証明] 関数 $f(x, y)$ の $n+1$ 次以下のすべての偏導関数が連続であるから，関数 $f(x, y)$ およびその n 次以下の偏導関数はすべて全微分可能であることに注意する．t の関数 $F(t) = f(a+th, b+tk)$ の導関数 $F'(t)$ は

$$F'(t) = D_{(h,\,k)} f(a+th, b+tk)$$
$$= \left(h\frac{\partial}{\partial x} + k\frac{\partial}{\partial y} \right) f(a+th, b+tk)$$

であるから，一般に $F(t)$ の第 r 次導関数 $F^{(r)}(t)$ $(1 \leqq r \leqq n+1)$ は

$$F^{(r)}(t) = D_{(h,\,k)}^r f(a+th, b+tk)$$
$$= \left(h\frac{\partial}{\partial x} + k\frac{\partial}{\partial y} \right)^r f(a+th, b+tk)$$

で与えられる．そこで，t の関数 $F(t)$ に「1 変数のテイラーの定理」を適用して

$$F(1) = F(0) + F'(0) + \frac{1}{2} F''(0) + \cdots$$
$$+ \frac{1}{n!} F^{(n)}(0) + \frac{1}{(n+1)!} F^{(n+1)}(\theta)$$

をみたす θ $(0 < \theta < 1)$ を選べばよい． □

◆ **有限マクローリン展開** 「2 変数のテイラーの定理」において $a = b = 0$ とおいて得られる次の展開式を $f(x, y)$ の**有限マクローリン展開**という．

$$f(x, y) = f(0, 0) + f_x(0, 0)x + f_y(0, 0)y$$
$$+ \frac{1}{2} \Big\{ f_{xx}(0, 0)x^2 + 2f_{xy}(0, 0)xy + f_{yy}(0, 0)y^2 \Big\}$$
$$+ \frac{1}{6} \Big\{ f_{xxx}(0, 0)x^3 + 3f_{xxy}(0, 0)x^2 y$$
$$+ 3f_{xyy}(0, 0)xy^2 + f_{yyy}(0, 0)y^3 \Big\}$$
$$+ \cdots + \frac{1}{(n+1)!} \left(h\frac{\partial}{\partial x} + k\frac{\partial}{\partial y} \right)^{n+1} f(\theta x, \theta y) \quad (0 < \theta < 1).$$

例題 8.1 2変数関数 $f(x, y) = e^{x-y}\sin x$ の有限マクローリン展開を x, y について 4 次の項まで求めよ．ただし，剰余項は求めなくてよい．

[解] 関数 $f(x, y) = e^{x-y}\sin x$ の偏導関数は

$$f_x(x, y) = e^{x-y}(\sin x + \cos x) = \sqrt{2}\, e^{x-y}\sin\left(x + \frac{\pi}{4}\right),$$

$$f_y(x, y) = -e^{x-y}\sin x$$

であるから，その高次偏導関数は

$$\frac{\partial^i f}{\partial x^i}(x, y) = (\sqrt{2})^i e^{x-y}\sin\left(x + \frac{i}{4}\pi\right),$$

$$\frac{\partial^j f}{\partial y^j}(x, y) = (-1)^j e^{x-y}\sin x,$$

$$\frac{\partial^{i+j} f}{\partial y^j \partial x^i}(x, y) = (-1)^j (\sqrt{2})^i e^{x-y}\sin\left(x + \frac{i}{4}\pi\right)$$

で与えられる．そこで，高次偏導関数の原点における値を調べると

$$\frac{\partial^{i+j} f}{\partial y^j \partial x^i}(0, 0) = \begin{cases} 0 & (i = 4k \text{ のとき}), \\ (-1)^{j+k} 2^{2k} & (i = 4k+1 \text{ のとき}), \\ (-1)^{j+k} 2^{2k+1} & (i = 4k+2,\ 4k+3 \text{ のとき}) \end{cases}$$

となる．したがって，$e^{x-y}\sin x$ の有限マクローリン展開は

$$e^{x-y}\sin x = x + x^2 - xy + \frac{1}{3}x^3 - x^2 y + \frac{1}{2}xy^2$$
$$- \frac{1}{3}x^3 y + \frac{1}{2}x^2 y^2 - \frac{1}{6}xy^3 + \cdots. \qquad \square$$

問題 8.1 次の 2 変数関数の有限マクローリン展開を x, y について 3 次の項まで求めよ．ただし，剰余項は求めなくてよい．

 (1) $e^{-x}\log(1+2y)$ 　　　　(2) $\log(1+3x+y^2)$

[答] (1) $2y - 2xy - 2y^2 + x^2 y + 2xy^2 + \dfrac{8}{3}y^3$

(2) $3x - \dfrac{9}{2}x^2 + y^2 + 9x^3 - 3xy^2$

§8.2 極値

◆ **極値と判定条件** 2変数関数 $f(x, y)$ が点 (a, b) の十分近くにあるすべての点 $(x, y) \neq (a, b)$ で

$$f(x, y) < f(a, b)$$

をみたしているとき，関数 $f(x, y)$ は点 (a, b) で**極大**になるといい，$f(a, b)$ を**極大値**という．同様に，点 (a, b) の十分近くにあるすべての点 $(x, y) \neq (a, b)$ で

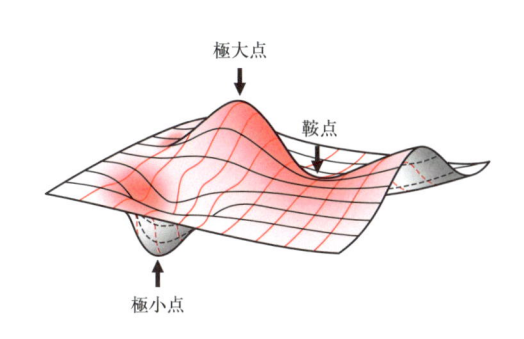

$$f(x, y) > f(a, b)$$

をみたしているとき，関数 $f(x, y)$ は点 (a, b) で**極小**になるといい，$f(a, b)$ を**極小値**という．極大値と極小値を合わせて**極値**という．なお，ある方向の断面で見ると極大で，別の方向の断面で見ると極小になる点を**鞍点**という．

2変数関数 $f(x, y)$ が点 (a, b) で極大値〔または極小値〕をもつとき，$y = b$ を固定して得られる x の関数 $f(x, b)$ と $x = a$ を固定して得られる y の関数 $f(a, y)$ はともに極大値〔または極小値〕をもつ．

極値をもつ点での偏微分係数

2変数関数 $f(x, y)$ が点 (a, b) において偏微分可能で，かつ極値をもつならば，$f_x(a, b) = f_y(a, b) = 0$ をみたす．

2変数関数 $f(x, y)$ が点 (a, b) の近くで2回偏微分可能で，その偏導関数がすべて連続とする．もし $f_x(a, b) = f_y(a, b) = 0$ をみたすならば，「2変数のテイラーの定理」によって，十分小さな $(h, k) \neq (0, 0)$ に対して，ある

θ $(0 < \theta < 1)$ が存在して

$$f(a+h, b+k) = f(a, b) + \frac{1}{2}(h^2 f_{xx} + 2hk f_{xy} + k^2 f_{yy})(a+\theta h, b+\theta k)$$

が成り立つ．ただし，θ は h, k の選び方に依存している．そこで，$(h, k) \neq (0, 0)$ を固定して

$$g_{h,k}(x, y) = (h^2 f_{xx} + 2hk f_{xy} + k^2 f_{yy})(x, y)$$

とおく．このとき，関数 $f(x, y)$ が点 (a, b) で極値をもつかどうか調べるには，十分小さな $(h, k) \neq (0, 0)$ に対して $g_{h,k}(a+\theta h, b+\theta k)$ の正負について調べればよい．実際は，その代わりに $g_{h,k}(a, b)$ の正負について考察すれば十分であることが次のようにしてわかる．

極値判定条件

2 変数関数 $f(x, y)$ が点 (a, b) の近くで 2 回偏微分可能で，その第 2 次偏導関数がすべて連続とする．さらに

$$f_x(a, b) = f_y(a, b) = 0$$

をみたしているとする．このとき

$$A = f_{xx}(a, b), \quad H = f_{xy}(a, b), \quad B = f_{yy}(a, b), \quad \Delta = H^2 - AB$$

とおく．

 (i) $\Delta < 0$, $A > 0$ ならば，関数 $f(x, y)$ は点 (a, b) で**極小**値をもつ．

 (ii) $\Delta < 0$, $A < 0$ ならば，関数 $f(x, y)$ は点 (a, b) で**極大**値をもつ．

 (iii) $\Delta > 0$ ならば，関数 $f(x, y)$ は点 (a, b) で**極値をもたない**．

[証明] $A(x, y) = f_{xx}(x, y)$, $B(x, y) = f_{yy}(x, y)$, $H(x, y) = f_{xy}(x, y)$, $\Delta(x, y) = H(x, y)^2 - A(x, y)B(x, y)$ とおくと，これらは連続関数である．

§8.2 極　　値

このとき，$g_{h,k}(x, y)$ は

$$g_{h,k}(x, y) = A(x, y)h^2 + 2H(x, y)hk + B(x, y)k^2$$
$$= A(x, y)\left\{\left(h + \frac{H(x, y)}{A(x, y)}k\right)^2 - \frac{\Delta(x, y)}{A(x, y)^2}k^2\right\}$$

と表される．

（ⅰ）点 (a, b) において $A = A(a, b) > 0$，$\Delta = \Delta(a, b) < 0$ であるから，点 (a, b) の十分近くにある点 (x, y) に対して $A(x, y) > 0$，$\Delta(x, y) < 0$ がみたされる．それゆえ，点 (x, y) が点 (a, b) の十分近くにあれば，すべての $(h, k) \neq (0, 0)$ において

$$g_{h,k}(x, y) = A(x, y)\left\{\left(h + \frac{H(x, y)}{A(x, y)}k\right)^2 - \frac{\Delta(x, y)}{A(x, y)^2}k^2\right\} > 0$$

が成り立つ．この結果，$(h, k) \neq (0, 0)$ が十分小さいとき

$$f(a + h, b + k) - f(a, b) = \frac{1}{2}g_{h,k}(a + \theta h, b + \theta k) > 0$$

が示されるから，関数 $f(x, y)$ は点 (a, b) で極小値をもつ．

（ⅱ）（ⅰ）と同様に，$(h, k) \neq (0, 0)$ が十分小さいとき

$$f(a + h, b + k) - f(a, b) = \frac{1}{2}g_{h,k}(a + \theta h, b + \theta k) < 0$$

が示されるから，関数 $f(x, y)$ は点 (a, b) で極大値をもつ．

（ⅲ）$A(a, b) = B(a, b) = 0$ の場合は，$\Delta(a, b) = H(a, b)^2 > 0$ となるので $H = H(a, b) > 0$ と仮定して考えれば十分である．このとき

$$\phi_+(x, y) = A(x, y) + 2H(x, y) + B(x, y),$$
$$\phi_-(x, y) = A(x, y) - 2H(x, y) + B(x, y)$$

とおくと，点 (a, b) において $\phi_+(a, b) > 0$，$\phi_-(a, b) < 0$ をみたす．それゆえ，点 (a, b) の十分近くにある点 (x, y) に対して $\phi_+(x, y) > 0$，$\phi_-(x, y) < 0$

がみたされるので，すべての $h \neq 0$ において

$$g_{h,h}(x,y) = \phi_+(x,y)h^2 > 0, \quad g_{h,-h}(x,y) = \phi_-(x,y)h^2 < 0$$

が成り立つ．すなわち，$(h,k) \neq (0,0)$ が十分小さいとき $g_{h,k}(a+\theta h, b+\theta k)$ は $(h,k) \neq (0,0)$ の選び方によって正にも負にもなる．したがって，$A(a,b) = B(a,b) = 0$ の場合は，関数 $f(x,y)$ は点 (a,b) で極値をもたない．

一方，$(A(a,b), B(a,b)) \neq (0,0)$ の場合は，$A = A(a,b) > 0$ と仮定して考えれば十分である．このとき

$$\varphi(x,y) = \left(\frac{H(x,y)}{A(x,y)} - \frac{H(a,b)}{A(a,b)}\right)^2 - \frac{\Delta(x,y)}{A(x,y)^2}$$

とおくと，$\varphi(x,y)$ は点 (a,b) において

$$\varphi(a,b) = -\frac{\Delta(a,b)}{A(a,b)^2} < 0$$

をみたす．それゆえ，点 (a,b) の十分近くにある点 (x,y) に対しては $A(x,y) > 0$，$\Delta(x,y) > 0$，$\varphi(x,y) < 0$ がみたされる．この結果，点 (x,y) が点 (a,b) の十分近くにあれば，すべての $h \neq 0$ と $k \neq 0$ において

$$g_{h,0}(x,y) = A(x,y)h^2 > 0,$$

$$g_{-\frac{H}{A}k,k}(x,y) = A(x,y)\left\{\left(\frac{H(x,y)}{A(x,y)} - \frac{H(a,b)}{A(a,b)}\right)^2 - \frac{\Delta(x,y)}{A(x,y)^2}\right\}k^2$$

$$= A(x,y)\varphi(x,y)k^2 < 0$$

が成り立つ．すなわち，$(h,k) \neq (0,0)$ が十分小さいとき $g_{h,k}(a+\theta h, b+\theta k)$ は $(h,k) \neq (0,0)$ の選び方によって正にも負にもなる．したがって，$(A(a,b), B(a,b)) \neq (0,0)$ の場合も，関数 $f(x,y)$ は点 (a,b) で極値をもたない． □

▶注意 $\Delta = 0$ のときは，この方法では極値を判定できない．したがって，何らかの工夫をして極値をもつかどうか調べる必要がある．

§8.2 極　　値

◆ **極値の計算**　2 変数関数の極値を求めるためには，「極値判定条件」に基づき次の手順に従って計算すればよい．

極値の求め方

(ⅰ)　連立方程式 $f_x(x, y) = f_y(x, y) = 0$ の解 $(x, y) = (a, b)$ を求める．

(ⅱ)　その解 (a, b) について第 2 次偏微分係数 $A = f_{xx}(a, b)$, $H = f_{xy}(a, b)$, $B = f_{yy}(a, b)$ を計算する．

(ⅲ)　$\Delta = H^2 - AB$ と係数 A の符号を調べる．

例題 8.2　次の 2 変数関数の極値を求めよ．

(1)　$x^2 + y^2$　　(2)　$x^2 - y^2$　　(3)　$x^2 + y^4$　　(4)　$x^2 - y^4$

[解]　与えられたすべての関数 $f(x, y)$ に対し，$f_x(x, y) = f_y(x, y) = 0$ をみたす点は原点のみである．そこで，第 2 次偏微分係数 $f_{xx}(0, 0)$, $f_{xy}(0, 0) = f_{yx}(0, 0)$, $f_{yy}(0, 0)$ を求め，さらに $\Delta(0, 0) = f_{xy}(0, 0)^2 - f_{xx}(0, 0) f_{yy}(0, 0)$ を計算すると，次の極値判定表が得られる．

	$f(x, y)$	$f_{xx}(0, 0)$	$f_{xy}(0, 0)$	$f_{yy}(0, 0)$	$\Delta(0, 0)$	$f(0, 0)$	判定
(1)	$x^2 + y^2$	2	0	2	$-4 < 0$	0	極小
(2)	$x^2 - y^2$	2	0	-2	$4 > 0$	0	×
(3)	$x^2 + y^4$	2	0	0	0	0	?
(4)	$x^2 - y^4$	2	0	0	0	0	?

それゆえ，「極値判定条件」によれば，与えられた関数 $f(x, y)$ は (1) の場合は原点において極小値 0 をもち，(2) の場合は極値をもたない．ところが，(3), (4) の場合は，$\Delta(0, 0) = 0$ のため原点において極値をもつかどうか判定できない．そこで，原点の近くで関数 $x^2 + y^4$, $x^2 - y^4$ について詳しく調べる必要がある．$f(x, y) = x^2 + y^4$ の場合は，$(x, y) \neq (0, 0)$ であるすべての点において $f(x, y) > f(0, 0) = 0$ が成り立つ．それゆえ，関数 $f(x, y) = x^2 + y^4$ は原点において極小値 0 をもつ．

一方，$f(x, y) = x^2 - y^4$ の場合は，$(x, y) = (\pm a^2, a)$ をみたすすべての点においてその値は 0 である．よって，関数 $x^2 - y^4$ は極値をもたない（次ページの図を参照）．　　□

$z = x^2 + y^4$ $z = x^2 - y^4$

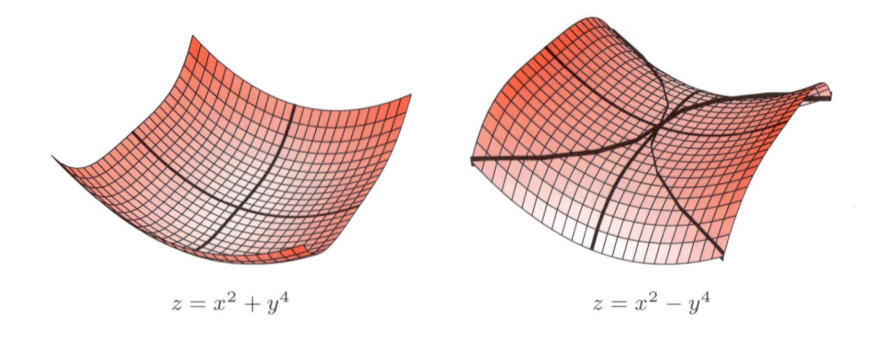

例題 8.3 次の 2 変数関数の極値を求めよ.

（1） $x^3 + y^3 - 3xy$ （2） $xy(x^2 + y^2 - 1)$
（3） $(\sqrt{x^2 + y^2} - 1)^2$ （4） $y^2 + 2x^2y - x^4$

[解]（1） $f(x, y) = x^3 + y^3 - 3xy$ を x, y で偏微分すると

$$f_x(x, y) = 3x^2 - 3y,$$
$$f_y(x, y) = 3y^2 - 3x$$

となる．極値を与える候補点を求めるために，連立方程式

$$\begin{cases} x^2 - y = 0, \\ y^2 - x = 0 \end{cases}$$

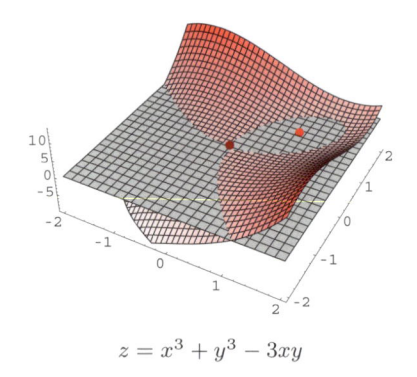

を解くと，その解は $(x, y) = (0, 0), (1, 1)$ である.

$z = x^3 + y^3 - 3xy$

一方，第 2 次偏導関数は

$$f_{xx}(x, y) = 6x, \quad f_{xy}(x, y) = f_{yx}(x, y) = -3, \quad f_{yy}(x, y) = 6y$$

であるから，$\Delta = f_{xy}^2 - f_{xx}f_{yy}$ とおくと次の極値判定表が得られる.

(x, y)	f_{xx}	f_{xy}	f_{yy}	Δ	$f(x, y)$	判定
$(0, 0)$	0	-3	0	$9 > 0$	0	×
$(1, 1)$	6	-3	6	$-27 < 0$	-1	極小

したがって,「極値判定条件」によれば,関数 $f(x, y) = x^3 + y^3 - 3xy$ は原点において極値をもたないが,点 $(1, 1)$ において極小値 -1 をもつ.

(2)　$f(x, y) = xy(x^2 + y^2 - 1) = x^3y + xy^3 - xy$ を x, y で偏微分すると

$$f_x(x, y) = 3x^2y + y^3 - y, \quad f_y(x, y) = x^3 + 3xy^2 - x$$

となる.極値を与える候補点を求めるために,連立方程式

$$\begin{cases} y(3x^2 + y^2 - 1) = 0, \\ x(x^2 + 3y^2 - 1) = 0 \end{cases}$$

を解く.この連立方程式は次の 4 つの連立方程式に分けられる.

$$(\text{i}) \begin{cases} y = 0, \\ x = 0, \end{cases} \quad (\text{ii}) \begin{cases} y = 0, \\ x^2 + 3y^2 - 1 = 0, \end{cases}$$

$$(\text{iii}) \begin{cases} 3x^2 + y^2 - 1 = 0, \\ x = 0, \end{cases} \quad (\text{iv}) \begin{cases} 3x^2 + y^2 - 1 = 0, \\ x^2 + 3y^2 - 1 = 0. \end{cases}$$

(i),(ii),(iii),(iv) においてそれぞれの解を求めると,それらの解は

$$(x, y) = (0, 0), \ (\pm 1, 0), \ (0, \pm 1), \ \pm\left(\frac{1}{2}, \frac{1}{2}\right), \ \pm\left(\frac{1}{2}, -\frac{1}{2}\right).$$

ところが,関数 $f(x, y) = xy(x^2+y^2-1)$ は x 軸,y 軸および円周 $x^2 + y^2 = 1$ 上のすべての点 (x, y) で常にその値が 0 となる.したがって,与えられた関数 $f(x, y)$ は点 $(0, 0)$,$(\pm 1, 0)$,$(0, \pm 1)$ においては極値をもたない.

一方,第 2 次偏導関数は

$$f_{xx}(x, y) = 6xy, \quad f_{yy}(x, y) = 6xy,$$
$$f_{xy}(x, y) = f_{yx}(x, y) = 3x^2 + 3y^2 - 1$$

であるから,$\Delta = f_{xy}^2 - f_{xx}f_{yy}$ とおくと次の極値判定表が得られる.

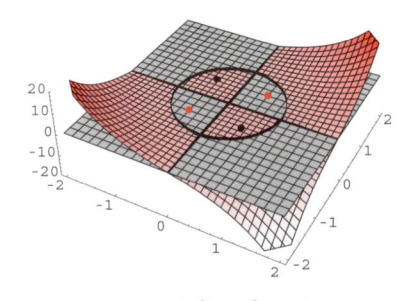

$z = xy(x^2 + y^2 - 1)$

(x, y)	f_{xx}	f_{xy}	f_{yy}	Δ	$f(x, y)$	判定
$\pm\left(\dfrac{1}{2}, \dfrac{1}{2}\right)$	$\dfrac{3}{2}$	$\dfrac{1}{2}$	$\dfrac{3}{2}$	$-2 < 0$	$-\dfrac{1}{8}$	極小
$\pm\left(\dfrac{1}{2}, -\dfrac{1}{2}\right)$	$-\dfrac{3}{2}$	$\dfrac{1}{2}$	$-\dfrac{3}{2}$	$-2 < 0$	$\dfrac{1}{8}$	極大

したがって,「極値判定条件」によれば,関数 $f(x, y) = xy(x^2 + y^2 - 1)$ は点 $\pm(1/2, 1/2)$ において極小値 $-1/8$ をもち,点 $\pm(1/2, -1/2)$ において極大値 $1/8$ をもつ.

(3) $f(x, y) = (\sqrt{x^2 + y^2} - 1)^2$ を x, y で偏微分すると,$(x, y) \neq (0, 0)$ のとき

$$f_x(x, y) = \frac{2x(\sqrt{x^2 + y^2} - 1)}{\sqrt{x^2 + y^2}}, \quad f_y(x, y) = \frac{2y(\sqrt{x^2 + y^2} - 1)}{\sqrt{x^2 + y^2}}$$

となる.なお,原点では

$$f_x(0, 0) = \lim_{h \to 0} \frac{(\sqrt{h^2} - 1)^2 - 1}{h} = \lim_{h \to 0} \left(-2\frac{|h|}{h}\right),$$

$$f_y(0, 0) = \lim_{k \to 0} \frac{(\sqrt{k^2} - 1)^2 - 1}{k} = \lim_{k \to 0} \left(-2\frac{|k|}{k}\right)$$

となり,偏微分係数 $f_x(0, 0)$, $f_y(0, 0)$ をもたないことに注意する.$(x, y) \neq (0, 0)$ の制限のもとで極値を求めるために,連立方程式

$$\begin{cases} x(\sqrt{x^2 + y^2} - 1) = 0, \\ y(\sqrt{x^2 + y^2} - 1) = 0 \end{cases}$$

を解くと,$x^2 + y^2 = 1$ が得られる.しかし,関数 $f(x, y) = (\sqrt{x^2 + y^2} - 1)^2$ は $x^2 + y^2 = 1$ をみたす円周上のすべての点 (x, y) で,常にその値が 0 となる.したがって,関数 $f(x, y)$ は $x^2 + y^2 = 1$ をみたす円周上の点 (x, y) に

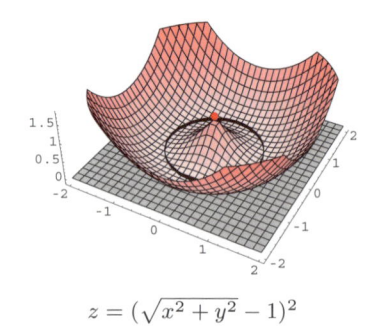

$z = (\sqrt{x^2 + y^2} - 1)^2$

においては極値をもたない.一方,原点において $f(0, 0) = 1$ であり,$0 < x^2 + y^2 < 1$ をみたすすべての点 (x, y) において $f(x, y) = (\sqrt{x^2 + y^2} - 1)^2 < f(0, 0) = 1$ が成り立つ.それゆえ,与えられた関数 $f(x, y)$ は原点において極大値 1 をもつ.

(4)　$f(x, y) = y^2 + 2x^2y - x^4$ を x, y で偏微分すると,

$$f_x(x, y) = 4xy - 4x^3, \quad f_y(x, y) = 2y + 2x^2$$

となる．極値を与える候補点を求めるために，
連立方程式

$$\begin{cases} x(y - x^2) = 0, \\ y + x^2 = 0 \end{cases}$$

を解くと，その解は $(x, y) = (0, 0)$ である．

一方，第 2 次偏導関数は

$$f_{xx}(x, y) = 4y - 12x^2, \quad f_{yy}(x, y) = 2,$$
$$f_{xy}(x, y) = f_{yx}(x, y) = 4x$$

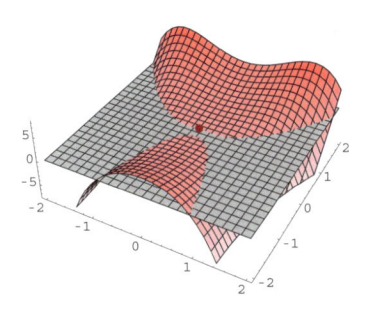

$z = y^2 + 2x^2y - x^4$

であるから，$\Delta = f_{xy}^2 - f_{xx}f_{yy}$ とおくと次の極値判定表が得られる．

(x, y)	f_{xx}	f_{xy}	f_{yy}	Δ	$f(x, y)$	判定
$(0, 0)$	0	0	2	0	0	?

この結果，関数 $f(x, y) = y^2 + 2x^2y - x^4$ が原点において極値をもつかどうかは「極値判定条件」では判定できない．そこで，関数 $f(x, y)$ について原点の近くで詳しく調べると，

$$x = 0, \ y \neq 0 \quad \text{ならば} \quad f(x, y) = y^2 > 0 = f(0, 0),$$
$$x \neq 0, \ y = 0 \quad \text{ならば} \quad f(x, y) = -x^4 < 0 = f(0, 0)$$

となる．したがって，関数 $f(x, y)$ は原点の近くでは正負いずれの値もとるので，関数 $f(x, y) = y^2 + 2x^2y - x^4$ は極値をもたない．　□

問題 8.2 次の 2 変数関数の極値を求めよ．
(1)　$(x^2 + y^2)^2 - 2(x^2 - y^2)$　　　　(2)　$(x + y)(x^3 - y^3)$
(3)　$x^2 - 2x^3 + y^2 - 2y^4$

[答]　(1)　$(\pm 1, 0)$ で極小値 -1　　(2)　極値なし
(3)　$(0, 0)$ で極小値 0, $(1/3, \pm 1/2)$ で極大値 $35/216$

§8.3　陰関数

◆ **陰関数**　2変数関数 $F(x, y)$ に対し，関係式 $F(x, y) = 0$ をみたす関数 $y = f(x)$ が存在するとき，この1変数関数 $y = f(x)$ を $F(x, y) = 0$ の**陰関数**という．

2変数関数 $F(x, y)$ が全微分可能で，かつ $F(x, y) = 0$ の陰関数 $y = f(x)$ が微分可能であるとする．$\varphi(x) = F(x, f(x))$ とおき

$$\varphi(x) = F(x, f(x)) = 0$$

を x で微分すると，「合成関数の偏微分 I」の連鎖律により

$$\varphi'(x) = \frac{d}{dx}F(x, f(x)) = F_x(x, f(x)) + F_y(x, f(x))f'(x) = 0$$

が導かれる．それゆえ，$F_y(x, f(x)) \neq 0$ ならば，$F(x, y) = 0$ の陰関数 $y = f(x)$ の導関数は

$$f'(x) = -\frac{F_x(x, f(x))}{F_y(x, f(x))}$$

で与えられる．

陰関数の存在定理

2変数関数 $F(x, y)$ が点 (a, b) の近くで偏微分可能で，かつその偏導関数 $F_x(x, y)$，$F_y(x, y)$ が連続とする．点 (a, b) において

$$F(a, b) = 0, \quad F_y(a, b) \neq 0$$

であるならば，点 $x = a$ の近くで定義された $F(x, y) = 0$ の微分可能な陰関数 $y = f(x)$ が**ただ1つ**存在して，その陰関数 $y = f(x)$ は

$$f(a) = b, \quad f'(a) = -\frac{F_x(a, b)}{F_y(a, b)}.$$

をみたす．

◆ **陰関数の高次導関数** 2 変数関数 $F(x, y)$ が点 (a, b) を含む開領域で n 回偏微分可能で，それらすべての偏導関数が連続とする．そのとき，点 $x = a$ の近くで定義された $F(x, y) = 0$ の陰関数 $y = f(x)$ は n 回微分可能であり，その第 n 次導関数 $f^{(n)}(x)$ は $F(x, y)$ の n 回以下の偏導関数を用いて表すことができる．

例えば，陰関数 $y = f(x)$ の第 2 次導関数は次のように表される．

例題 8.4 2 変数関数 $F(x, y)$ が点 (a, b) を含む開領域で 2 回偏微分可能で，それらすべての偏導関数が連続とする．$F_y(x, y) \neq 0$ のとき，$F(x, y) = 0$ の陰関数 $y = f(x)$ の第 2 次導関数は

$$f''(x) = -\frac{F_{xx}F_y{}^2 - 2F_{xy}F_xF_y + F_{yy}F_x{}^2}{F_y{}^3}(x, f(x))$$

で与えられることを示せ．

[**解**] $\varphi(x) = F(x, f(x)) = 0$ を x で微分すると

$$\varphi'(x) = F_x(x, f(x)) + F_y(x, f(x))f'(x) = 0$$

である．これを再び x で微分すると

$$\varphi''(x) = F_{xx}(x, f(x)) + F_{xy}(x, f(x))f'(x) + F_{yx}(x, f(x))f'(x)$$
$$+ F_{yy}(x, f(x))f'(x)^2 + F_y(x, f(x))f''(x) = 0$$

が導かれる．この式に

$$f'(x) = -\frac{F_x(x, f(x))}{F_y(x, f(x))}$$

を代入すると，求めるべき式が得られる． □

例題 8.5 次の関係式

$$F(x, y) = \frac{1}{2}\log(x^2 + y^2) - \mathrm{Tan}^{-1}\frac{y}{x} = 0$$

の陰関数 $y = f(x)$ に対し，その第 1 次および第 2 次導関数 $f'(x)$, $f''(x)$ を求めよ．

[解] 第 1 次導関数 $f'(x)$ を求めるために

$$\varphi(x) = F(x, f(x)) = \frac{\log\{x^2 + f(x)^2\}}{2} - \mathrm{Tan}^{-1}\frac{f(x)}{x} = 0$$

を x で微分すると

$$\varphi'(x) = \frac{\{f(x) - x\}f'(x) + f(x) + x}{x^2 + f(x)^2} = 0$$

となる．したがって，導関数 $f'(x)$ は

$$f'(x) = -\frac{f(x) + x}{f(x) - x}$$

と表される．さらに，第 2 次導関数 $f''(x)$ を求めるために

$$\{f(x) - x\}f'(x) + f(x) + x = 0$$

の両辺を x でもう一度微分すると

$$\{f(x) - x\}f''(x) + f'(x)^2 + 1 = 0$$

が導かれる．したがって，第 2 次導関数 $f''(x)$ は

$$f''(x) = -\frac{f'(x)^2 + 1}{f(x) - x} = -\frac{2\{f(x)^2 + x^2\}}{\{f(x) - x\}^3}. \qquad \Box$$

問題 8.3 次の関係式の陰関数 $y = f(x)$ に対し，その第 1 次および第 2 次導関数 $f'(x)$, $f''(x)$ を求めよ．

（1） $x^3 + y^3 - 6xy = 0$ （2） $x^4 - xy + y^4 = 0$

[答]（1） $f'(x) = \dfrac{x^2 - 2f(x)}{2x - f(x)^2}$, $f''(x) = \dfrac{16xf(x)}{\{2x - f(x)^2\}^3}$

（2） $f'(x) = \dfrac{4x^3 - f(x)}{x - 4f(x)^3}$, $f''(x) = \dfrac{2xf(x)\{16x^2 f(x)^2 + 3\}}{\{x - 4f(x)^3\}^3}$

◆ **陰関数の極値** 2 変数関数 $F(x, y)$ が 2 回偏微分可能で，それらすべての偏導関数が連続とする．$F_y(x, y) \neq 0$ のとき，陰関数 $y = f(x)$ の第 2 次導関数 $f''(x)$ は例題 8.4 により明らかに連続である．そこで，1 変数関数に対する「極値判定条件」を適用すれば，点 $x = a$ が

$$f'(a) = 0, \quad f''(a) > 0$$

をみたすとき，陰関数 $y = f(x)$ は点 $x = a$ において極小値をもち

$$f'(a) = 0, \quad f''(a) < 0$$

をみたすとき，陰関数 $y = f(x)$ は点 $x = a$ において極大値をもつ．したがって，陰関数 $y = f(x)$ の極値を調べる際には，$\varphi(x) = F(x, f(x)) = 0$ を x で1回および2回微分して得られる関係式

$$\varphi'(x) = F_x(x, f(x)) + F_y(x, f(x))f'(x) = 0,$$

$$\varphi''(x) = F_{xx}(x, f(x)) + 2F_{xy}(x, f(x))f'(x) + F_{yy}(x, f(x))f'(x)^2$$
$$+ F_y(x, f(x))f''(x) = 0$$

から，第1次および第2次導関数 $f'(x)$, $f''(x)$ を求めて「極値判定条件」を適用すればよい．

陰関数の極値

2変数関数 $F(x, y)$ が2回偏微分可能で，それらすべての偏導関数が連続とする．連立方程式

$$\begin{cases} F(x, y) = 0, \\ F_x(x, y) = 0 \end{cases}$$

の解 $(x, y) = (a, b)$ が $F_y(a, b) \neq 0$ をみたし，かつ

$$f''(a) = -\frac{F_{xx}(a, b)}{F_y(a, b)}$$

の値が正ならば，陰関数 $y = f(x)$ は点 $x = a$ において極小値 b をもつ．

一方，$f''(a)$ の値が負ならば，陰関数 $y = f(x)$ は点 $x = a$ において極大値 b をもつ．

点 $x = a$ が $f'(a) = f''(a) = 0$ をみたす場合には，さらに高次の微分係数 $f^{(n)}(a)$ を調べた後に「極値判定条件」を適用する必要がある．

例題 8.6 次の関係式

$$F(x, y) = x^3 - 3xy + 2y^2 - 4y = 0$$

をみたす陰関数 $y = f(x)$ の極値を求めよ.

[解] 陰関数 $y = f(x)$ の導関数 $f'(x)$ を求めるために

$$\varphi(x) = x^3 - 3xf(x) + 2f(x)^2 - 4f(x) = 0$$

を x で微分すると

$$\varphi'(x) = \{4f(x) - 3x - 4\}f'(x) - 3\{f(x) - x^2\} = 0$$

となる. それゆえ

$$f'(x) = \frac{3\{f(x) - x^2\}}{4f(x) - 3x - 4}$$

と表される. $f'(x) = 0$ となる点 $(x, f(x))$ を求めるために, $f(x) = x^2$ をもとの関係式 $\varphi(x) = 0$ に代入すると

$$2x^4 - 2x^3 - 4x^2 = 2x^2(x+1)(x-2) = 0$$

が導かれる. したがって, 求めるべき点は

$$(x, f(x)) = (0, 0),\ (-1, 1),\ (2, 4).$$

第 2 次導関数 $f''(x)$ を求めるために, $\varphi'(x) = 0$ の両辺をでもう 1 度微分すると

$$\varphi''(x) = \{4f'(x) - 6\}f'(x) + \{4f(x) - 3x - 4\}f''(x) + 6x = 0$$

となる. 特に, $f'(x) = 0$ のときは

$$f''(x) = -\frac{6x}{4f(x) - 3x - 4} = -\frac{6x}{4x^2 - 3x - 4}$$

と表される. したがって, $(x, f(x)) = (0, 0)$ のときは $f''(x) = 0$, $(x, f(x)) = (-1, 1)$ のときは $f''(x) = 2 > 0$, $(x, f(x)) = (2, 4)$ のときは $f''(x) = -2 < 0$ となる. それゆえ, 陰関数 $y = f(x)$ は $x = -1$ において極小値 1 をもち, $x = 2$ において極大値 4 をもつ.

$$z = x^3 - 3xy + 2y^2 - 4y \qquad\qquad 陰関数\ y = f(x)$$

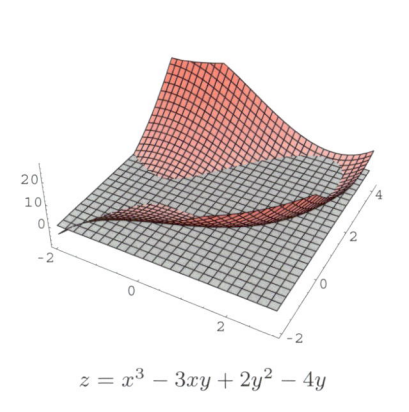

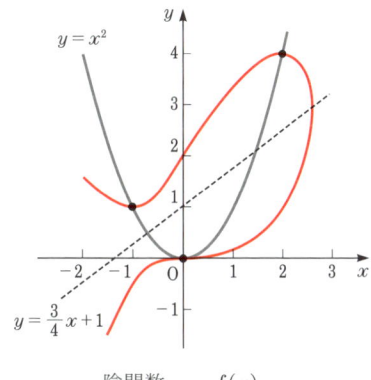

一方，$x = 0$ においては極値をもつか否かが判定できないので，さらに第 3 次導関数 $f'''(x)$ を求める必要がある．$h(x) = 4f'(x) - 6$ とおいて

$$\varphi''(x) = h(x)f'(x) + \{4f(x) - 3x - 4\}f''(x) + 6x = 0$$

をもう 1 度微分すると

$$\varphi'''(x) = h'(x)f'(x) + \{h(x) + 4f'(x) - 3\}f''(x)$$
$$+ \{4f(x) - 3x - 4\}f'''(x) + 6 = 0$$

となる．特に，$f'(x) = f''(x) = 0$ のときは

$$f'''(x) = -\frac{6}{4f(x) - 3x - 4} = -\frac{6}{4x^2 - 3x - 4}$$

と表される．したがって，$(x, f(x)) = (0, 0)$ のときは $f'''(x) = 3/2 \neq 0$ となり，陰関数 $y = f(x)$ は $x = 0$ において極値をもたない． □

問題 8.4 次の関係式をみたす陰関数の極値を求めよ．

（1） $2xy^2 + x^2y - 8 = 0$ （2） $x^3 - 2y^3 + 3x^2y + 2 = 0$

[答] （1） $x = 2$ で極大値 -2　（2） $x = 0$ で極小値 1，$x = 2$ で極大値 -1

§8.4 条件付極値

◆ **陰関数と条件付極値**　2変数 x, y が $G(x, y) = 0$ という条件をみたしながら動くときに，2変数関数 $z = F(x, y)$ の極値について調べる．このような極値を**条件付極値**という．もし，$G(x, y) = 0$ の陰関数 $y = g(x)$ ［または $x = g(y)$］を具体的な形で与えることができる場合は，1変数関数 $\phi(x) = F(x, g(x))$ ［または $\phi(y) = F(g(y), y)$］についての極値を調べればよい．

例題 8.7　双曲線 $4y^2 - 3x^2 = 1$ 上に制限された2変数関数 $F(x, y) = x^3 + 4y$ の極値を求めよ．

[解]　符号はすべて複号同順とする．$G(x, y) = 4y^2 - 3x^2 - 1 = 0$ の陰関数 $y = g_\pm(x)$ は $g_\pm(x) = \pm\dfrac{1}{2}\sqrt{3x^2 + 1}$ で与えられる．陰関数 $y = g_\pm(x)$ を用いて

$$\phi_\pm(x) = F(x, g_\pm(x)) = x^3 + 4g_\pm(x) = x^3 \pm 2\sqrt{3x^2 + 1}$$

とおくと，$\phi_\pm(x)$ の第1次および第2次導関数は

$$\phi'_\pm(x) = 3x\left(x \pm \frac{2}{\sqrt{3x^2 + 1}}\right), \quad \phi''_\pm(x) = 6\left\{x \pm \frac{1}{(3x^2 + 1)^{\frac{3}{2}}}\right\}$$

である．$\phi'_\pm(x) = 0$ となる点 $(x, g_\pm(x))$ を求めると，$x = 0$ であるか，または

$$x^2(3x^2 + 1) - 4 = (x^2 - 1)(3x^2 + 4) = 0$$

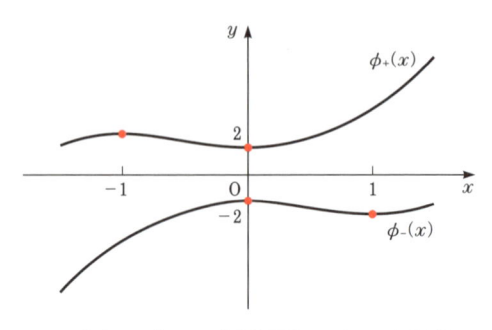

$\phi_\pm(x) = x^3 \pm 2\sqrt{3x^2 + 1}$ のグラフと極値

をみたす必要があるので、その解 $(x, g_\pm(x))$ は

$$(x, g_+(x)) = \left(0, \frac{1}{2}\right), \ (-1, 1), \quad (x, g_-(x)) = \left(0, -\frac{1}{2}\right), \ (1, -1)$$

となる.しかも, $(x, g_\pm(x)) = (0, \pm 1/2)$ のときは $\phi''_\pm(x) = \pm 6$ となり, $(x, g_\pm(x)) = \pm(-1, 1)$ のときは $\phi''_\pm(x) = \mp 21/4$ となる.それゆえ,$F(x, y)$ は点 $(0, 1/2)$, $(1, -1)$ においてそれぞれ極小値 $2, -3$ をもち,点 $(0, -1/2)$, $(-1, 1)$ においてそれぞれ極大値 $-2, 3$ をもつ. □

問題 8.5 次の関数 $F(x, y)$ の極値を指定された条件のもとで求めよ.
 (1) $x + y + xy^2 = 1$ のとき,$F(x, y) = x^2 y + x$
 (2) $2x^2 + y^2 = 12$ のとき,$F(x, y) = 4y - xy$

[答] (1) $(1, 0)$ で極大値 1, $\left(\dfrac{1 \mp \sqrt{3}}{4}, \pm\sqrt{3}\right)$ で極小値 $-\dfrac{1}{8}$ (複号同順)
 (2) $(-1, \sqrt{10})$ で極大値 $5\sqrt{10}$, $(-1, -\sqrt{10})$ で極小値 $-5\sqrt{10}$

◆ **ラグランジュの未定乗数法** 関係式 $G(x, y) = 0$ の陰関数 $y = g(x)$ [または $x = g(y)$] の存在が「陰関数の定理」によって保証されても,必ずしもその形を具体的に表すことはできない.しかしその場合でも,次の「ラグランジュの未定乗数法」を利用すれば,関数 $\phi(x) = F(x, g(x))$ [または $\phi(y) = F(g(y), y)$] が極値をもつ候補点を探し出すことができる.

ラグランジュの未定乗数法

2 変数関数 $F(x, y)$ と $G(x, y)$ が偏微分可能で,かつそれらの偏導関数がすべて連続とする.条件 $G(x, y) = 0$ のもとで与えられた 2 変数関数 $F(x, y)$ が点 (a, b) で極値をもち,かつ $G_x(a, b)^2 + G_y(a, b)^2 \neq 0$ であるならば

$$F_x(a, b) - \lambda G_x(a, b) = 0, \quad F_y(a, b) - \lambda G_y(a, b) = 0$$

をみたす定数 λ が存在する.この定数 λ を**ラグランジュの定数**という.

[証明] $G_y(a, b) \neq 0$ の場合を考えれば十分である．このとき，$G(x, y)$ の陰関数 $y = g(x)$ が存在して

$$g(a) = b, \quad g'(a) = -\frac{G_x(a, b)}{G_y(a, b)}$$

をみたす．$\phi(x) = F(x, g(x))$ の両辺を x で微分すると

$$\phi'(x) = F_x(x, g(x)) + F_y(x, g(x))g'(x)$$

となる．仮定によれば，$\phi(x) = F(x, g(x))$ は点 $x = a$ で極値をもつので

$$\phi'(a) = F_x(a, b) + F_y(a, b)g'(a) = 0$$

が得られて

$$F_x(a, b) - F_y(a, b)\frac{G_x(a, b)}{G_y(a, b)} = 0$$

が導かれる．したがって，$\lambda = \dfrac{F_y(a, b)}{G_y(a, b)}$ とおけばよい．□

2変数関数 $F(x, y)$ がある条件 $G(x, y) = 0$ のもとで極値をもつと仮定したとき，次のように「ラグランジュの未定乗数法」を適用すれば，その条件付極値を与える候補点を求めることができる．

条件付極値の求め方

2変数関数 $F(x, y)$ が条件 $G(x, y) = 0$ のもとで極値をもつと仮定して，$H(x, y) = F(x, y) - \lambda G(x, y)$ とおき，連立方程式

$$\begin{cases} H_x(x, y) = F_x(x, y) - \lambda G_x(x, y) = 0, \\ H_y(x, y) = F_y(x, y) - \lambda G_y(x, y) = 0, \\ -H_\lambda(x, y) = G(x, y) = 0 \end{cases}$$

を解く．このとき，求められた点 (a, b) が条件付極値を与える候補点である．

§8.4 条件付極値

このように「ラグランジュの未定乗数法」を利用して得られた点は必ずしも条件付極値を与えるとは限らないので，それらが極値であるか否かを別途何らかの方法で調べる必要がある．極値であるか否かを容易に判定できない場合は，例えば次の手順で極値判定を行なえばよい．

極値の候補点 (a, b) が $G_y(a, b) \neq 0$ をみたすとき，$G(x, y) = 0$ の陰関数 $y = g(x)$ を用いて $\phi(x) = F(x, g(x))$，$\psi(x) = G(x, g(x))$ とおく．$\psi(x) = 0$ の両辺を 1 回および 2 回微分すると

$$\psi'(x) = G_x(x, g(x)) + G_y(x, g(x))g'(x) = 0,$$
$$\psi''(x) = G_{xx}(x, g(x)) + 2G_{xy}(x, g(x))g'(x) + G_{yy}(x, g(x))g'(x)^2$$
$$+ G_y(x, g(x))g''(x) = 0$$

となるので，陰関数 $g(x)$ の第 1 次および第 2 次導関数は

$$g'(x) = -\frac{G_x(x, g(x))}{G_y(x, g(x))},$$
$$g''(x) = -\frac{G_{xx}(x, g(x)) + 2G_{xy}(x, g(x))g'(x) + G_{yy}(x, g(x))g'(x)^2}{G_y(x, g(x))}$$

で与えられる．そこで，候補点 (a, b) に対して，$g(x)$ の第 1 次および第 2 次微分係数 $g'(a)$，$g''(a)$ をそれぞれ求める．

次に，$\psi(x)$ と同様に $\phi(x)$ の第 1 次および第 2 次導関数 $\phi'(x)$，$\phi''(x)$ を考える．ラグランジュの定数 λ を用いると，候補点 (a, b) においては

$$\phi'(a) = F_x(a, b) + F_y(a, b)g'(a) = \lambda\{G_x(a, b) + G_y(a, b)g'(a)\} = 0$$

がみたされる．そこで，候補点 (a, b) において

$$\phi''(a) = F_{xx}(a, b) + 2F_{xy}(a, b)g'(a) + F_{yy}(a, b)g'(a)^2 + F_y(a, b)g''(a)$$

の正負を調べ，「極値判定条件」を適用すればよい．

なお，候補点 (a, b) が $\phi''(a) = 0$ をみたす場合には，さらに高次の微分係数 $\phi^{(n)}(a)$ を調べた後に「極値判定条件」を適用する必要がある．

例題 8.8 楕円 $2x^2+y^2=2$ 上に制限された 2 変数関数 $F(x,y)=xy+\sqrt{2}\,x$ の極値を「ラグランジュの未定乗数法」を用いて求めよ．

[解] $G(x,y)=2x^2+y^2-2=0$ という条件のもとで関数 $F(x,y)=xy+\sqrt{2}\,x$ の極値を調べるために，$H(x,y)=xy+\sqrt{2}\,x-\lambda(2x^2+y^2-2)$ とおいて連立方程式

$$\begin{cases} H_x(x,y)=y+\sqrt{2}-4\lambda x=0, \\ H_y(x,y)=x-2\lambda y=0, \\ -H_\lambda(x,y)=2x^2+y^2-2=0 \end{cases}$$

の解を求める．$x=0$ のときは，$y=-\sqrt{2}$ である．また，$x\neq 0$ のときは，$2\lambda=\dfrac{y+\sqrt{2}}{2x}=\dfrac{x}{y}$ より $2x^2=y(y+\sqrt{2})$ が導かれるので，この関係式を第 3 式に代入すると $2y^2+\sqrt{2}\,y-2=(2y-\sqrt{2})(y+\sqrt{2})=0$ が得られる．したがって，その解は

$$(x,y)=(0,-\sqrt{2}),\quad \left(\pm\frac{\sqrt{3}}{2},\frac{1}{\sqrt{2}}\right)$$

である．それゆえ，$F(x,y)=xy+\sqrt{2}\,x$ が $G(x,y)=0$ という条件のもとで極値をもつ候補点は $(x,y)=(0,-\sqrt{2}),(\pm\sqrt{3}/2,1/\sqrt{2})$ のときに限られる．これらの条件付極値の候補点における $F(x,y)$ の値は

$$F(0,-\sqrt{2})=0,\quad F\left(\pm\frac{\sqrt{3}}{2},\frac{1}{\sqrt{2}}\right)=\pm\frac{3}{4}\sqrt{6}\quad \text{（複号同順）}$$

である．有界閉領域である楕円 $2x^2+y^2=2$ 上の関数 $F(x,y)=xy+\sqrt{2}\,x$ は必ず最大値と最小値をもつ．したがって，「極値判定条件」を適用するまでもなく，点 $(\sqrt{3}/2,1/\sqrt{2})$ において最大値かつ極大値 $3\sqrt{6}/4$ をもち，点 $(-\sqrt{3}/2,1/\sqrt{2})$ において最小値かつ極小値 $-3\sqrt{6}/4$ をもつことが直ちに示される．

次に，もう 1 つの極値の候補点 $(0,-\sqrt{2})$ が極値を与えるかどうか調べるために，点 (x,y) を次ページ右図の楕円上に沿って点 $(-\sqrt{3}/2,1/\sqrt{2})$ から点 $(\sqrt{3}/2,1/\sqrt{2})$ へ反時計回りに進めると，候補点 $(0,-\sqrt{2})$ はその中間に位置している．点 (x,y) を点 $(-\sqrt{3}/2,1/\sqrt{2})$ から点 $(0,-\sqrt{2})$ へ進めると，その途中には極値をもつ点は存在しないので，$F(x,y)$ の値は最小値 $-3\sqrt{6}/4$ から 0 へ単調に増加する．さらに，点

$$z = xy + \sqrt{2}\,x \quad (2x^2 + y^2 = 2)$$

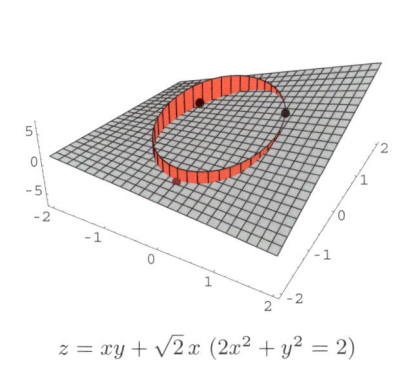

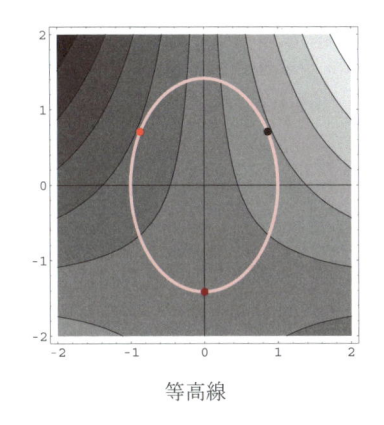

等高線

(x, y) を点 $(0, -\sqrt{2})$ から点 $(\sqrt{3}/2, 1/\sqrt{2})$ へ進めると，その途中にも極値をもつ点は存在しないので，$F(x, y)$ の値は 0 から最大値 $3\sqrt{6}/4$ へ単調に増加する．すなわち，点 (x, y) を点 $(-\sqrt{3}/2, 1/\sqrt{2})$ から点 $(\sqrt{3}/2, 1/\sqrt{2})$ へ右上図の楕円に沿って反時計回りに進めると，$F(x, y)$ の値は最小値 $-3\sqrt{6}/4$ から最大値 $3\sqrt{6}/4$ へ単調に増加するので，その中間に位置する候補点 $(0, -\sqrt{2})$ は極値を与えないことがわかる． □

問題 8.6 次の 2 変数関数 $F(x, y)$ の極値を指定された条件のもとで「ラグランジュの未定乗数法」を用いて求めよ．

(1)　$4y^2 - 3x^2 = 1$　のとき，　$F(x, y) = x^3 + 4y$

(2)　$x + y + xy^2 = 1$　のとき，　$F(x, y) = x^2 y + x$

(3)　$2x^2 + y^2 = 12$　のとき，　$F(x, y) = 4y - xy$

[答]　(1) は例題 8.7 の解，(2)，(3) は問題 8.5 の答を見よ．

◆ **最大値と最小値**　1 変数関数のときと同様に，有界な閉領域 D 上で定義された連続な関数 $F(x, y)$ は常に最大値と最小値をもつ．その最大値と最小値を調べるためには，2 変数関数 $F(x, y)$ の極値の候補点を D の内部で探し，さらに D の境界上で条件付極値の候補点を探して，それらの候補点における $F(x, y)$ の最大値と最小値を求めればよい．

例題 8.9 円板 $x^2 + y^2 \leqq 5$ 上で与えられた 2 変数関数

$$F(x, y) = x^4 + y^4 - (x+y)^2$$

の最大値と最小値を求めよ．

[解] $F(x, y) = x^4 + y^4 - (x+y)^2$ の極値の候補点を見つけるために，連立方程式

$$\begin{cases} F_x(x, y) = 2(2x^3 - x - y) = 0, \\ F_y(x, y) = 2(2y^3 - x - y) = 0 \end{cases}$$

を解くと，その解は

$$(x, y) = (0, 0), \ (1, 1), \ (-1, -1)$$

である．これらすべての候補点は有界閉領域 $D = \{(x, y) \mid x^2 + y^2 \leqq 5\}$ の内部にあり，これらの点における $F(x, y)$ の値は

$$F(0, 0) = 0, \quad F(1, 1) = F(-1, -1) = -2.$$

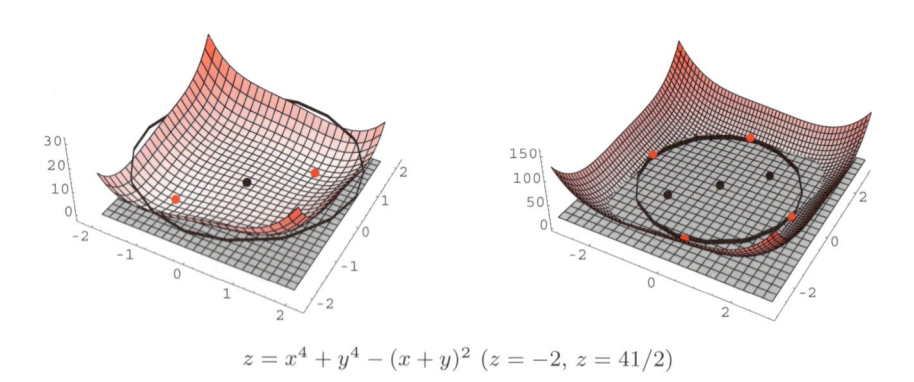

$z = x^4 + y^4 - (x+y)^2 \ (z = -2, z = 41/2)$

次に，有界閉領域 D の境界 $\{(x, y) \mid x^2 + y^2 = 5\}$ 上における $F(x, y)$ の条件付極値の候補点を「ラグランジュの未定乗数法」を用いて求める．

$$H(x, y) = x^4 + y^4 - (x+y)^2 - \lambda(x^2 + y^2 - 5)$$

とおいて，連立方程式
$$\begin{cases} H_x(x,\,y) = 2(2x^3 - x - y) - 2\lambda x = 0, \\ H_y(x,\,y) = 2(2y^3 - x - y) - 2\lambda y = 0, \\ -H_\lambda(x,\,y) = x^2 + y^2 - 5 = 0 \end{cases}$$
を解く．
$$\lambda = \frac{2x^3 - x - y}{x} = \frac{2y^3 - x - y}{y}$$
より
$$2x^3 y - y^2 - 2xy^3 + x^2 = (x^2 - y^2)(2xy + 1) = 0$$
が導かれる．まず，$y = \pm x$ のとき，この関係式を連立方程式の第 3 式に代入して解を求めると
$$(x,\,y) = \pm\left(\frac{\sqrt{10}}{2},\,\frac{\sqrt{10}}{2}\right),\ \pm\left(\frac{\sqrt{10}}{2},\,-\frac{\sqrt{10}}{2}\right) \quad \text{(複号同順)}$$
が得られる．一方，$2xy = -1$ のとき，この関係式を連立方程式の第 3 式に代入すると
$$4x^4 - 20x^2 + 1 = (2x^2 - 1)^2 - 16x^2$$
$$= (2x^2 - 4x - 1)(2x^2 + 4x - 1) = 0$$
が導かれるので，解は
$$(x,\,y) = \left(1 \pm \frac{\sqrt{6}}{2},\,1 \mp \frac{\sqrt{6}}{2}\right),\ \left(-1 \pm \frac{\sqrt{6}}{2},\,-1 \mp \frac{\sqrt{6}}{2}\right) \quad \text{(複号同順)}$$
である．これらの条件付極値の候補点における $F(x,\,y)$ の値は
$$F\left(\pm\frac{\sqrt{10}}{2},\,\pm\frac{\sqrt{10}}{2}\right) = \frac{5}{2},\quad F\left(\pm\frac{\sqrt{10}}{2},\,\mp\frac{\sqrt{10}}{2}\right) = \frac{25}{2},$$
$$F\left(1 \pm \frac{\sqrt{6}}{2},\,1 \mp \frac{\sqrt{6}}{2}\right) = F\left(-1 \pm \frac{\sqrt{6}}{2},\,-1 \mp \frac{\sqrt{6}}{2}\right) = \frac{41}{2}$$
である（ただし，複号同順）．それゆえ，関数 $F(x,\,y) = x^4 + y^4 - (x+y)^2$ は有界閉領域 $D = \{(x,\,y) \mid x^2 + y^2 \leqq 5\}$ 内において，点 $\pm(1,\,1)$ で最小値 -2 をもち，点
$$\left(1 \pm \frac{\sqrt{6}}{2},\,1 \mp \frac{\sqrt{6}}{2}\right),\quad \left(-1 \pm \frac{\sqrt{6}}{2},\,-1 \mp \frac{\sqrt{6}}{2}\right) \quad \text{(複号同順)}$$
で最大値 $41/2$ をもつ． □

問題 8.7 次の 2 変数関数 $F(x, y)$ の最大値と最小値を指定された条件のもとで求めよ．

(1) $x^2 + 2y^2 \leqq 3$ のとき，$F(x, y) = x^3 + 3xy^2 - 3x$

(2) $0 \leqq y \leqq 3 - 2x^2$ のとき，$F(x, y) = y^2 + 2x^2 y + 2x^4 - 2y$

[答] (1) $(1, 0)$ で最小値 -2, $(-1, 0)$ で最大値 2

(2) $(0, 1)$ で最小値 -1, $(\pm\sqrt{6}/2, 0)$ で最大値 $9/2$

演習問題

8.1 次の 2 変数関数の極値を求めよ．

(1) $x^3 - 3xy^2 - 3x$ (2) $x^3 + 3xy^2 + 6xy - 9x$

(3) $x^4 + 2x^2 - 8xy + 4y^2$ (4) $x^2 + y^2 + xy - \dfrac{3}{x} - \dfrac{3}{y}$

(5) $xy^2 + x^2 - 3\log|x| - 2\log|y|$ (6) $xy^2 + \dfrac{9}{x + 2y}$

(7) $xy(x - 4)(y + 4)$ (8) $xy(x + 2y + 6)$

(9) $x^4 + y^4 - 6x^2 - 8xy - 6y^2$ (10) $x^2 y(y + 2)$

(11) $x^3 - y^3 + 3(x - y)^2$ (12) $x^4 + y^4 - (x + y)^2$

(13) $(x^2 + y^2)e^{x^2 - y^2}$ (14) $(x + y)e^{-(x^2 + y^2)}$

(15) $\left(x^2 + y^2 + \dfrac{1}{4}\right)\log\left(x^2 + y^2 + \dfrac{1}{4}\right)$

(16) $2x^2 + y^2 \sin 2x \quad (-\pi < x < \pi)$

(17) $\left(x - \dfrac{\pi}{4}\right)\sin(x + y) \quad (0 < x, y < 2\pi)$

(18) $\cos(x + y) + \cos x + \cos y \quad (0 < x, y < 2\pi)$

(19) $\mathrm{Sin}^{-1} xy$ (20) $\mathrm{Sin}^{-1} \sqrt{1 - x^2 - y^2}$

8.2 a を定数とするとき，次の 2 変数関数の極値を求めよ．

(1) $x^2 + y^3 + 3ay^2$ (2) $y^2 + 2x^2 y + ax^4$

(3) $(ax^2 + y^2)e^{-(x^2 + y^2)}$

8.3 次の関係式をみたす陰関数の極値を求めよ.

　　（1） $x^2 - 2xy^2 + 6xy + 16 = 0$

　　（2） $x^3 + y^3 - 3x^2y - 1 = 0$

　　（3） $x^4 + 4xy^3 - 3y = 0$

　　（4） $x + 2\log y - e^x y^3 = 0$

　　（5） $\log(x^2 + y^2) - 2\,\mathrm{Tan}^{-1}\dfrac{y}{x} = 0$

8.4 次の関数 $F(x, y)$ の極値を指定された条件のもとで求めよ.

　　（1） $x^2 - y^3 + 1 = 0$　　　のとき，$F(x, y) = \dfrac{3x}{y^2}$

　　（2） $x + y - x^2y = 0$　　　のとき，$F(x, y) = x^3y + 3x^2$

　　（3） $x^2 - 2y^2 = 1$　　　のとき，$F(x, y) = xy^2 - 4x$

　　（4） $3x^2 - y^3 = 7$　　　のとき，$F(x, y) = xy^2$

　　（5） $x + y + xy + 5 = 0$　　　のとき，$F(x, y) = x^3y$

　　（6） $4x^2 + y^2 = 4$　　　のとき，$F(x, y) = 2x^3y$

　　（7） $x - 2y - xy^2 + 2 = 0$　　のとき，$F(x, y) = xy^3$

8.5 演習問題 8.4（1）〜（7）の極値を「ラグランジュの未定乗数法」を用いて求めよ.

8.6 次の関数の極値を指定された条件のもとで「ラグランジュの未定乗数法」を用いて求めよ.

　　（1） $2xy^2 + x^2y = 8$　　　　　　のとき，$F(x, y) = x + 2y$

　　（2） $x^2 - 2xy^2 + 4xy + 1 = 0$　　のとき，$F(x, y) = x + 2y$

　　（3） $2x^4 - 2xy + y^2 + 6y + 5 = 0$　のとき，$F(x, y) = x - y$

　　（4） $x^3 - 4y^3 + 3x^2y = 0$　　　のとき，$F(x, y) = x^2 - 2y$

　　（5） $2x^3 + y^3 - 3x^2y + 2 = 0$　　のとき，$F(x, y) = x^2 + y$

　　（6） $x + 2\log y + e^x y^2 = 1$　　　のとき，$F(x, y) = x + y^2$

(7)　$\log(x^2+y^2) - 2\,\mathrm{Tan}^{-1}\dfrac{y}{x} = 0$　　のとき，　$F(x, y) = x^2 + 2xy - y^2$

(8)　$\sin x + \sin y = 1\ (0 < x,\ y < 2\pi)$　のとき，　$F(x, y) = \sin x \sin y$

8.7　次の 2 変数関数 $F(x, y)$ の最大値と最小値を指定された条件のもとで求めよ．

(1)　$x^4 + y^4 \leqq 2$　　　　　　　のとき，　$F(x, y) = x^2 + 2y$

(2)　$x^2 + 2y^2 + 4y \leqq 7$　　　　のとき，　$F(x, y) = x^3 + 3x(y+3)(y-1)$

(3)　$2x^2 + y^2 \leqq 10$　　　　　　のとき，　$F(x, y) = 2x^2 + 4xy + y^2 - 4x$

(4)　$x^2 - 4x + y^2 + 4y \leqq 10$　のとき，　$F(x, y) = xy(x-4)(y+4)$

(5)　$x^2 + y^2 \leqq 12$　　　　　　 のとき，　$F(x, y) = x^3 - y^3 + 3(x-y)^2$

(6)　$x^4 + y^4 \leqq 4$　　　　　　　のとき，　$F(x, y) = xy(x^4 + y^4 - 6)$

(7)　$x^{\frac{2}{3}} + y^{\frac{2}{3}} \leqq 2,\ y \geqq 0$　　のとき，　$F(x, y) = x - 3y^{\frac{1}{3}}$

(8)　$x^2 - 4 \leqq y \leqq x + 2$　　　のとき，　$F(x, y) = x^3 - 3xy + 3y$

第9章
重積分

§9.1　2重積分

2変数関数 $f(x, y)$ が xy 平面の有界な閉領域 D 上で定義されているとき，D を含む長方形領域 $K = [a, b] \times [c, d]$ をとり，関数 $f(x, y)$ を D の外部の点 $(x, y) \in K - D$ において $f(x, y) = 0$ と定義して K 上の関数に拡張する．2つの閉区間 $[a, b]$, $[c, d]$ に対し $m-1$ 個と $n-1$ 個の分点

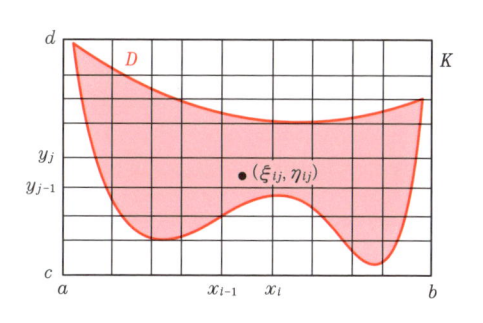

$$a = x_0 < x_1 < x_2 < \cdots < x_{m-1} < x_m = b,$$
$$c = y_0 < y_1 < y_2 < \cdots < y_{n-1} < y_n = d$$

をそれぞれ任意に選んで，$K = [a, b] \times [c, d]$ を mn 個の小長方形

$$K_{ij} = [x_{i-1}, x_i] \times [y_{j-1}, y_j] \quad (i = 1, 2, \ldots, m; j = 1, 2, \ldots, n)$$

に分割する．ただし，この分割 Δ は m, n を十分大きくとると，$\delta x_i = x_i - x_{i-1}$, $\delta y_j = y_j - y_{j-1}$ はすべて限りなく 0 に近づくものとする．各 K_{ij} において任意の点 (ξ_{ij}, η_{ij}) を1つ選び，次の和

$$S_\Delta = \sum_{i=1}^{m} \sum_{j=1}^{n} f(\xi_{ij}, \eta_{ij}) \delta x_i \delta y_j$$

を考える．m, n を十分大きくとって長方形領域 K を十分細かく分割したとき，分割 Δ と各 K_{ij} の点 (ξ_{ij}, η_{ij}) の選び方によらず S_Δ が有限確定値に近づくならば，2 変数関数 $f(x, y)$ は領域 D において **2 重積分可能**であるという．また，その極限値を

$$\iint_D f(x, y)\,dxdy$$

と表し，関数 $f(x, y)$ の平面領域 D を積分領域とする **2 重積分**という．

　1 変数関数の定積分の場合と同様に，2 変数関数の 2 重積分の性質として次のことが示される．

連続関数の 2 重積分可能性

　2 変数関数 $f(x, y)$ が有界な閉領域 D において連続ならば，$f(x, y)$ は D において 2 重積分可能である．

2 重積分の基本性質

　関数 $f(x, y)$，$g(x, y)$ が有界な閉領域 D において連続であるとする．

（ⅰ）　$\displaystyle\iint_D cf(x, y)\,dxdy = c\iint_D f(x, y)\,dxdy$　（c は定数）．

（ⅱ）　$\displaystyle\iint_D \{f(x, y) \pm g(x, y)\}\,dxdy$

$\displaystyle\qquad = \iint_D f(x, y)\,dxdy \pm \iint_D g(x, y)\,dxdy$　（複号同順）．

（ⅲ）　D が 2 つの閉領域 D_1, D_2 に分けられているとき

$$\iint_D f(x, y)\,dxdy = \iint_{D_1} f(x, y)\,dxdy + \iint_{D_2} f(x, y)\,dxdy.$$

（ⅳ）　有界な閉領域 D において常に $f(x, y) \leqq g(x, y)$ ならば

$$\iint_D f(x, y)\,dxdy \leqq \iint_D g(x, y)\,dxdy.$$

（ⅴ）　$\displaystyle\left|\iint_D f(x, y)\,dxdy\right| \leqq \iint_D |f(x, y)|\,dxdy.$

§9.2　2重積分の計算

◆ **累次積分**　2つの関数 $\gamma(x)$, $\delta(x)$ がともに閉区間 $[a, b]$ において連続で，$\gamma(x) \leqq \delta(x)$ をみたしているとき，2つの曲線 $y = \gamma(x)$, $y = \delta(x)$ および x 軸に垂直な2つの直線 $x = a$, $x = b$ $(a < b)$ で囲まれた領域 D は

$$D = \{(x, y) \mid a \leqq x \leqq b, \gamma(x) \leqq y \leqq \delta(x)\}$$

と表される．このような領域を縦線領域という．2変数関数 $f(x, y)$ が縦線領域 D において連続であるとき，x を固定して，$f(x, y)$ を y で $y = \gamma(x)$ から $y = \delta(x)$ まで積分した

$$\int_{\gamma(x)}^{\delta(x)} f(x, y)\,dy$$

は x のみの連続関数になる．この連続関数をさらに x で a から b まで積分したものを次のように表し，**累次積分**という．

$$\int_a^b \left\{ \int_{\gamma(x)}^{\delta(x)} f(x, y)\,dy \right\} dx \quad \text{または} \quad \int_a^b dx \int_{\gamma(x)}^{\delta(x)} f(x, y)\,dy.$$

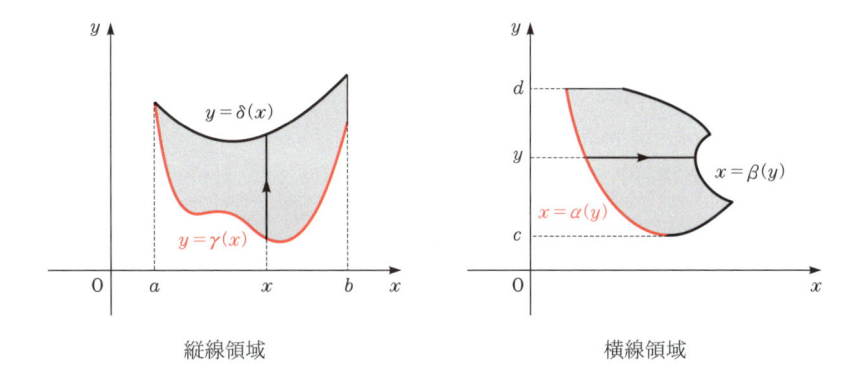

縦線領域　　　　　　　　　横線領域

2つの連続曲線 $x = \alpha(y)$, $x = \beta(y)$ $(\alpha(y) \leqq \beta(y))$ および y 軸に垂直な2つの直線 $y = c$, $y = d$ $(c < d)$ で囲まれた領域 D は

$$D = \{(x, y) \mid c \leqq y \leqq d, \alpha(y) \leqq x \leqq \beta(y)\}$$

と表される．このような領域を**横線領域**という．2変数関数 $f(x, y)$ が横線領
域 D において連続であるとき，累次積分は次のように表される．

$$\int_c^d \left\{ \int_{\alpha(y)}^{\beta(y)} f(x, y)\, dx \right\} dy \quad \text{または} \quad \int_c^d dy \int_{\alpha(y)}^{\beta(y)} f(x, y)\, dx$$

2 重積分と累次積分

（ⅰ）2変数関数 $f(x, y)$ が縦線領域

$$D = \{(x, y) \mid a \leqq x \leqq b,\, \gamma(x) \leqq y \leqq \delta(x)\}$$

において連続であるとき，次の等式が成り立つ．

$$\iint_D f(x, y)\, dxdy = \int_a^b dx \int_{\gamma(x)}^{\delta(x)} f(x, y)\, dy.$$

（ⅱ）2変数関数 $f(x, y)$ が横線領域

$$D = \{(x, y) \mid c \leqq y \leqq d,\, \alpha(y) \leqq x \leqq \beta(y)\}$$

において連続であるとき，次の等式が成り立つ．

$$\iint_D f(x, y)\, dxdy = \int_c^d dy \int_{\alpha(y)}^{\beta(y)} f(x, y)\, dx.$$

2変数関数 $f(x, y)$ が長方形領域 $K = [a, b] \times [c, d]$ で x のみの連続関数 $g(x)$ と y のみの連続関数 $h(y)$ による積 $g(x)h(y) = g(x) \times h(y)$ として表されている場合は，$f(x, y)$ の2重積分は

領域の分割

$$\iint_K g(x)h(y)\, dxdy$$
$$= \int_a^b \left\{ \int_c^d g(x)h(y)\, dy \right\} dx = \left\{ \int_a^b g(x)\, dx \right\} \times \left\{ \int_c^d h(y)\, dy \right\}$$

と 2 つの定積分の積の形で表される．また，有界な閉領域 D が縦線領域でも横線領域でもない場合は，領域 D を各分割領域 $D_1, D_2, \ldots, D_n$ が縦線領域または横線領域となるように適当に分割して各々の 2 重積分の和

$$\iint_D f(x, y)\, dxdy$$
$$= \iint_{D_1} f(x, y)\, dxdy + \iint_{D_2} f(x, y)\, dxdy + \cdots + \iint_{D_n} f(x, y)\, dxdy$$

を計算すればよい．

◆ **2 重積分の計算**　具体例を挙げて 2 重積分を計算してみよう．

例題 9.1　与えられた領域 D において，次の 2 重積分を縦線領域および横線領域における累次積分による 2 通りの方法で計算せよ．

$$\iint_D xy\, dxdy, \quad D : 2 \text{ つの曲線 } y = x,\ y = x^2 \text{ で囲まれた領域}$$

[解]　与えられた積分領域 D を縦線領域

$$D = \{(x, y) \mid 0 \leqq x \leqq 1,\ x^2 \leqq y \leqq x\}$$

で表して，関数 xy の 2 重積分の値を計算すると

$$\iint_D xy\, dxdy = \int_0^1 \left(\int_{x^2}^x xy\, dy \right) dx = \int_0^1 \left[\frac{1}{2} xy^2 \right]_{y=x^2}^{y=x} dx$$
$$= \frac{1}{2} \int_0^1 (x^3 - x^5)\, dx = \frac{1}{2} \left[\frac{x^4}{4} - \frac{x^6}{6} \right]_0^1 = \frac{1}{24}.$$

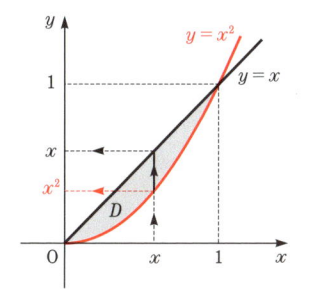

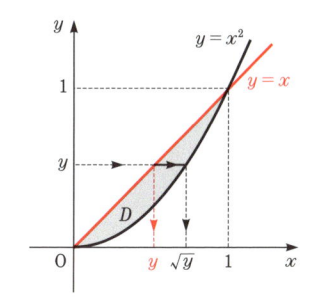

また，与えられた領域 D を横線領域

$$D = \{(x, y) \mid 0 \leqq y \leqq 1, y \leqq x \leqq \sqrt{y}\}$$

で表して，関数 xy の 2 重積分の値を計算すると

$$\iint_D xy \, dxdy = \int_0^1 \left(\int_y^{\sqrt{y}} xy \, dx\right) dy = \int_0^1 \left[\frac{1}{2}x^2 y\right]_{x=y}^{x=\sqrt{y}} dy$$
$$= \frac{1}{2}\int_0^1 (y^2 - y^3) \, dy = \frac{1}{2}\left[\frac{y^3}{3} - \frac{y^4}{4}\right]_0^1 = \frac{1}{24}. \qquad \square$$

問題 9.1 $y = 3x^2$, $x = 1$, x 軸で囲まれた領域を D とするとき，次の 2 重積分を縦線領域および横線領域における累次積分による 2 通りの方法で計算せよ．

（1） $\displaystyle\iint_D x\sqrt{x^2 + y} \, dxdy$ （2） $\displaystyle\iint_D \frac{2y}{x+1} \, dxdy$

[答]　（1） $\dfrac{14}{15}$　（2） $-\dfrac{21}{4} + 9\log 2$

例題 9.2 与えられた領域 D において，次の 2 重積分の値を求めよ．

$$\iint_D e^{x^2} \, dxdy, \quad D : y = x^3, \ x = 1, \ x \text{軸で囲まれた領域}$$

[解]　与えられた積分領域 D を縦線領域

$$D = \{(x, y) \mid 0 \leqq x \leqq 1, 0 \leqq y \leqq x^3\}$$

で表して，関数 e^{x^2} の 2 重積分の値を求めると

$$\iint_D e^{x^2} \, dxdy$$
$$= \int_0^1 \left(\int_0^{x^3} e^{x^2} \, dy\right) dx$$
$$= \int_0^1 \left[ye^{x^2}\right]_{y=0}^{y=x^3} dx = \int_0^1 x^3 e^{x^2} \, dx$$

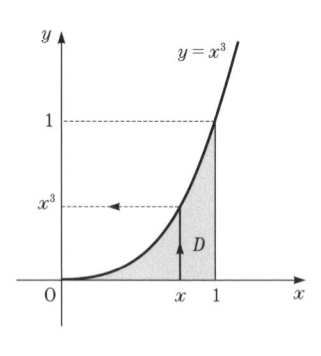

と変形される．そこで，$t = x^2$ と変数変換して部分積分法を用いて計算を続けると

$$\iint_D e^{x^2} \, dxdy = \int_0^1 x^3 e^{x^2} \, dx = \int_0^1 \frac{1}{2} te^t \, dt$$
$$= \frac{1}{2}\left[te^t\right]_0^1 - \frac{1}{2}\int_0^1 e^t \, dt = \frac{1}{2}e - \frac{1}{2}\left[e^t\right]_0^1 = \frac{1}{2}. \qquad \square$$

▶**注意** 与えられた領域 D を横線領域

$$D = \{(x, y) \mid 0 \leqq y \leqq 1, \sqrt[3]{y} \leqq x \leqq 1\}$$

で表して，関数 e^{x^2} の 2 重積分の値を求めると

$$\iint_D e^{x^2}\,dxdy = \int_0^1 \left(\int_{\sqrt[3]{y}}^1 e^{x^2}\,dx \right) dy$$

と変形されるが，e^{x^2} の原始関数は初等関数で表すことができないため，定積分 $\displaystyle\int_{\sqrt[3]{y}}^1 e^{x^2}\,dx$ の値は残念ながら求めることができない．

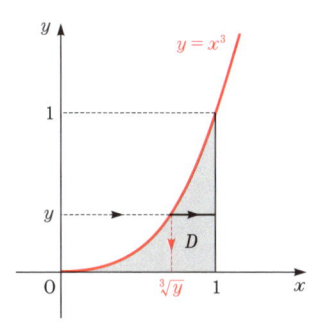

例題 9.3 与えられた領域 D において，次の 2 重積分の値を求めよ．

（1） $\displaystyle\iint_D (x^3 - 2xy)\,dxdy, \quad D = \{(x, y) \mid 0 \leqq x \leqq 1, x^2 \leqq y \leqq 2 - x\}$

（2） $\displaystyle\iint_D \frac{2x}{1 + y^4}\,dxdy, \quad D = \{(x, y) \mid 0 \leqq x \leqq 1, x^2 \leqq y \leqq 1\}$

（3） $\displaystyle\iint_D (2x - xy)\,dxdy, \quad D = \{(x, y) \mid x \leqq y \leqq 2x, x + y \leqq 3\}$

[解] （1） 縦線領域

$$D = \{(x, y) \mid 0 \leqq x \leqq 1, x^2 \leqq y \leqq 2 - x\}$$

で与えられている領域 D において関数 $x^3 - 2xy$ の 2 重積分の値を求めると

$$\begin{aligned}
\iint_D &(x^3 - 2xy)\,dxdy \\
&= \int_0^1 dx \int_{x^2}^{2-x} (x^3 - 2xy)\,dy \\
&= \int_0^1 \left[x^3 y - xy^2 \right]_{y=x^2}^{y=2-x} dx \\
&= \int_0^1 (-x^4 + x^3 + 4x^2 - 4x)\,dx = \left[-\frac{1}{5}x^5 + \frac{1}{4}x^4 + \frac{4}{3}x^3 - 2x^2 \right]_0^1 \\
&= -\frac{1}{5} + \frac{1}{4} + \frac{4}{3} - 2 = -\frac{37}{60}.
\end{aligned}$$

(2) 縦線領域で与えられている積分領域 D を横線領域

$D = \{(x, y) \mid 0 \leqq y \leqq 1, 0 \leqq x \leqq \sqrt{y}\}$

で表して，関数 $\dfrac{2x}{1+y^4}$ の 2 重積分の値を求めると

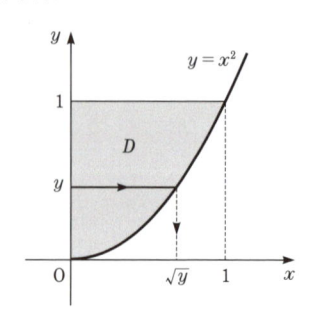

$$\iint_D \frac{2x}{1+y^4}\,dxdy = \int_0^1 dy \int_0^{\sqrt{y}} \frac{2x}{1+y^4}\,dx$$

$$= \int_0^1 \left[\frac{x^2}{1+y^4}\right]_{x=0}^{x=\sqrt{y}} dy$$

$$= \int_0^1 \frac{y}{1+y^4}\,dy = \frac{1}{2}\left[\mathrm{Tan}^{-1} y^2\right]_0^1 = \frac{\pi}{8}.$$

(3) 積分領域 D を 2 つの縦線領域

$D_1 = \{(x, y) \mid 0 \leqq x \leqq 1, x \leqq y \leqq 2x\},$

$D_2 = \left\{(x, y) \,\middle|\, 1 \leqq x \leqq \dfrac{3}{2}, x \leqq y \leqq 3 - x\right\}$

に分けて，関数 $2x - xy$ の 2 重積分の値を求めると

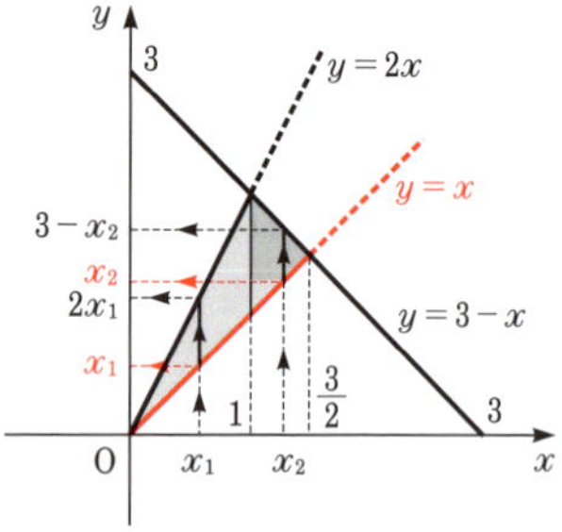

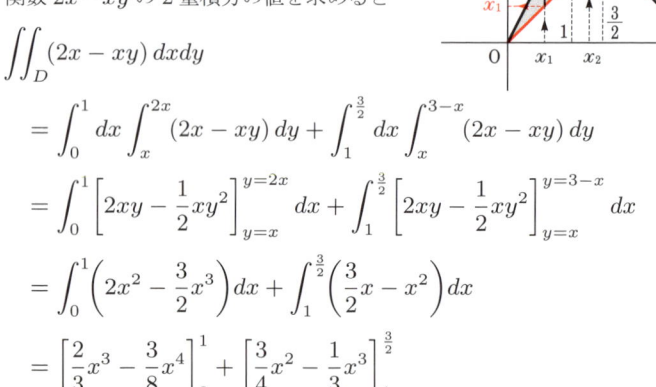

$$\iint_D (2x - xy)\,dxdy$$

$$= \int_0^1 dx \int_x^{2x} (2x - xy)\,dy + \int_1^{\frac{3}{2}} dx \int_x^{3-x} (2x - xy)\,dy$$

$$= \int_0^1 \left[2xy - \frac{1}{2}xy^2\right]_{y=x}^{y=2x} dx + \int_1^{\frac{3}{2}} \left[2xy - \frac{1}{2}xy^2\right]_{y=x}^{y=3-x} dx$$

$$= \int_0^1 \left(2x^2 - \frac{3}{2}x^3\right) dx + \int_1^{\frac{3}{2}} \left(\frac{3}{2}x - x^2\right) dx$$

$$= \left[\frac{2}{3}x^3 - \frac{3}{8}x^4\right]_0^1 + \left[\frac{3}{4}x^2 - \frac{1}{3}x^3\right]_1^{\frac{3}{2}}$$

$$= \frac{7}{24} + \frac{3}{4} \cdot \frac{5}{4} - \frac{1}{3} \cdot \frac{19}{8} = \frac{7}{16}. \qquad \Box$$

問題 9.2 与えられた領域 D において，次の 2 重積分の値を求めよ．

(1) $\iint_D y \cos xy \, dxdy, \quad D = \left\{(x, y) \,\middle|\, 0 \leqq x \leqq 1, 0 \leqq y \leqq \dfrac{\pi}{2}\right\}$

(2) $\iint_D \dfrac{y}{(x+1)^2}\,dxdy, \quad D = \{(x, y) \mid 0 \leqq x \leqq y \leqq 2 - x\}$

[答] (1) 1　(2) $2(1 - \log 2)$

§9.3 変数変換

◆ **変数変換とヤコビアン** 偏微分可能な関数 $x = \varphi(u, v)$, $y = \psi(u, v)$ に対し,次の行列式

$$\frac{\partial(x, y)}{\partial(u, v)} = \begin{vmatrix} \dfrac{\partial x}{\partial u} & \dfrac{\partial x}{\partial v} \\ \dfrac{\partial y}{\partial u} & \dfrac{\partial y}{\partial v} \end{vmatrix}$$

を変数変換 $x = \varphi(u, v)$, $y = \psi(u, v)$ の**ヤコビアン**という.

線形変換と極座標変換のヤコビアン

（ⅰ）線形変換 $x = au + bv$, $y = cu + dv$ のヤコビアンの値は

$$\frac{\partial(x, y)}{\partial(u, v)} = \begin{vmatrix} a & b \\ c & d \end{vmatrix} = ad - bc.$$

（ⅱ）極座標変換 $x = r\cos\theta$, $y = r\sin\theta$ $(r \geqq 0, 0 \leqq \theta \leqq 2\pi)$ のヤコビアンの値は

$$\frac{\partial(x, y)}{\partial(r, \theta)} = \begin{vmatrix} \cos\theta & -r\sin\theta \\ \sin\theta & r\cos\theta \end{vmatrix} = r.$$

ここで,ヤコビアンの図形的な意味を変数変換（ⅰ）,（ⅱ）について考える.

（ⅰ）$x = \varphi(u, v) = au + bv$, $y = \psi(u, v) = cu + dv$ と変数変換すると,uv 平面上での 4 点

$$(u, v), \quad (u', v), \quad (u, v'), \quad (u', v')$$

を頂点とする長方形 D_{uv} は,xy 平面での 4 点

$$(au + bv, cu + dv), \quad (au' + bv, cu' + dv),$$
$$(au + bv', cu + dv'), \quad (au' + bv', cu' + dv')$$

を頂点とする平行四辺形 D_{xy} に 1 対 1 に移される．$\Delta u = u' - u > 0$，$\Delta v = v' - v > 0$ とおくと，平行四辺形の面積 $|D_{xy}|$ はもとの長方形の面積 $|D_{uv}| = \Delta u \Delta v$ の $|ad-bc|$ 倍になる．したがって，$x = au+bv$, $y = cu+dv$ と変数変換すると，uv 平面と xy 平面における微小面積 $dudv$ と $dxdy$ の関係は次の等式で与えられる．

$$dxdy = |ad-bc|\,dudv = \left|\frac{\partial(x,y)}{\partial(u,v)}\right|dudv.$$

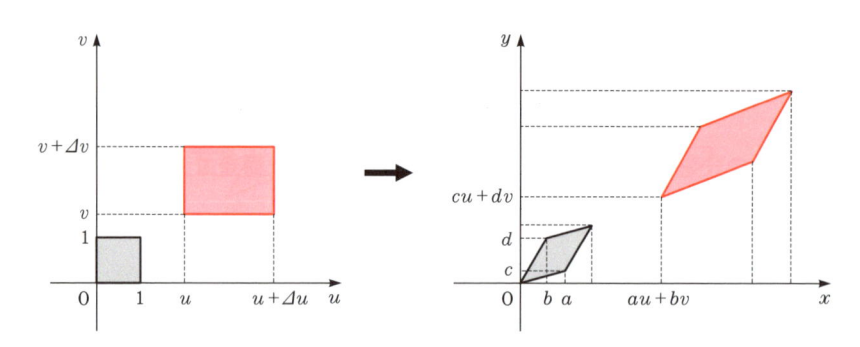

線形変換

(ii) $x = \varphi(r,\theta) = r\cos\theta$, $y = \psi(r,\theta) = r\sin\theta$ と極座標変換を行うと，$r\theta$ 平面上での 4 点

$$(r,\theta),\quad (r',\theta),\quad (r,\theta'),\quad (r',\theta')$$

を頂点とする長方形 $D_{r\theta}$ は，xy 平面上での 4 点

$$(r\cos\theta, r\sin\theta),\quad (r'\cos\theta, r'\sin\theta),$$
$$(r\cos\theta', r\sin\theta'),\quad (r'\cos\theta', r'\sin\theta')$$

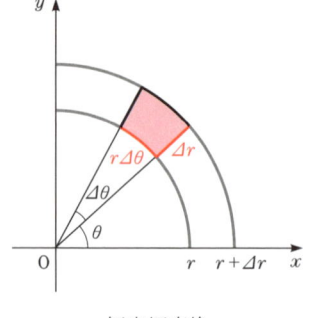

極座標変換

を頂点とする扇形 D_{xy} に 1 対 1 に移される．$\Delta r = r' - r > 0$, $\Delta \theta = \theta' - \theta > 0$ とおくと，Δr と $\Delta \theta$ が微小であるな

らば，扇形 D_{xy} は 2 辺の長さが Δr, $r\Delta\theta$ である長方形とみなせるので，その面積 $|D_{xy}|$ はもとの長方形の面積 $|D_{r\theta}| = \Delta r \Delta\theta$ の r 倍になる．したがって，$x = r\cos\theta$, $y = r\sin\theta$ と極座標変換すると，$r\theta$ 平面と xy 平面における微小面積 $drd\theta$ と $dxdy$ の関係は次の等式で与えられる．

$$dxdy = r\,drd\theta = \left|\frac{\partial(x, y)}{\partial(r, \theta)}\right| drd\theta.$$

このように，2 つの変数変換（ⅰ），（ⅱ）において現れた微小面積の変化倍数 $|ad - bc|$ および r がともにヤコビアンで表されている．この事実はより一般の変数変換についても成り立ち，次の置換積分法に対する 2 重積分の公式が得られる．

2 重積分の変数変換

関数 $f(x, y)$ が領域 D において連続であり，偏微分可能な変数変換

$$x = \varphi(u, v), \quad y = \psi(u, v)$$

によって uv 平面の領域 D' が xy 平面の領域 D に（有限個の点や曲線を除いて）1 対 1 に移されているならば，次の等式が成り立つ．

$$\iint_D f(x, y)\,dxdy = \iint_{D'} f(\varphi(u, v), \psi(u, v)) \left|\frac{\partial(x, y)}{\partial(u, v)}\right| dudv.$$

問題 9.3 次の変数変換のヤコビアンを求めよ．

（1）$\begin{cases} x = e^r \cos\theta, \\ y = e^r \sin\theta \end{cases}$
（2）$\begin{cases} x = u\cosh v, \\ y = u\sinh v \end{cases}$

（3）$\begin{cases} x = \sin(u + v), \\ y = \cos(u - v) \end{cases}$
（4）$\begin{cases} r = \sqrt{x^2 + y^2}, \\ \theta = \mathrm{Tan}^{-1}\dfrac{y}{x} \end{cases}$

[答]　（1）e^{2r}　（2）u　（3）$\sin 2u - \sin 2v$　（4）$\dfrac{1}{\sqrt{x^2 + y^2}}$

◆ **変数変換による 2 重積分の計算** 「2 重積分の変数変換」を用いて具体的に 2 重積分を計算してみよう．

例題 9.4 与えられた領域 D において，次の 2 重積分の値を変数変換を用いて求めよ．

(1) $\displaystyle\iint_D 2(x+y)^6 (x-y)^8 \, dxdy$,

$\qquad\qquad\qquad D = \{(x,y) \mid x \geqq 0, y \geqq 0, x+y \leqq 1\}$

(2) $\displaystyle\iint_D \frac{(x-2y)^4}{(x+2y)^2+1} \, dxdy$,

$\qquad\qquad\qquad D = \{(x,y) \mid 0 \leqq y \leqq 1, 0 \leqq x \leqq 1-2y\}$

(3) $\displaystyle\iint_D x^4 \, dxdy$, $\qquad D = \{(x,y) \mid 1 \leqq x^2+y^2 \leqq 9, y \geqq 0\}$

(4) $\displaystyle\iint_D \sqrt{4-x^2-y^2} \, dxdy$, $\quad D = \{(x,y) \mid x^2+y^2-2x \leqq 0\}$

[**解**] (1) $u = x+y$, $v = x-y$ と変数変換すると，与えられた領域 D は次の領域

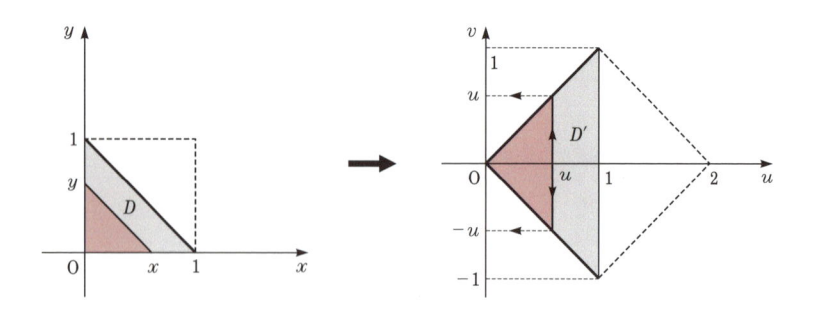

$$D' = \{(u,v) \mid u+v \geqq 0, u-v \geqq 0, u \leqq 1\}$$
$$= \{(u,v) \mid 0 \leqq u \leqq 1, -u \leqq v \leqq u\}$$

に 1 対 1 に移される．ヤコビアンは

$$\frac{\partial(u,v)}{\partial(x,y)} = \begin{vmatrix} 1 & 1 \\ 1 & -1 \end{vmatrix} = -2$$

となるので，$dudv = 2\,dxdy$ である．したがって，求めるべき 2 重積分の値は

$$\iint_D 2(x+y)^6(x-y)^8\,dxdy = \iint_{D'} u^6 v^8\,dudv$$
$$= \int_0^1 du \int_{-u}^u u^6 v^8\,dv = \int_0^1 u^6 \left[\frac{1}{9}v^9\right]_{v=-u}^{v=u} du$$
$$= \frac{2}{9}\int_0^1 u^{15}\,du = \frac{1}{72}\left[u^{16}\right]_0^1 = \frac{1}{72}.$$

（2） $u = x+2y$, $v = x-2y$ と変数変換すると，与えられた領域 D は次の領域

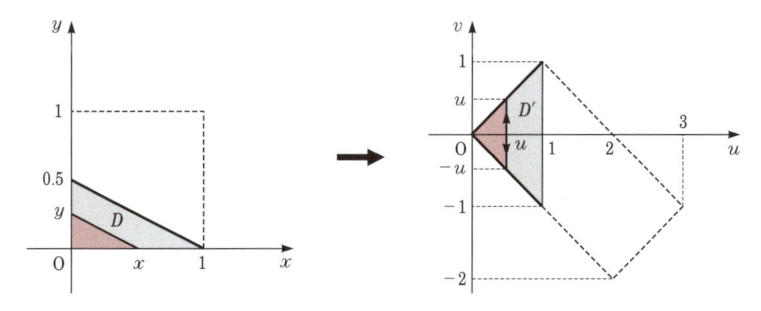

$$D' = \{(u, v) \mid 0 \leqq u-v \leqq 4,\, 0 \leqq u+v,\, u \leqq 1\}$$
$$= \{(u, v) \mid 0 \leqq u \leqq 1,\, -u \leqq v \leqq u\}$$

に 1 対 1 に移される．ヤコビアンは

$$\frac{\partial(u,\,v)}{\partial(x,\,y)} = \begin{vmatrix} 1 & 2 \\ 1 & -2 \end{vmatrix} = -4$$

となるので，$dudv = 4\,dxdy$ である．したがって，求めるべき 2 重積分の値は

$$\iint_D \frac{(x-2y)^4}{(x+2y)^2+1}\,dxdy = \frac{1}{4}\iint_{D'} \frac{v^4}{u^2+1}\,dudv$$
$$= \frac{1}{4}\int_0^1 du \int_{-u}^u \frac{v^4}{u^2+1}\,dv = \frac{1}{20}\int_0^1 \left[\frac{v^5}{u^2+1}\right]_{v=-u}^{v=u} du$$
$$= \frac{1}{10}\int_0^1 \frac{u^5}{u^2+1}\,du = \frac{1}{10}\int_0^1 \left(u^3 - u + \frac{u}{u^2+1}\right) du$$
$$= \frac{1}{10}\left[\frac{1}{4}u^4 - \frac{1}{2}u^2 + \frac{1}{2}\log(u^2+1)\right]_0^1 = \frac{1}{40}(2\log 2 - 1).$$

（3） 与えられた領域 D は原点を中心とする半径 1 の円と半径 3 の円で囲まれた領域の上半部分であるから，$x = r\cos\theta$，$y = r\sin\theta$ と極座標変換すると，領域 D は（原点を除いて）次の領域

$$D' = \{(r, \theta) \mid 1 \leqq r \leqq 3,\, 0 \leqq \theta \leqq \pi\}$$

に 1 対 1 に移される．ヤコビアンは

$$\frac{\partial(x, y)}{\partial(r, \theta)} = r$$

となるので，$dxdy = r\,drd\theta$ である．したがって，求めるべき 2 重積分の値は

$$\iint_D x^4\,dxdy = \iint_{D'} r(r\cos\theta)^4\,drd\theta = \left(\int_0^\pi \cos^4\theta\,d\theta\right) \times \left(\int_1^3 r^5\,dr\right)$$

$$= \int_0^\pi \cos^2\theta(1 - \sin^2\theta)\,d\theta \times \left[\frac{1}{6}r^6\right]_1^3$$

$$= \frac{364}{3}\int_0^\pi \left(\frac{1+\cos 2\theta}{2} - \frac{\sin^2 2\theta}{4}\right)d\theta$$

$$= \frac{364}{3}\int_0^\pi \left(\frac{3}{8} + \frac{\cos 2\theta}{2} + \frac{\cos 4\theta}{8}\right)d\theta$$

$$= \frac{364}{3}\left[\frac{3}{8}\theta + \frac{\sin 2\theta}{4} + \frac{\sin 4\theta}{32}\right]_0^\pi = \frac{91}{2}\pi.$$

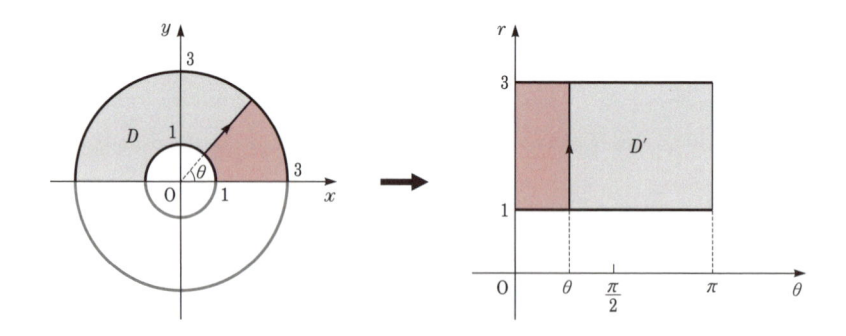

（4） $x = r\cos\theta$，$y = r\sin\theta$ と極座標変換すると，与えられた領域 D は点 $(1, 0)$ を中心とする半径 1 の円であるから，D は次の領域

$$D' = \left\{(r, \theta) \,\middle|\, -\frac{\pi}{2} \leqq \theta \leqq \frac{\pi}{2},\, 0 \leqq r \leqq 2\cos\theta\right\}$$

に移される．$dxdy = r\,drd\theta$ であるから，求めるべき 2 重積分の値は

§9.3 変数変換

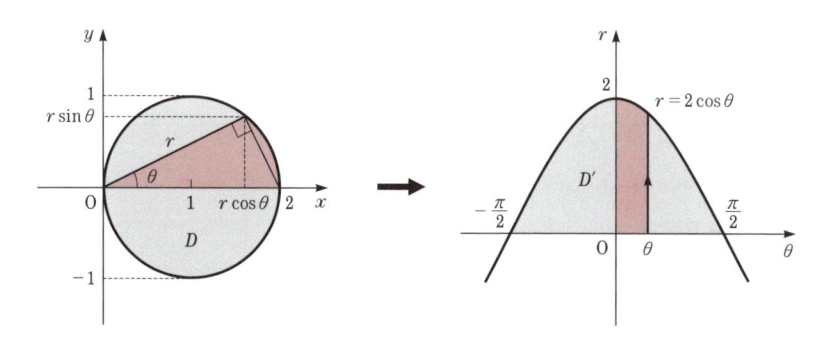

$$\iint_D \sqrt{4-x^2-y^2}\,dxdy = \iint_{D'} r\sqrt{4-r^2}\,drd\theta$$

$$= \int_{-\frac{\pi}{2}}^{\frac{\pi}{2}} d\theta \int_0^{2\cos\theta} r\sqrt{4-r^2}\,dr = \int_{-\frac{\pi}{2}}^{\frac{\pi}{2}} \left[-\frac{1}{3}(4-r^2)^{\frac{3}{2}}\right]_{r=0}^{r=2\cos\theta} d\theta$$

$$= \frac{8}{3}\int_{-\frac{\pi}{2}}^{\frac{\pi}{2}} \left(1 - |\sin^3\theta|\right)d\theta = \frac{16}{3}\int_0^{\frac{\pi}{2}} \left(1 - \sin^3\theta\right)d\theta$$

$$= \frac{16}{3}\int_0^{\frac{\pi}{2}} \left(1 - \sin\theta + \sin\theta\cos^2\theta\right)d\theta$$

$$= \frac{16}{3}\left[\theta + \cos\theta - \frac{1}{3}\cos^3\theta\right]_0^{\frac{\pi}{2}} = \frac{16}{3}\left(\frac{\pi}{2} - \frac{2}{3}\right) = \frac{8}{9}(3\pi - 4). \qquad \square$$

問題 9.4 与えられた領域 D において，次の 2 重積分の値を変数変換を用いて求めよ．

（1） $\displaystyle\iint_D x^3\,dxdy$, $\qquad D = \{(x, y) \mid 0 \leqq x + 2y \leqq 1, 0 \leqq x - 4y \leqq 1\}$

（2） $\displaystyle\iint_D \{5(x+y)^4 + (x-y)^5\}\,dxdy$,
$\qquad\qquad\qquad\qquad D = \{(x, y) \mid 0 \leqq x \leqq 1, 0 \leqq y \leqq x\}$

（3） $\displaystyle\iint_D \frac{x^2}{\sqrt{1+x^2+y^2}}\,dxdy$, $\qquad D = \{(x, y) \mid x^2 + y^2 \leqq 1, x \geqq 0\}$

（4） $\displaystyle\iint_D (x^2 + y)\,dxdy$, $\qquad D = \left\{(x, y) \;\middle|\; \frac{x^2}{4} + \frac{y^2}{9} \leqq 1, y \geqq 0\right\}$

（5） $\displaystyle\iint_D xy\,dxdy$, $\qquad D = \{(x, y) \mid x^2 + y^2 \leqq 2x, y \geqq 0\}$

[答]　（1） $\dfrac{7}{216}$　　（2） $\dfrac{109}{21}$　　（3） $\dfrac{(2-\sqrt{2})\pi}{6}$　　（4） $3\pi + 12$
（5） $\dfrac{2}{3}$

§9.4 広義2重積分

◆ **広義2重積分の定義** §5.2で1変数関数の広義積分を考えた．2変数関数 $f(x,y)$ に対しても，次のような場合に2重積分を拡張して領域 D 上の広義2重積分を考えることができる．

（1） $f(x,y)$ が領域 D 内の幾つかの点で定義されていない場合

（2） $f(x,y)$ が領域 D のすべての点で定義されていても，必ずしも連続でない場合

（3） 領域 D が無限領域の場合

xy 平面のある領域 D は（有界でない領域や開領域など）有界な閉領域ではないとする．このとき，その極限が D となる有界な閉領域 D_n の増大列

$$D_1 \subset D_2 \subset \cdots \subset D_n \subset \cdots \subset D = \bigcup_{n \geq 1} D_n$$

を任意に選ぶ．2変数関数 $f(x,y)$ に対して，2重積分の極限値

$$\lim_{n \to \infty} \iint_{D_n} f(x,y)\,dxdy$$

が増大列 $\{D_n\}$ の選び方によらず有限確定値になるとき，その極限値を

$$\iint_D f(x,y)\,dxdy$$

と表し，関数 $f(x,y)$ の領域 D における**広義2重積分**という．

次の例からもわかるように，2重積分の極限値

$$\lim_{n \to \infty} \iint_{D_n} f(x,y)\,dxdy$$

が存在しても，その値は領域 D の増大列 $\{D_n\}$ の選び方によって異なることもあり，必ずしも領域 D における広義2重積分が存在するとは限らない．

例 9.1 $0 < k \leq 1$ をみたす実数 k を固定する．領域

$$D = \{(x,y) \mid 0 \leq x \leq 1,\, 0 \leq y \leq 1,\, x+y > 0\}$$

の増大列として次のものを選ぶ．

$$D_n = \left\{(x, y) \;\middle|\; \frac{1}{n} \leqq x \leqq 1,\, 0 \leqq y \leqq x \right\}$$
$$\cup \left\{(x, y) \;\middle|\; \frac{k}{n} \leqq y \leqq 1,\, 0 \leqq x \leqq y \right\}.$$

関数 $\dfrac{y^2 - x^2}{(x^2 + y^2)^2}$ の領域 D_n における2重積分は

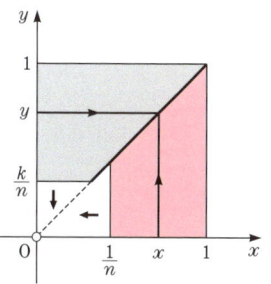

$$\iint_{D_n} \frac{y^2 - x^2}{(x^2 + y^2)^2}\, dxdy$$
$$= \int_{\frac{1}{n}}^{1} dx \int_0^x \frac{y^2 - x^2}{(x^2 + y^2)^2}\, dy + \int_{\frac{k}{n}}^{1} dy \int_0^y \frac{y^2 - x^2}{(x^2 + y^2)^2}\, dx$$
$$= \int_{\frac{1}{n}}^{1} \left[\frac{-y}{x^2 + y^2}\right]_{y=0}^{y=x} dx + \int_{\frac{k}{n}}^{1} \left[\frac{x}{x^2 + y^2}\right]_{x=0}^{x=y} dy$$
$$= -\int_{\frac{1}{n}}^{1} \frac{1}{2x}\, dx + \int_{\frac{k}{n}}^{1} \frac{1}{2y}\, dy = \left[-\frac{1}{2}\log x\right]_{\frac{1}{n}}^{1} + \left[\frac{1}{2}\log y\right]_{\frac{k}{n}}^{1}$$
$$= \frac{1}{2}\log \frac{1}{n} - \frac{1}{2}\log \frac{k}{n} = \frac{1}{2}\log \frac{1}{k}$$

となるから，極限値

$$\lim_{n \to \infty} \iint_{D_n} \frac{y^2 - x^2}{(x^2 + y^2)^2}\, dxdy = \frac{1}{2}\log \frac{1}{k}$$

は k の選び方に依存して定まる． ◇

広義2重積分の収束性については，次の2つの条件が有用でかつ基本的である．条件（ⅰ）をみたせば，増大列を適当に1つ選んで計算すればよい．

広義2重積分の収束性

有界な閉領域ではない領域 D に対し，2変数関数 $f(x, y)$ が D 上で連続とする．

（ⅰ） 関数 $f(x, y)$ が D 上で $f(x, y) \geqq 0$ ［または $f(x, y) \leqq 0$］ をみたし，ある D の増大列 $\{D_n\}$ に対して極限値

$$\lim_{n \to \infty} \iint_{D_n} f(x, y)\, dxdy$$

をもてば，関数 $f(x, y)$ の領域 D における広義 2 重積分が存在して

$$\iint_D f(x, y)\,dxdy = \lim_{n \to \infty} \iint_{D_n} f(x, y)\,dxdy.$$

(ii) 絶対値関数 $|f(x, y)|$ が D 上で広義 2 重積分をもつならば，関数 $f(x, y)$ の領域 D における広義 2 重積分が存在して

$$\left| \iint_D f(x, y)\,dxdy \right| \leq \iint_D |f(x, y)|\,dxdy.$$

例題 9.5 与えられた領域 D において，次の広義 2 重積分の値を求めよ．

(1) $\displaystyle\iint_D \frac{1}{(x+y)^{\frac{3}{2}}}\,dxdy,$
$\qquad D = \{(x, y) \mid 0 \leqq x \leqq 1,\ 0 \leqq y \leqq 1,\ x + y > 0\}$

(2) $\displaystyle\iint_D \frac{1}{x^2\sqrt{x^2+y^2}}\,dxdy,$
$\qquad D = \{(x, y) \mid x^2 + y^2 > 1,\ -x < y < \sqrt{3}\,x\}$

[解]（1）関数 $\dfrac{1}{(x+y)^{\frac{3}{2}}}$ は領域 D 上で $f(x, y) > 0$ をみたしているので，D の増大列 $\{D_n\}$ として

$$D_n = \left\{(x, y) \,\middle|\, \frac{1}{n} \leqq x \leqq 1,\ 0 \leqq y \leqq x \right\} \cup \left\{(x, y) \,\middle|\, \frac{1}{n} \leqq y \leqq 1,\ 0 \leqq x \leqq y \right\}$$

を選ぶと，求めるべき広義 2 重積分の値は

$$\iint_D \frac{1}{(x+y)^{\frac{3}{2}}}\,dxdy = \lim_{n \to \infty} \iint_{D_n} \frac{1}{(x+y)^{\frac{3}{2}}}\,dxdy$$

$$= \int_{+0}^1 dx \int_0^x \frac{1}{(x+y)^{\frac{3}{2}}}\,dy + \int_{+0}^1 dy \int_0^y \frac{1}{(x+y)^{\frac{3}{2}}}\,dx$$

$$= 2\int_{+0}^1 dx \int_0^x \frac{1}{(x+y)^{\frac{3}{2}}}\,dy = 2\int_{+0}^1 \left[\frac{-2}{(x+y)^{\frac{1}{2}}}\right]_{y=0}^{y=x} dx$$

$$= 4\int_{+0}^1 \left(\frac{1}{\sqrt{x}} - \frac{1}{\sqrt{2x}}\right) dx = 4\left[2\sqrt{x} - \sqrt{2x}\right]_{+0}^1 = 4(2 - \sqrt{2}).$$

（2） $x = r\cos\theta$, $y = r\sin\theta$ と極座標変換すると，$dxdy = r\,drd\theta$ で積分領域

$$D = \{(x, y) \mid x^2 + y^2 > 1, -x < y < \sqrt{3}\,x\}$$

は次の領域

$$D' = \left\{(r, \theta) \,\middle|\, r > 1, -\frac{\pi}{4} < \theta < \frac{\pi}{3}\right\}$$

に 1 対 1 に移される．関数 $\dfrac{1}{x^2\sqrt{x^2+y^2}}$ は領域 D 上で $f(x,y) > 0$ をみたしているので，D' の増大列 $\{D_n\}$ として

$$D_n = \left\{(r, \theta) \,\middle|\, 1 + \frac{1}{n} \leqq r \leqq 2n, -\frac{\pi}{4} + \frac{1}{2n} \leqq \theta \leqq \frac{\pi}{3} - \frac{1}{2n}\right\}$$

を選ぶと，求めるべき広義 2 重積分の値は

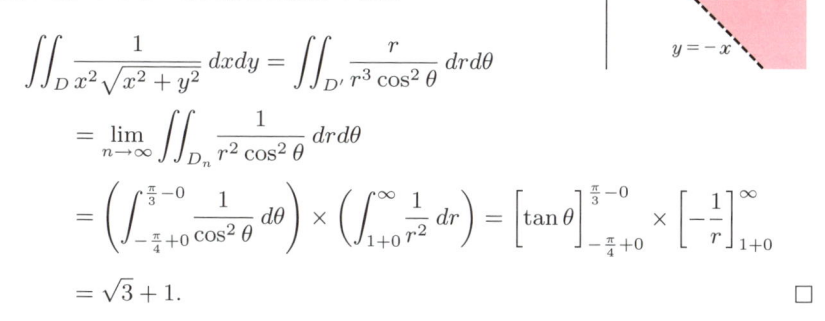

$$\iint_D \frac{1}{x^2\sqrt{x^2+y^2}}\,dxdy = \iint_{D'} \frac{r}{r^3 \cos^2\theta}\,drd\theta$$
$$= \lim_{n\to\infty} \iint_{D_n} \frac{1}{r^2 \cos^2\theta}\,drd\theta$$
$$= \left(\int_{-\frac{\pi}{4}+0}^{\frac{\pi}{3}-0} \frac{1}{\cos^2\theta}\,d\theta\right) \times \left(\int_{1+0}^{\infty} \frac{1}{r^2}\,dr\right) = \Big[\tan\theta\Big]_{-\frac{\pi}{4}+0}^{\frac{\pi}{3}-0} \times \left[-\frac{1}{r}\right]_{1+0}^{\infty}$$
$$= \sqrt{3} + 1. \qquad \square$$

問題 9.5 与えられた領域 D において，次の広義 2 重積分の値を求めよ．

（1） $\displaystyle\iint_D \frac{1}{\sqrt{x+y}}\,dxdy$, $\quad D = \{(x, y) \mid 0 \leqq x \leqq 1, -x < y \leqq 1\}$

（2） $\displaystyle\iint_D \frac{2x}{(x^2+y^2)^2}\,dxdy$, $\quad D = \{(x, y) \mid 1 \leqq x \leqq y\}$

（3） $\displaystyle\iint_D \frac{y}{x} e^{-\sqrt{x^2+y^2}}\,dxdy$, $\quad D = \{(x, y) \mid x > 0, 0 \leqq y \leqq x\}$

[答]　（1） $\dfrac{4(2\sqrt{2}-1)}{3}$ 　（2） $\dfrac{\pi}{4} - \dfrac{1}{2}$ 　（3） $\dfrac{\log 2}{2}$

◆ **確率積分**　$a > 0$ とする．xy 平面上で次の 2 種類の領域

$$D_a = \{(x, y) \mid x^2 + y^2 \leqq a^2, x \geqq 0, y \geqq 0\},$$

$$E_a = \{(x, y) \mid 0 \leqq x \leqq a, 0 \leqq y \leqq a\}$$

を考える．連続関数 $e^{-x^2-y^2}$ は常に正で，かつ $D_a \subset E_a \subset D_{\sqrt{2}a}$ をみたすので

$$\iint_{D_a} e^{-x^2-y^2} dxdy$$
$$< \iint_{E_a} e^{-x^2-y^2} dxdy$$
$$< \iint_{D_{\sqrt{2}a}} e^{-x^2-y^2} dxdy$$

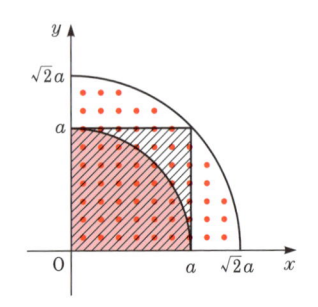

が成り立つ．$x = r\cos\theta$, $y = r\sin\theta$ と極座標変換すると，積分領域 D_a は次の領域

$$D'_a = \left\{(r, \theta) \;\middle|\; 0 \leqq r \leqq a, 0 \leqq \theta \leqq \frac{\pi}{2}\right\}$$

に移されるので，積分領域 D_a における関数 $e^{-x^2-y^2}$ の 2 重積分の値は

$$\iint_{D_a} e^{-x^2-y^2} dxdy = \iint_{D'_a} re^{-r^2} drd\theta = \left(\int_0^{\frac{\pi}{2}} d\theta\right) \times \left(\int_0^a re^{-r^2} dr\right)$$
$$= \frac{\pi}{2}\left[-\frac{1}{2}e^{-r^2}\right]_0^a = \frac{\pi}{4}\left(1 - e^{-a^2}\right)$$

となる ($D_{\sqrt{2}a}$ における値も同様に与えられる)．また，積分領域 E_a における関数 $e^{-x^2-y^2}$ の 2 重積分の値は

$$\iint_{E_a} e^{-x^2-y^2} dxdy = \left(\int_0^a e^{-x^2} dx\right) \times \left(\int_0^a e^{-y^2} dy\right) = \left(\int_0^a e^{-x^2} dx\right)^2$$

と関数 e^{-x^2} の定積分の 2 乗の形で表される．したがって，次の不等式

$$\frac{\pi}{4}\left(1 - e^{-a^2}\right) < \left(\int_0^a e^{-x^2} dx\right)^2 < \frac{\pi}{4}\left(1 - e^{-2a^2}\right)$$

が成り立つ．ここで，a を限りなく大きくすると，上の不等式の両端の値はともに $\pi/4$ に近づくので，挟み撃ちの原理によって次の等式が導かれる．

$$\left(\int_0^\infty e^{-x^2}dx\right)^2 = \lim_{a\to\infty}\left(\int_0^a e^{-x^2}dx\right)^2 = \frac{\pi}{4}.$$

このように2重積分を利用した結果，次の**「確率積分」**が得られる．

確率積分

$$\int_0^\infty e^{-x^2}\,dx = \frac{\sqrt{\pi}}{2}$$

§5.3 で与えられたガンマ関数 $\Gamma\left(\dfrac{1}{2}\right)$ において，$x=\sqrt{t}$ と変数変換すると「確率積分」から

$$\begin{aligned}\Gamma\left(\frac{1}{2}\right) &= \int_0^\infty e^{-t}t^{-\frac{1}{2}}\,dt \\ &= 2\int_0^\infty e^{-x^2}\,dx = \sqrt{\pi}\end{aligned}$$

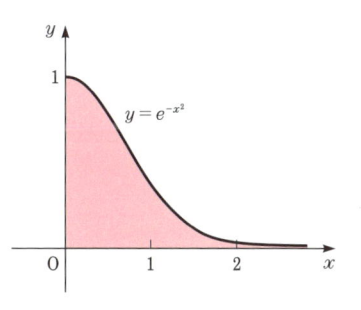

が導かれる．しかも，ガンマ関数 $\Gamma(s)$ は漸化式 $\Gamma(s+1)=s\Gamma(s)$ $(s>0)$ をみたすので，自然数 n に対して $\Gamma\left(n+\dfrac{1}{2}\right)$ が次のように与えられる．

ガンマ関数の性質

n を自然数とする．

$$\Gamma\left(\frac{1}{2}\right)=\sqrt{\pi},\quad \Gamma\left(n+\frac{1}{2}\right)=\left(n-\frac{1}{2}\right)\left(n-\frac{3}{2}\right)\cdots\frac{1}{2}\sqrt{\pi}.$$

一方，確率積分を導くために利用した関数 $e^{-x^2-y^2}$ の代わりに，関数 $e^{-x^2-y^2}x^{2p-1}y^{2q-1}$ $(p,q>0)$ に対して上と同様な議論を行なうと，ベータ関数とガンマ関数の間の次の関係式を導くことができる．

ベータ関数とガンマ関数の関係

$$B(p,q) = \frac{\Gamma(p)\Gamma(q)}{\Gamma(p+q)} \quad (p,q>0)$$

演習問題

9.1 与えられた領域 D において，次の 2 重積分の値を求めよ．

(1) $\iint_D \dfrac{1}{x+y+1}\,dxdy,\quad D = \{(x,y) \mid 0 \leqq x \leqq 1,\ 0 \leqq y \leqq 1\}$

(2) $\iint_D \dfrac{x}{\cos^2 xy}\,dxdy,\quad D = \left\{(x,y)\ \middle|\ 0 \leqq x \leqq 1,\ 0 \leqq y \leqq \dfrac{\pi}{4}\right\}$

(3) $\iint_D (x^3 - 3xy)\,dxdy,\quad D = \left\{(x,y)\ \middle|\ 1 \leqq x \leqq 2,\ \dfrac{1}{x} \leqq y \leqq 2\right\}$

(4) $\iint_D \sin(x+3y)\,dxdy,\quad D = \left\{(x,y)\ \middle|\ 0 \leqq x \leqq \dfrac{\pi}{4},\ 0 \leqq y \leqq x\right\}$

(5) $\iint_D y\sqrt{x^2+y^2}\,dxdy,\quad D = \left\{(x,y)\ \middle|\ 0 \leqq y \leqq \dfrac{x}{2} \leqq 1\right\}$

(6) $\iint_D x^2\sqrt{x^2+y^2}\,dxdy,\quad D = \{(x,y) \mid 0 \leqq x \leqq 1,\ 0 \leqq y \leqq x\}$

(7) $\iint_D xe^{2y}\,dxdy,\quad D = \{(x,y) \mid 0 \leqq x \leqq 2,\ -x \leqq y \leqq x\}$

(8) $\iint_D \dfrac{xe^x}{y}\,dxdy,\quad D = \{(x,y) \mid 0 \leqq x \leqq 1,\ 1 \leqq y \leqq e^x\}$

(9) $\iint_D x^4 e^{xy}\,dxdy,\quad D = \{(x,y) \mid 1 \leqq x \leqq \sqrt{2},\ x \leqq y \leqq x^3\}$

(10) $\iint_D y^3 e^{xy}\,dxdy,\quad D = \{(x,y) \mid 0 \leqq x \leqq 1,\ x^2 \leqq y \leqq 1\}$

(11) $\iint_D \sqrt{1-x^2}\,dxdy,\quad D = \{(x,y) \mid x^2+y^2 \leqq 1\}$

(12) $\iint_D \dfrac{2x}{x^2+y^2}\,dxdy,\quad D = \{(x,y) \mid y \geqq x^2,\ x \geqq 0,\ 1 \leqq y \leqq 3\}$

(13) $\iint_D \dfrac{1}{x^2+y^2}\,dxdy,\quad D = \{(x,y) \mid 1 \leqq x \leqq 2,\ x \leqq y \leqq \sqrt{3}\,x\}$

(14) $\iint_D \dfrac{3y^2}{1+x^4}\,dxdy,\quad D = \{(x,y) \mid 0 \leqq x \leqq 1,\ x^3 \leqq y \leqq x\}$

(15) $\iint_D (2x+y)\,dxdy,\quad D = \{(x,y) \mid x \leqq y \leqq 3x,\ x+y \leqq 4\}$

(16) $\iint_D \cos\dfrac{\pi}{2}x^2\,dxdy,\quad D = \{(x,y) \mid 0 \leqq y \leqq 3x,\ y \leqq 4x - x^3\}$

9.2 与えられた領域 D において，次の2重積分の値を変数変換を用いて求めよ．

(1) $\displaystyle\iint_D x^2 e^{x-y}\,dxdy$,
$\qquad D = \{(x, y) \mid 0 \leqq x+y \leqq 1,\ 1 \leqq x-y \leqq 2\}$

(2) $\displaystyle\iint_D (x-2y)^2 \sin(x^2-4y^2)\,dxdy$,
$\qquad D = \{(x, y) \mid 0 \leqq x-2y \leqq \pi,\ 0 \leqq x+2y \leqq 1\}$

(3) $\displaystyle\iint_D (3x+y)(3x-y)^5\,dxdy$,
$\qquad D = \{(x, y) \mid 0 \leqq x \leqq 1,\ 0 \leqq y \leqq 3x\}$

(4) $\displaystyle\iint_D \{(x+2y)^3 - (x-2y)^4\}\,dxdy$,
$\qquad D = \{(x, y) \mid 0 \leqq x \leqq 1,\ -x+1 \leqq 2y \leqq x+1\}$

(5) $\displaystyle\iint_D (x+y)^5 (x-y)\,dxdy$,
$\qquad D = \{(x, y) \mid 0 \leqq x \leqq 1,\ 0 \leqq y \leqq x\}$

(6) $\displaystyle\iint_D (x+y)^7 y\,dxdy$,
$\qquad D = \{(x, y) \mid 0 \leqq x \leqq 1,\ 0 \leqq y \leqq 1\}$

(7) $\displaystyle\iint_D (x+y)(x-y)^4\,dxdy$,
$\qquad D = \{(x, y) \mid 0 \leqq x \leqq 1,\ 0 \leqq y \leqq 1\}$

(8) $\displaystyle\iint_D x^2\,dxdy$, $\quad D = \{(x, y) \mid \sqrt{x} + \sqrt{2y} \leqq 1\}$

9.3 与えられた領域 D において，次の2重積分の値を極座標変換を用いて求めよ．

(1) $\displaystyle\iint_D x^2 y^2\,dxdy$, $\quad D = \{(x, y) \mid x^2 + y^2 \leqq 1\}$

(2) $\displaystyle\iint_D x \log(x^2+y^2)\,dxdy$,
$\qquad D = \{(x, y) \mid 1 \leqq x^2 + y^2 \leqq 4,\ x \geqq 0,\ y \geqq 0\}$

(3) $\displaystyle\iint_D (x^2+y^2+x+y)\,dxdy$,
$\qquad D = \left\{(x, y) \mid x^2+y^2+x+y \leqq \dfrac{3}{2}\right\}$

(4) $\displaystyle\iint_D \dfrac{y^2}{\sqrt{4-x^2-4y^2}}\,dxdy$, $\quad D = \{(x, y) \mid 1 \leqq x^2 + 4y^2 \leqq 3\}$

(5) $\iint_D (x^2 + y^2)\, dxdy,$ $\quad D = \{(x, y) \mid (x-1)^2 + (y-1)^2 \leqq 1\}$

(6) $\iint_D x\, dxdy,$ $\quad D = \{(x, y) \mid (x-2)^2 + y^2 \leqq 4\}$

(7) $\iint_D \sqrt{8 - x^2 - y^2}\, dxdy,$ $\quad D = \{(x, y) \mid x^2 + y^2 - 2x - 2y \leqq 0\}$

(8) $\iint_D \sqrt{x^2 + y^2}\, dxdy,$
$\quad D = \{(x, y) \mid x \leqq x^2 + y^2 \leqq 1,\ x \geqq 0,\ y \geqq 0\}$

(9) $\iint_D (x - y)(x + y)^6\, dxdy,$
$\quad D = \{(x, y) \mid 5x^2 + 6xy + 5y^2 \leqq 4,\ x \geqq y\}$

(10) $\iint_D (x^2 + 3y)\, dxdy,$
$\quad D = \{(x, y) \mid x^2 + 2xy + 5y^2 \leqq 4,\ y \geqq 0\}$

9.4 与えられた領域 D において，次の広義 2 重積分の値を求めよ．

(1) $\iint_D \dfrac{2y}{x^2 + y^2}\, dxdy,$ $\quad D = \{(x, y) \mid 0 < x \leqq 1,\ 0 \leqq y \leqq x^2\}$

(2) $\iint_D \dfrac{\sqrt{x}}{x^2 + y^2}\, dxdy,$ $\quad D = \{(x, y) \mid 0 < x \leqq 1,\ x \leqq y \leqq \sqrt{3}\,x\}$

(3) $\iint_D \dfrac{x^2}{x^4 + y^2}\, dxdy,$ $\quad D = \{(x, y) \mid 0 \leqq x \leqq 1,\ y > x^3\}$

(4) $\iint_D \dfrac{1}{\sqrt{y^4 - x^2}}\, dxdy,$ $D = \{(x, y) \mid 0 < y < 1,\ y^3 \leqq x < y^2\}$

(5) $\iint_D \dfrac{x \log(x^2 + y^2)}{x^2 + y^2}\, dxdy,$
$\quad D = \{(x, y) \mid 0 < x^2 + y^2 \leqq 1,\ x \geqq 0,\ y \geqq 0\}$

(6) $\iint_D \dfrac{1}{(x^2 + y^2)\sqrt{x^2 + y^2 - 1}}\, dxdy,$
$\quad D = \{(x, y) \mid x^2 + y^2 > 1,\ x \geqq 0,\ y \geqq 0\}$

(7) $\iint_D \dfrac{1}{x^2\sqrt{1 + x^2 + y^2}}\, dxdy,$
$\quad D = \{(x, y) \mid x^2 + y^2 \geqq 1,\ 0 \leqq y \leqq x\}$

(8) $\iint_D \dfrac{1}{y\sqrt{1 - x^2 - y^2}}\, dxdy,$
$\quad D = \{(x, y) \mid 0 < x^2 + y^2 < 1,\ 0 \leqq x \leqq y\}$

第10章
重積分の応用

§10.1 3重積分

◆ **3重積分の定義** 2変数関数 $f(x, y)$ についての2重積分と同様にして，3変数関数 $f(x, y, z)$ についても次のような空間領域 K を積分領域とする3重積分を考えることができる．

2つの関数 $\varphi(x, y)$, $\psi(x, y)$ がともに xy 平面上の縦線（または横線）領域

$$D = \{(x, y) \mid a \leqq x \leqq b, \gamma(x) \leqq y \leqq \delta(x)\}$$

において連続で，$\varphi(x, y) \leqq \psi(x, y)$ をみたしているとき，D 上の2つの曲面 $z = \varphi(x, y)$, $z = \psi(x, y)$ で囲まれた柱状の立体領域 K は

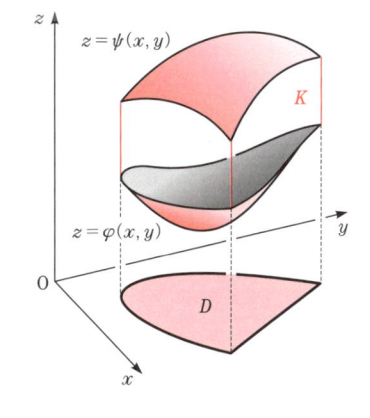

$$K = \{(x, y, z) \mid a \leqq x \leqq b, \gamma(x) \leqq y \leqq \delta(x), \varphi(x, y) \leqq z \leqq \psi(x, y)\}$$

または

$$K = \{(x, y, z) \mid (x, y) \in D, \varphi(x, y) \leqq z \leqq \psi(x, y)\}$$

と表される．3変数関数 $f(x, y, z)$ が立体領域 K において連続であるとき[1]，$(x, y) \in D$ を固定して $f(x, y, z)$ を $\varphi(x, y)$ から $\psi(x, y)$ まで z で積分した

---

[1] 3変数関数の連続性は2変数関数の場合と同様に定義される．

$$\int_{\varphi(x,y)}^{\psi(x,y)} f(x,y,z)\,dz$$

は x, y の連続関数になる．この連続関数を $F(x, y)$ として，これをさらに領域 D で 2 重積分した

$$\iint_D F(x,y)\,dxdy = \iint_D \left\{ \int_{\varphi(x,y)}^{\psi(x,y)} f(x,y,z)\,dz \right\} dxdy$$

を関数 $f(x, y, z)$ の領域 K における **3 重積分**といい，次のように表す．

$$\iiint_K f(x,y,z)\,dxdydz \quad \text{または} \quad \int_a^b dx \int_{\gamma(x)}^{\delta(x)} dy \int_{\varphi(x,y)}^{\psi(x,y)} f(x,y,z)\,dz$$

◆ **空間領域**　xyz 空間内での代表的な立体として次のようなものがある．

例 **10.1**　［１］　［三角錐体］　$a, b, c > 0$ とするとき

$$K = \left\{ (x, y, z) \,\middle|\, \frac{x}{a} + \frac{y}{b} + \frac{z}{c} \leqq 1,\, x \geqq 0,\, y \geqq 0,\, z \geqq 0 \right\}$$
$$= \left\{ (x, y, z) \,\middle|\, 0 \leqq x \leqq a,\, 0 \leqq y \leqq b\left(1 - \frac{x}{a}\right),\right.$$
$$\left. 0 \leqq z \leqq c\left(1 - \frac{x}{a} - \frac{y}{b}\right) \right\}$$

を原点と 3 点 $(a, 0, 0),\ (0, b, 0),\ (0, 0, c)$ を頂点とする三角錐体または**四面体**という．

［２］　［楕円球体］　$a, b, c > 0$ とするとき

$$K = \left\{ (x, y, z) \,\middle|\, \frac{x^2}{a^2} + \frac{y^2}{b^2} + \frac{z^2}{c^2} \leqq 1 \right\}$$
$$= \left\{ (x, y, z) \,\middle|\, -a \leqq x \leqq a,\, -b\sqrt{1 - \frac{x^2}{a^2}} \leqq y \leqq b\sqrt{1 - \frac{x^2}{a^2}},\right.$$
$$\left. -c\sqrt{1 - \frac{x^2}{a^2} - \frac{y^2}{b^2}} \leqq z \leqq c\sqrt{1 - \frac{x^2}{a^2} - \frac{y^2}{b^2}} \right\}$$

を原点を中心にもつ楕円球体という．特に，$a = b = c$ のときは**球体**という．

§10.1 3 重 積 分

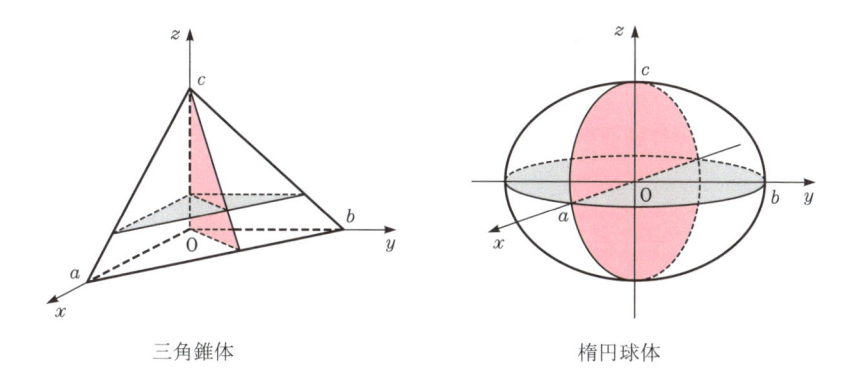

三角錐体

楕円球体

[3] **[楕円柱体]** $a, b, c > 0$ とするとき

$$K = \left\{ (x, y, z) \;\middle|\; \frac{x^2}{a^2} + \frac{y^2}{b^2} \leqq 1,\, 0 \leqq z \leqq c \right\}$$

$$= \left\{ (x, y, z) \;\middle|\; 0 \leqq z \leqq c,\, -a \leqq x \leqq a,\right.$$

$$\left. -b\sqrt{1 - \frac{x^2}{a^2}} \leqq y \leqq b\sqrt{1 - \frac{x^2}{a^2}} \right\}$$

を楕円柱体という．特に，$a = b$ のときは**円柱体**という．

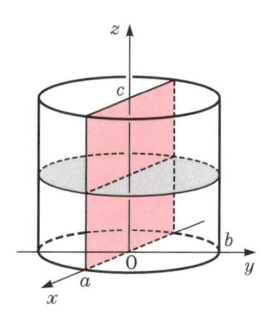

楕円柱体

[4] **[楕円錐体]** $a, b, c > 0$ とするとき

$$K = \left\{ (x, y, z) \;\middle|\; \frac{x^2}{a^2} + \frac{y^2}{b^2} \leqq \frac{z^2}{c^2},\, 0 \leqq z \leqq c \right\}$$

$$= \left\{ (x, y, z) \;\middle|\; 0 \leqq z \leqq c,\, -\frac{a}{c}z \leqq x \leqq \frac{a}{c}z,\right.$$

$$\left. -b\sqrt{\frac{z^2}{c^2} - \frac{x^2}{a^2}} \leqq y \leqq b\sqrt{\frac{z^2}{c^2} - \frac{x^2}{a^2}} \right\}$$

を原点を頂点とする楕円錐体という．特に，$a = b$ のときは**円錐体**という．

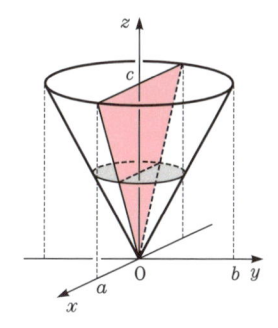

楕円錐体

[5] **[楕円放物体]** $a, b, c > 0$ とするとき

$$K = \left\{(x, y, z) \;\middle|\; \frac{x^2}{a^2} + \frac{y^2}{b^2} \leqq \frac{z}{c}, 0 \leqq z \leqq c\right\}$$
$$= \left\{(x, y, z) \;\middle|\; 0 \leqq z \leqq c, -a\sqrt{\frac{z}{c}} \leqq x \leqq a\sqrt{\frac{z}{c}},\right.$$
$$\left. -b\sqrt{\frac{z}{c} - \frac{x^2}{a^2}} \leqq y \leqq b\sqrt{\frac{z}{c} - \frac{x^2}{a^2}}\right\}$$

を原点を頂点とする楕円放物体という．特に，$a = b$ のときは**円放物体**という．

[6] **[一葉（楕円）双曲体]** $a, b, c, d > 0$ とするとき

$$K = \left\{(x, y, z) \;\middle|\; \frac{x^2}{a^2} + \frac{y^2}{b^2} \leqq \frac{z^2}{c^2} + 1, -d \leqq z \leqq d\right\}$$
$$= \left\{(x, y, z) \;\middle|\; -d \leqq z \leqq d, -a\sqrt{\frac{z^2}{c^2} + 1} \leqq x \leqq a\sqrt{\frac{z^2}{c^2} + 1},\right.$$
$$\left. -b\sqrt{\frac{z^2}{c^2} - \frac{x^2}{a^2} + 1} \leqq y \leqq b\sqrt{\frac{z^2}{c^2} - \frac{x^2}{a^2} + 1}\right\}$$

を原点を中心にもつ一葉（楕円）双曲体という．

[7] **[二葉（楕円）双曲体]** $a, b, c, d > 0$ とするとき

$$K = \left\{(x, y, z) \;\middle|\; \frac{x^2}{a^2} + \frac{y^2}{b^2} \leqq \frac{z^2}{c^2} - 1, c \leqq z \leqq d\right\}$$
$$= \left\{(x, y, z) \;\middle|\; c \leqq z \leqq d, -a\sqrt{\frac{z^2}{c^2} - 1} \leqq x \leqq a\sqrt{\frac{z^2}{c^2} - 1},\right.$$
$$\left. -b\sqrt{\frac{z^2}{c^2} - \frac{x^2}{a^2} - 1} \leqq y \leqq b\sqrt{\frac{z^2}{c^2} - \frac{x^2}{a^2} - 1}\right\}$$

を原点を中心にもつ二葉（楕円）双曲体（の上半部）という． ◇

問題 10.1 例 10.1 [5], [6], [7] で挙げられた立体の図形を描け．

[答]　236 ページを参照せよ

例題 10.1　三角錐体

$$K = \{(x, y, z) \mid x+y+z \leqq 1, x \geqq 0, y \geqq 0, z \geqq 0\}$$

を積分領域とする次の 3 重積分の値を求めよ．

$$\iiint_K xyz \, dxdydz.$$

[解]　積分領域 K における関数 xyz の 3 重積分の値を計算すると

$$\iiint_K xyz \, dxdydz = \int_0^1 dx \int_0^{1-x} dy \int_0^{1-x-y} xyz \, dz$$
$$= \int_0^1 dx \int_0^{1-x} \left[\frac{1}{2}xyz^2\right]_{z=0}^{z=1-x-y} dy$$
$$= \frac{1}{2}\int_0^1 dx \int_0^{1-x} xy(1-x-y)^2 \, dy$$
$$= \frac{1}{2}\int_0^1 dx \int_0^{1-x} \{x(1-x)^2 y - 2x(1-x)y^2 + xy^3\} \, dy$$
$$= \frac{1}{2}\int_0^1 \left[\frac{1}{2}x(1-x)^2 y^2 - \frac{2}{3}x(1-x)y^3 + \frac{1}{4}xy^4\right]_{y=0}^{y=1-x} dx$$
$$= \frac{1}{24}\int_0^1 x(1-x)^4 \, dx.$$

ここで，$X = x - 1$ と変数変換すると

$$\iiint_K xyz \, dxdydz = \frac{1}{24}\int_0^1 x(1-x)^4 \, dx = \frac{1}{24}\int_{-1}^0 (X+1)X^4 \, dX$$
$$= \frac{1}{24}\left[\frac{1}{6}X^6 + \frac{1}{5}X^5\right]_{-1}^0 = \frac{1}{720}. \qquad \square$$

問題 10.2　三角錐体

$$K = \{(x, y, z) \mid x+y+z \leqq 1, x \geqq 0, y \geqq 0, z \geqq 0\}$$

を積分領域とする次の 3 重積分の値を求めよ．

（1）$\iiint_K dxdydz$ 　　　（2）$\iiint_K e^{x-y+z} \, dxdydz$

[答]　（1）$\dfrac{1}{6}$　　（2）$1 - \dfrac{e}{4} - \dfrac{1}{4e}$

§10.2　変数変換

◆ **空間の極座標**　原点を O とする xyz 空間において，任意の点 $P(x, y, z)$ をとる．線分 OP の長さを r，線分 OP が z 軸の正方向となす角を θ ($0 \leqq \theta \leqq \pi$) で表すと

$$\sqrt{x^2 + y^2 + z^2} = r, \quad z = r\cos\theta, \quad \sqrt{x^2 + y^2} = r\sin\theta$$

と表される．さらに，点 P より xy 平面に下ろした垂線の足を $Q(x, y, 0)$ として，線分 OQ が x 軸の正方向と反時計回りになす角を ϕ ($0 \leqq \phi \leqq 2\pi$) で表すと，線分 OQ の長さは $\sqrt{x^2 + y^2} = r\sin\theta$ であるから

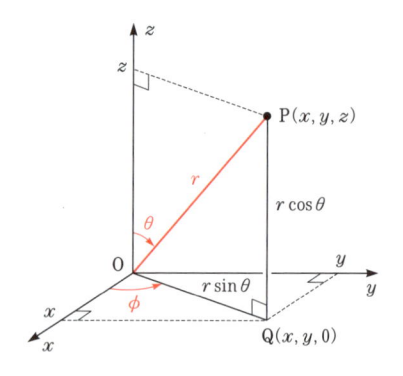

$$x = r\sin\theta\cos\phi, \quad y = r\sin\theta\sin\phi$$

と表される．この実数の組 (r, θ, ϕ) を原点 O を極とする点 P の (**空間の**) **極座標**という．平面の極座標の場合と同様に，原点を除く点では点 (x, y, z) と点 (r, θ, ϕ) (ただし，$0 \leqq \phi < 2\pi$) は 1 対 1 に対応する．したがって，$r = 0$ のときに $(0, 0, 0)$ を表すものと定めれば，次の変換公式が成り立つ．

空間の極座標変換

直交座標 (x, y, z) から極座標 (r, θ, ϕ) への変数変換は

$$x = r\sin\theta\cos\phi, \quad y = r\sin\theta\sin\phi, \quad z = r\cos\theta$$

で与えられる．ただし，$r \geqq 0$，$0 \leqq \theta \leqq \pi$，$0 \leqq \phi \leqq 2\pi$ である．

---

2 変数関数の場合と同様に，3 変数の偏微分可能な関数 $x = \varphi(u, v, w)$，$y = \psi(u, v, w)$，$z = \rho(u, v, w)$ に対し，次の行列式

$$\frac{\partial(x,\,y,\,z)}{\partial(u,\,v,\,w)} = \begin{vmatrix} \dfrac{\partial x}{\partial u} & \dfrac{\partial x}{\partial v} & \dfrac{\partial x}{\partial w} \\ \dfrac{\partial y}{\partial u} & \dfrac{\partial y}{\partial v} & \dfrac{\partial y}{\partial w} \\ \dfrac{\partial z}{\partial u} & \dfrac{\partial z}{\partial v} & \dfrac{\partial z}{\partial w} \end{vmatrix}$$

を変数変換 $x = \varphi(u, v, w)$, $y = \psi(u, v, w)$, $z = \rho(u, v, w)$ の**ヤコビアン**という.

直交座標 (x, y, z) から極座標 (r, θ, ϕ) への変数変換に対し,そのヤコビアンの値を計算すると

$$\frac{\partial(x,\,y,\,z)}{\partial(r,\,\theta,\,\phi)} = \begin{vmatrix} \sin\theta\cos\phi & r\cos\theta\cos\phi & -r\sin\theta\sin\phi \\ \sin\theta\sin\phi & r\cos\theta\sin\phi & r\sin\theta\cos\phi \\ \cos\theta & -r\sin\theta & 0 \end{vmatrix}$$

$$= r^2\sin\theta \begin{vmatrix} \sin\theta\cos\phi & \cos\theta\cos\phi & -\sin\phi \\ \sin\theta\sin\phi & \cos\theta\sin\phi & \cos\phi \\ \cos\theta & -\sin\theta & 0 \end{vmatrix} = r^2\sin\theta.$$

極座標変換のヤコビアン

$r \geqq 0$, $0 \leqq \theta \leqq \pi$, $0 \leqq \phi \leqq 2\pi$ とする.空間の極座標変換

$$x = r\sin\theta\cos\phi, \quad y = r\sin\theta\sin\phi, \quad z = r\cos\theta$$

のヤコビアンの値は

$$\frac{\partial(x,\,y,\,z)}{\partial(r,\,\theta,\,\phi)} = r^2\sin\theta.$$

ここで,平面の極座標変換のときと同様に,ヤコビアンの図形的な意味を空間の極座標変換に対して考察する. $r\theta\phi$ 空間上での

$$(r,\,\theta,\,\phi), \quad (r+\Delta r,\,\theta,\,\phi), \quad (r,\,\theta+\Delta\theta,\,\phi), \quad (r,\,\theta,\,\phi+\Delta\phi)$$

を 4 頂点にもつ直方体 $K_{r\theta\phi}$ は，xyz 空間内への極座標変換によって下図の立体領域 K_{xyz} に 1 対 1 に移される．Δr, $\Delta\theta$, $\Delta\phi$ が微小であるならば，立体領域 K_{xyz} は 3 辺の長さが Δr, $r\Delta\theta$, $r\sin\theta\Delta\phi$ である直方体とみなせるので，その体積 $|K_{xyz}|$ はもとの直方体の体積 $|K_{r\theta\phi}| = \Delta r\Delta\theta\Delta\phi$ の $r^2\sin\theta$ 倍になる．したがって，$x = r\sin\theta\cos\phi$, $y = r\sin\theta\sin\phi$, $z = r\cos\theta$ と極座標変換すると，$r\theta\phi$ 空間と xyz 空間における微小体積 $drd\theta d\phi$ と $dxdydz$ の関係は

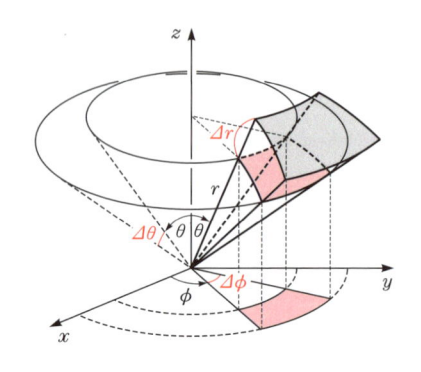

$$dxdydz = r^2\sin\theta\, drd\theta d\phi = \left|\frac{\partial(x,y,z)}{\partial(r,\theta,\phi)}\right|drd\theta d\phi.$$

このように，極座標変換において現れた微小体積の変化倍数 $r^2\sin\theta$ はヤコビアンで表されている．この事実はより一般の変数変換についても成り立ち，次の置換積分法に対する 3 重積分の公式が得られる．

3 重積分の変数変換

関数 $f(x, y, z)$ が立体領域 K において連続であり，変数変換

$$x = \varphi(u, v, w), \quad y = \psi(u, v, w), \quad z = \rho(u, v, w)$$

によって uvw 空間の領域 K' が xyz 空間の領域 K に（有限個の点や曲線や曲面を除いて）1 対 1 に移されているならば，次の等式が成り立つ．

$$\iiint_K f(x,y,z)\,dxdydz = \iiint_{K'} f(\Phi(u,v,w))\left|\frac{\partial(x,y,z)}{\partial(u,v,w)}\right|dudvdw.$$

ただし，$\Phi(u,v,w) = (\varphi(u,v,w), \psi(u,v,w), \rho(u,v,w))$ とする．

例題 10.2 球体 $K = \{(x, y, z) \mid x^2 + y^2 + z^2 \leqq a^2\}$ $(a > 0)$ を積分領域とする関数 $z^2\sqrt{x^2 + y^2}$ の 3 重積分の値を極座標変換を用いて求めよ．

[解] $x = r\sin\theta\cos\phi$, $y = r\sin\theta\sin\phi$, $z = r\cos\theta$ と極座標変換すると，K は

$$K' = \{(r, \theta, \phi) \mid 0 \leqq r \leqq a, 0 \leqq \theta \leqq \pi, 0 \leqq \phi \leqq 2\pi\}$$

に移される．ヤコビアンは $r^2\sin\theta$ となるので，$dxdydz = r^2\sin\theta\, drd\theta d\phi$ である．よって，求めるべき3重積分の値は

$$\iiint_K z^2\sqrt{x^2+y^2}\,dxdydz = \iiint_{K'} r^5\sin^2\theta\cos^2\theta\, drd\theta d\phi$$

$$= \int_0^{2\pi} d\phi \int_0^\pi \frac{\sin^2 2\theta}{4}\,d\theta \int_0^a r^5\,dr = 2\pi \left[\frac{1}{6}r^6\right]_0^a \int_0^\pi \frac{1-\cos 4\theta}{8}\,d\theta$$

$$= \frac{1}{3}a^6\pi\left[\frac{1}{8}\theta - \frac{1}{32}\sin 4\theta\right]_0^\pi = \frac{1}{24}a^6\pi^2. \qquad \Box$$

問題 10.3 楕円球体

$$K = \left\{(x, y, z) \,\Big|\, \frac{x^2}{a^2} + \frac{y^2}{b^2} + \frac{z^2}{c^2} \leqq 1\right\}$$

を積分領域とする次の3重積分の値を極座標変換を用いて求めよ．

（1） $\iiint_K dxdydz$ 　　（2） $\iiint_K x^2\,dxdydz$

[答]　（1） $\dfrac{4abc\pi}{3}$　　（2） $\dfrac{4a^3bc\pi}{15}$

◆ **円柱座標**　原点を O とする xyz 空間において，任意の点 $\mathrm{P}(x, y, z)$ をとり，点 P より xy 平面に下ろした垂線の足を $\mathrm{Q}(x, y, 0)$ とする．線分 OQ の長さを r，線分 OQ が x 軸の正方向と反時計回りになす角を θ ($0 \leqq \theta \leqq 2\pi$) で表すと

$$x = r\cos\theta, \quad y = r\sin\theta$$

と表される．この実数の組 (r, θ, z) を点 P の **円柱座標** という．

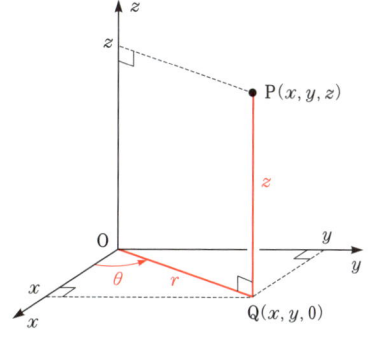

円柱座標変換のヤコビアン

空間の円柱座標変換

$$x = r\cos\theta, \quad y = r\sin\theta, \quad z = z \quad (r \geqq 0, 0 \leqq \theta \leqq 2\pi)$$

のヤコビアンの値は

$$\frac{\partial(x, y, z)}{\partial(r, \theta, z)} = r.$$

例題 10.3　一葉双曲体

$$K = \{(x, y, z) \mid x^2 + y^2 \leqq z^2 + 1, -d \leqq z \leqq d\}$$

を積分領域とする次の 3 重積分の値を円柱座標変換を用いて求めよ．

$$\iiint_K z^2 \, dxdydz.$$

[解]　$x = r\cos\theta, \, y = r\sin\theta, \, z = z$ と円柱座標変換すると，積分領域 K' は

$$K' = \{(r, \theta, z) \mid -d \leqq z \leqq d, 0 \leqq r \leqq \sqrt{z^2+1}, 0 \leqq \theta \leqq 2\pi\}$$

に移される．$dxdydz = r \, drd\theta dz$ であるから，求めるべき 3 重積分の値は

$$\iiint_K z^2 \, dxdydz = \iiint_{K'} rz^2 \, drd\theta dz$$
$$= \int_{-d}^{d} dz \int_0^{2\pi} d\theta \int_0^{\sqrt{z^2+1}} rz^2 \, dr = \int_0^{2\pi} d\theta \int_{-d}^{d} \left[\frac{1}{2}r^2 z^2\right]_{r=0}^{r=\sqrt{z^2+1}} dz$$
$$= \pi \int_{-d}^{d} z^2(z^2+1) \, dz = \pi \left[\frac{1}{5}z^5 + \frac{1}{3}z^3\right]_{-d}^{d} = \frac{2}{15}\left(3d^5 + 5d^3\right)\pi. \quad \square$$

問題 10.4　例 10.1 の [3]，[4]，[5] で挙げられた楕円柱体，楕円錐体，楕円放物体を積分領域 K とする次の 3 重積分の値を円柱座標変換を用いて求めよ．

$$\iiint_K z^2 \, dxdydz.$$

[答]　[3]　$\dfrac{abc^3\pi}{3}$　　[4]　$\dfrac{abc^3\pi}{5}$　　[5]　$\dfrac{abc^3\pi}{4}$

§10.3 空間図形への応用

◆ **空間図形の体積** 関数 $f(x, y)$ が xy 平面上の有界な閉領域 D において連続であり，さらに $f(x, y) \geq 0$ であるならば，D の上にある曲面 $E : z = f(x, y)$ と xy 平面とで囲まれた空間図形 K の体積 $|K|$ は，関数 $f(x, y)$ の有界な閉領域 D における 2 重積分

$$|K| = \iint_D f(x, y)\, dxdy$$

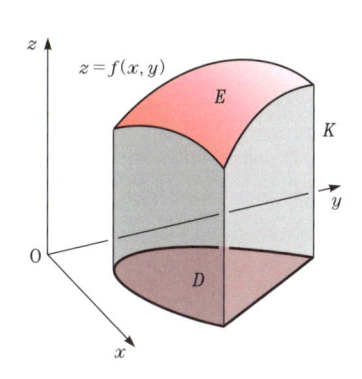

に他ならない．したがって，有界な閉領域 D において連続な 2 つの関数 $f_1(x, y)$, $f_2(x, y)$ が $f_1(x, y) \geq f_2(x, y)$ をみたすならば，D の上にある 2 つの曲面 $E_1 : z = f_1(x, y)$, $E_2 : z = f_2(x, y)$ で囲まれた空間図形 K_{12} の体積 $|K_{12}|$ は次の 2 重積分で表される．

$$|K_{12}| = \iint_D \{f_1(x, y) - f_2(x, y)\}\, dxdy.$$

立体 K を点 $(x, 0, 0)$ を通り x 軸に垂直な平面で切ったとき，その切り口は有界な閉領域で x の関数 $D(x)$ として与えられ，$D(x)$ の面積 $S(x) = |D(x)|$ が閉区間 $[a, b]$ において連続とする．このとき，立体 K が x 軸に垂直な 2 つの平面 $x = a$, $x = b$ で切り取られる立体 $K_{[a,b]}$ の体積 V は

$$V = \iiint_{K_{[a,b]}} dxdydz = \int_a^b \left(\iint_{D(x)} dydz \right) dx = \int_a^b S(x)\, dx$$

で与えられる．

閉区間 $[a, b]$ において連続な関数 $y = f(x)$ が表す曲線 C を x 軸のまわりに 1 回転して得られる回転体 Ω_C は

$$\Omega_C = \{(x, y, z) \mid y^2 + z^2 \leq \{f(x)\}^2, a \leq x \leq b\}$$

で表される．したがって，この回転体 Ω_C を x 軸に垂直な平面で切ったとき，その切り口 $D(x)$ は円となり，その面積は $S(x) = \pi\{f(x)\}^2$ となるので，回転体 Ω_C の体積は次の定積分で与えられる．

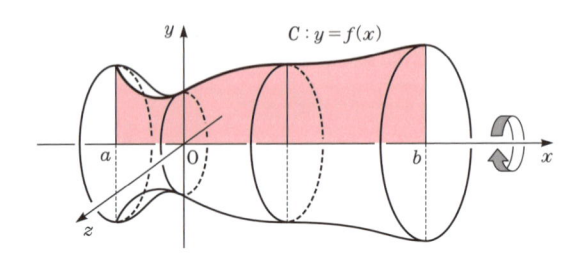

回転体の体積

関数 $f(x)$ は閉区間 $[a, b]$ において連続とする．曲線 $C : y = f(x)$ と x 軸と 2 つの直線 $x = a$, $x = b$ で囲まれた部分を x 軸のまわりに 1 回転して得られる回転体の体積 V_C は次の定積分で与えられる．

$$V_C = \pi \int_a^b \{f(x)\}^2 \, dx.$$

例 10.1 の立体のうち，[1] の三角錐体を除いた立体 [2]～[7] は $a = b$ のとき，それぞれ楕円・直線・直線・放物線・双曲線・双曲線の回転体として得られる．例えば，[5]，[6]，[7] に対応する回転体を図示すると次のようになる．

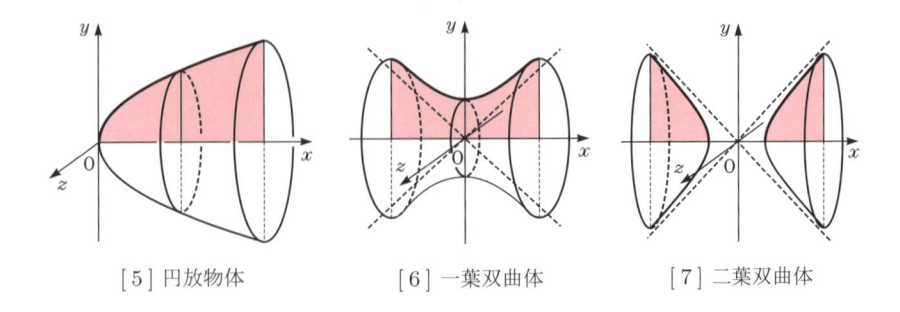

[5] 円放物体　　　　[6] 一葉双曲体　　　　[7] 二葉双曲体

§10.3 空間図形への応用

例 10.2 半径 $c>0$ の球体 $x^2+y^2+z^2 \leqq c^2$ が x 軸に垂直な 2 つの平面 $x=a$, $x=b$ $(-c \leqq a < b \leqq c)$ で切り取られた立体の体積 $V_c[a, b]$ は

$$V_c[a, b] = \pi \int_a^b (c^2 - x^2)\, dx = \pi \left[c^2 x - \frac{1}{3}x^3 \right]_a^b$$
$$= \frac{1}{3}(b-a)\{3c^2 - (b^2 + ab + a^2)\}\pi.$$

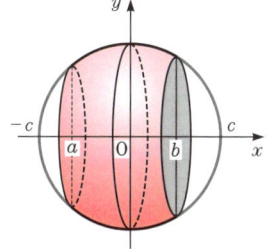

特に, $a = -c$, $b = c$ のときはよく知られた球 $x^2+y^2+z^2 = c^2$ の体積 $\dfrac{4}{3}c^3\pi$ を与えている. ◇

右図のように y 軸上の点 $(0, a)$ を中心とする半径 c $(0 < c < a)$ の円

$$C: x^2 + (y-a)^2 = c^2$$

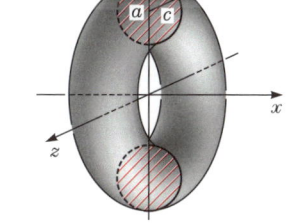

を x 軸のまわりに 1 回転して得られる回転体 Ω_C を**トーラス（円環面）**という.

例題 10.4 円 $C: x^2 + (y-a)^2 = c^2$ $(0 < c < a)$ を x 軸のまわりに 1 回転して得られるトーラス Ω_C の体積 V_C を求めよ.

[解] $y = a \pm \sqrt{c^2 - x^2}$ であるから, Ω_C は 2 つの曲線 $C_\pm : y = a \pm \sqrt{c^2 - x^2}$ から得られる 2 つの回転体 $\Omega_{C_\pm}$ の差 $\Omega_{C_+} - \Omega_{C_-}$ として与えられる. したがって, トーラス Ω_C の体積 V_C は

$$V_C = \pi \int_{-c}^c (a + \sqrt{c^2 - x^2})^2\, dx - \pi \int_{-c}^c (a - \sqrt{c^2 - x^2})^2\, dx$$
$$= 4a\pi \int_{-c}^c \sqrt{c^2 - x^2}\, dx = 4a\pi \cdot \frac{c^2}{2}\pi = 2ac^2\pi^2. \qquad \square$$

問題 10.5 次の曲線を x 軸のまわりに 1 回転して得られる回転体の体積を求めよ.

(1) $y = \sin x$ $(0 \leqq x \leqq \pi)$ (2) $y = \log x$ $(1 \leqq x \leqq e)$

[答] (1) $\pi^2/2$ (2) $(e-2)\pi$

◆ **曲面の面積**　有界な閉領域 D 上で定義されている 2 変数関数 $f(x, y)$ が表す曲面を E とする．D を内部に含む長方形領域 $K = [a, b] \times [c, d]$ をとり，その長方形領域 $K = [a, b] \times [c, d]$ を mn 個の小長方形 $K_{ij} = [x_{i-1}, x_i] \times [y_{j-1}, y_j]$ $(i = 1, 2, \ldots, m; j = 1, 2, \ldots, n)$ に分割する．ただし，この分割 Δ は m, n を十分大きくとると，$\delta x_i = x_i - x_{i-1}$，$\delta y_j = y_j - y_{j-1}$ はすべて限りなく 0 に近づくものとする．$K_{ij} \cap D \neq \emptyset$ となる K_{ij} において任意の点 P_{ij} を 1 つ選び，それに対応する曲面 E 上の点を Q_{ij} とする．点 Q_{ij} における曲面 E の接平面において，xy 平面への正射影が K_{ij} となる領域を T_{ij} とする．ただし，$K_{ij} \cap D = \emptyset$ の場合は $T_{ij} = \emptyset$ とみなす．ここで，m, n を十分大きくとって長方形領域 K を十分細かく分割したとき，mn 個の小領域 T_{ij} の面積 $|T_{ij}|$ の和

$$|E_\Delta| = \sum_{i=1}^{m} \sum_{j=1}^{n} |T_{ij}|$$

が分割と各 $K_{ij} \cap D$ の点 P_{ij} の選び方によらないで有限確定値に近づくならば，その極限値を曲面 $E : z = f(x, y)$ の領域 D における**曲面積**という．

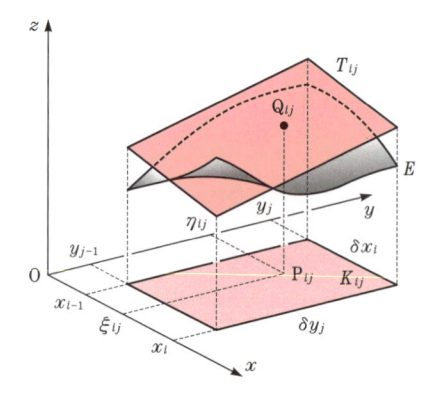

2 変数関数 $f(x, y)$ が有界な閉領域 D において偏微分可能で，偏導関数 $f_x(x, y)$，$f_y(x, y)$ が連続とする．このとき，点 $\mathrm{Q}_{ij} = (\xi_{ij}, \eta_{ij}, f(\xi_{ij}, \eta_{ij}))$ における曲面 E の接平面において，xy 平面への正射影が $K_{ij} = \delta x_i \times \delta y_j$ となる小領域 T_{ij} の面積 $|T_{ij}|$ は

$$|T_{ij}| = \sqrt{1 + \{f_x(\xi_{ij}, \eta_{ij})\}^2 + \{f_y(\xi_{ij}, \eta_{ij})\}^2} \, \delta x_i \delta y_j$$

で与えられる．したがって，すべての小領域 T_{ij} の面積の和 $|E_\Delta|$ は

$$\sum_{i=1}^{m} \sum_{j=1}^{n} |T_{ij}| = \sum_{i=1}^{m} \sum_{j=1}^{n} \sqrt{1 + \{f_x(\xi_{ij}, \eta_{ij})\}^2 + \{f_y(\xi_{ij}, \eta_{ij})\}^2} \, \delta x_i \delta y_j$$

で表される. $f_x(x, y)$, $f_y(x, y)$ は閉領域 D において連続であるから, m, n を十分大きくとって, 小面積の和 $|E_\Delta|$ の極限を考えると

$$\lim_{(m,\,n)\to(\infty,\,\infty)} \sum_{i=1}^{m} \sum_{j=1}^{n} |T_{ij}|$$

$$= \lim_{(m,\,n)\to(\infty,\,\infty)} \sum_{i=1}^{m} \sum_{j=1}^{n} \sqrt{1 + \{f_x(\xi_{ij}, \eta_{ij})\}^2 + \{f_y(\xi_{ij}, \eta_{ij})\}^2}\, \delta x_i \delta y_j$$

$$= \iint_D \sqrt{1 + \{f_x(x, y)\}^2 + \{f_y(x, y)\}^2}\, dxdy$$

となるので, 曲面 $E : z = f(x, y)$ の曲面積 $|E|$ は 2 重積分で与えられる.

曲面の面積

関数 $f(x, y)$ が有界な閉領域 D において偏微分可能でその偏導関数 $f_x(x, y)$, $f_y(x, y)$ が連続ならば, 関数 $f(x, y)$ が表す曲面 $E : z = f(x, y)$ の面積 $|E|$ は次の 2 重積分で与えられる.

$$|E| = \iint_D \sqrt{1 + \{f_x(x, y)\}^2 + \{f_y(x, y)\}^2}\, dxdy.$$

例 10.3 $a, b, c > 0$ とする. 三角錐体

$$K = \left\{ (x, y, z) \,\middle|\, \frac{x}{a} + \frac{y}{b} + \frac{z}{c} \leqq 1,\, x \geqq 0,\, y \geqq 0,\, z \geqq 0 \right\}$$

の斜面の面積 S は

$$S = \iint_D \sqrt{1 + \left(\frac{c}{a}\right)^2 + \left(\frac{c}{b}\right)^2}\, dxdy$$

$$= \sqrt{1 + \left(\frac{c}{a}\right)^2 + \left(\frac{c}{b}\right)^2} \cdot |D|$$

$$= \frac{1}{2}\sqrt{a^2b^2 + b^2c^2 + c^2a^2}.$$

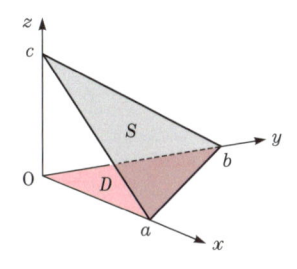

ただし, $|D|$ は原点と 2 点 $(a, 0, 0)$, $(0, b, 0)$ を頂点とする三角形の面積である. ◇

◆ **回転面の曲面積**　関数 $f(x)$ は閉区間 $[a, b]$ において微分可能でその導関数 $f'(x)$ が連続であり，かつ $f(x) \geqq 0$ とする．曲線 $C : y = f(x)$ を x 軸のまわりに 1 回転して得られる回転面 Σ_C は

$$\Sigma_C = \left\{ (x, y, z) \,\middle|\, y^2 + z^2 = \{f(x)\}^2,\, a \leqq x \leqq b \right\}$$

で表される．z は 2 変数 x, y の関数とみなせるので，等式 $y^2 + z^2 = \{f(x)\}^2$ の両辺を x, y でそれぞれ偏微分すると

$$2zz_x = 2f(x)f'(x), \quad 2y + 2zz_y = 0$$

となり

$$z_x = \frac{f(x)f'(x)}{z}, \quad z_y = -\frac{y}{z}$$

が得られる．回転面 Σ_C の曲面積 S_C は，$z \geqq 0$ の部分である

$$z = \sqrt{\{f(x)\}^2 - y^2}$$

による曲面積の 2 倍となる．したがって，「曲面の面積」を導いたように

$$\sqrt{1 + z_x{}^2 + z_y{}^2} = \frac{\sqrt{z^2 + \{f(x)f'(x)\}^2 + y^2}}{z} = \frac{f(x)\sqrt{1 + \{f'(x)\}^2}}{\sqrt{\{f(x)\}^2 - y^2}}$$

を xy 平面上の積分領域

$$D = \{(x, y) \mid a \leqq x \leqq b,\, -f(x) \leqq y \leqq f(x)\}$$

において 2 重積分して，その値を 2 倍すれば曲面積 S_C が得られる．それゆえ，曲面積 S_C は

$$\begin{aligned}
S_C &= 2 \int_a^b dx \int_{-f(x)}^{f(x)} \frac{f(x)\sqrt{1 + \{f'(x)\}^2}}{\sqrt{\{f(x)\}^2 - y^2}} \, dy \\
&= 2 \int_a^b f(x)\sqrt{1 + \{f'(x)\}^2} \left[\mathrm{Sin}^{-1} \frac{y}{f(x)} \right]_{y=-f(x)}^{y=f(x)} dx \\
&= 2\pi \int_a^b f(x)\sqrt{1 + \{f'(x)\}^2} \, dx.
\end{aligned}$$

回転面の曲面積

関数 $f(x)$ は閉区間 $[a, b]$ において微分可能でその導関数 $f'(x)$ が連続であり，かつ $f(x) \geqq 0$ をみたすとする．曲線 $C : y = f(x)$ と x 軸と2つの直線 $x = a,\ x = b$ で囲まれた部分を x 軸のまわりに1回転して得られる回転面の曲面積 S_C は次の定積分で与えられる．

$$S_C = 2\pi \int_a^b f(x) \sqrt{1 + \{f'(x)\}^2}\, dx.$$

例 10.4 半径 $c > 0$ の球面 $x^2 + y^2 + z^2 = c^2$ が x 軸に垂直な2つの平面 $x = a,\ x = b$ $(-c \leqq a < b \leqq c)$ で切り取られた曲面の曲面積 $S_c[a, b]$ は

$$\begin{aligned} S_c[a, b] &= 2\pi \int_a^b \sqrt{c^2 - x^2} \sqrt{1 + \frac{x^2}{c^2 - x^2}}\, dx \\ &= 2\pi \int_a^b c\, dx = 2(b - a)c\pi. \end{aligned}$$

特に，$a = -c,\ b = c$ のときは，よく知られた球 $x^2 + y^2 + z^2 = c^2$ の表面積 $4c^2\pi$ を与えている． ◇

例題 10.5 円

$$C : x^2 + (y - a)^2 = c^2 \quad (0 < c < a)$$

を x 軸のまわりに1回転して得られるトーラス Σ_C の曲面積 S_C を求めよ．

[解] $y = a \pm \sqrt{c^2 - x^2}$ であるから，トーラス Σ_C は 2つの曲線

$$C_\pm : y = a \pm \sqrt{c^2 - x^2}$$

から得られる 2つの回転面 $\Sigma_{C_\pm}$ の和 $\Sigma_{C_+} + \Sigma_{C_-}$ として与えられる．したがって，トーラス Σ_C の曲面積 S_C は

$$\begin{aligned} S_C &= 2\pi \int_{-c}^{c} \left\{ (a + \sqrt{c^2 - x^2}) + (a - \sqrt{c^2 - x^2}) \right\} \sqrt{1 + \frac{x^2}{c^2 - x^2}}\, dx \\ &= 4ac\pi \int_{-c}^{c} \frac{1}{\sqrt{c^2 - x^2}}\, dx = 4ac\pi \left[\mathrm{Sin}^{-1} \frac{x}{c} \right]_{-c}^{c} = 4ac\pi^2. \end{aligned}$$ □

問題 10.6 次の曲線を x 軸のまわりに 1 回転して得られる回転面の曲面積を求めよ.

（1） $y = \sin x \quad (0 \leqq x \leqq \pi)$ （2） $y = \dfrac{1}{2}(e^x + e^{-x}) \quad (0 \leqq x \leqq b)$

[答]　（1）$2\{\sqrt{2} + \log(1 + \sqrt{2})\}\pi$ 　（2）$\dfrac{(e^{2b} + 4b - e^{-2b})\pi}{4}$

◆ 曲面で囲まれる立体の体積
ここでは 2 つの立体 K_1, K_2 の共通部分 $K_1 \cap K_2$ の体積を求めることにする.

例題 10.6 $a > 0$ のとき，次の 2 つの立体の共通部分の体積を求めよ.

$$\text{球体 } x^2 + y^2 + z^2 \leqq a^2 \quad \text{と} \quad \text{円柱体 } \left(x - \frac{a}{2}\right)^2 + y^2 \leqq \frac{a^2}{4}.$$

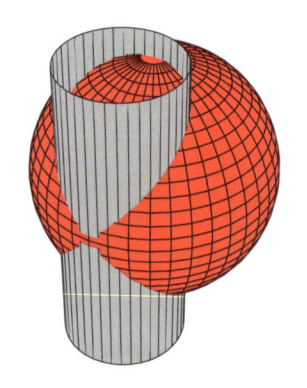

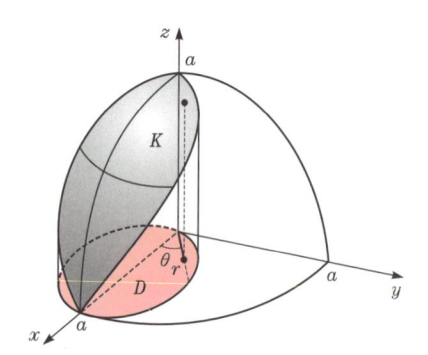

[解]　与えられた球体と円柱体との共通部分 K は

$$K = \left\{(x, y, z) \,\Big|\, \left(x - \frac{a}{2}\right)^2 + y^2 \leqq \frac{a^2}{4}, \right.$$
$$\left. -\sqrt{a^2 - x^2 - y^2} \leqq z \leqq \sqrt{a^2 - x^2 - y^2}\right\}$$

である．したがって，共通部分 K の体積 $|K|$ は

$$D = \left\{(x, y) \,\Big|\, \left(x - \frac{a}{2}\right)^2 + y^2 \leqq \frac{a^2}{4}\right\}$$

を積分領域とする 2 重積分

$$|K| = 2\iint_D \sqrt{a^2 - x^2 - y^2}\, dxdy$$

§10.3 空間図形への応用

で与えられる．そこで，$x = r\cos\theta$, $y = r\sin\theta$ と極座標変換すると $dxdy = r\,drd\theta$ となり，点 $(a/2, 0)$ を中心とし半径 $a/2$ の円である領域 D は次の領域

$$D' = \left\{(r, \theta) \,\middle|\, -\frac{\pi}{2} \leqq \theta \leqq \frac{\pi}{2}, 0 \leqq r \leqq a\cos\theta\right\}$$

に移される．そこで，例題 9.4（4）と全く同様な計算で共通部分 K の体積 $|K|$ を求めると

$$\begin{aligned}
|K| &= 2\iint_D \sqrt{a^2 - x^2 - y^2}\,dxdy = 2\iint_{D'} r\sqrt{a^2 - r^2}\,drd\theta \\
&= 2\int_{-\frac{\pi}{2}}^{\frac{\pi}{2}} d\theta \int_0^{a\cos\theta} r\sqrt{a^2 - r^2}\,dr \\
&= 2\int_{-\frac{\pi}{2}}^{\frac{\pi}{2}} \left[-\frac{1}{3}(a^2 - r^2)^{\frac{3}{2}}\right]_{r=0}^{r=a\cos\theta} d\theta = \frac{2}{3}a^3 \int_{-\frac{\pi}{2}}^{\frac{\pi}{2}} (1 - |\sin^3\theta|)\,d\theta \\
&= \frac{4}{3}a^3 \int_0^{\frac{\pi}{2}} (1 - \sin^3\theta)\,d\theta = \frac{4}{3}a^3 \int_0^{\frac{\pi}{2}} (1 - \sin\theta + \sin\theta\cos^2\theta)\,d\theta \\
&= \frac{4}{3}a^3 \left[\theta + \cos\theta - \frac{1}{3}\cos^3\theta\right]_0^{\frac{\pi}{2}} = \frac{4}{3}\left(\frac{\pi}{2} - \frac{2}{3}\right)a^3 = \left(\frac{2}{3}\pi - \frac{8}{9}\right)a^3. \quad \square
\end{aligned}$$

問題 10.7 次の 2 つの立体の共通部分の体積を求めよ．

（1）楕円放物体 $z \geqq 4x^2 + 3y^2$ と 半空間 $z \leqq 2x + 3y$

（2）円放物体 $x^2 + y^2 \leqq z$ と 円柱体 $\left(x - \dfrac{1}{2}\right)^2 + y^2 \leqq \dfrac{1}{4}$, $z \leqq 1$

[答]（1）$\dfrac{\sqrt{3}\,\pi}{12}$ （2）$\dfrac{5\pi}{32}$

◆ **曲面で囲まれる立体の表面積** 2 つの立体 K_1, K_2 の共通部分 $K_1 \cap K_2$ の表面積を求めることにする．

例題 10.7 次の 2 つの立体の共通部分の表面積を求めよ．

$$\text{球体 } x^2 + y^2 + z^2 \leqq 1 \quad \text{と} \quad \text{円柱体 } \left(x - \frac{1}{2}\right)^2 + y^2 \leqq \frac{1}{4}.$$

[解] 与えられた球体と円柱体との共通部分の表面 E は，球面が円柱によって切り取られる部分

$$E_1 = \left\{(x, y, z) \,\middle|\, x^2 + y^2 \leqq x, z = \pm\sqrt{1 - x^2 - y^2}\right\}$$

と，円柱が球面によって切り取られる部分

$$E_2 = \left\{(x,y,z) \mid x^2+y^2+z^2 \leqq 1, y=\pm\sqrt{x-x^2}\right\}$$
$$= \left\{(x,y,z) \mid -1 \leqq z \leqq 1, 0 \leqq x \leqq 1-z^2, y=\pm\sqrt{x-x^2}\right\}$$

の 2 つの曲面からなる．曲面 E_1 は領域

$$D_1 = \left\{(x,y) \mid \left(x-\frac{1}{2}\right)^2 + y^2 \leqq \frac{1}{4}\right\}$$

上の 2 つの半球面

$$E_{1+} : z = \sqrt{1-x^2-y^2},$$
$$E_{1-} : z = -\sqrt{1-x^2-y^2}$$

からなり，$z = \sqrt{1-x^2-y^2}$ の偏導関数は

$$z_x = -\frac{x}{\sqrt{1-x^2-y^2}},$$
$$z_y = -\frac{y}{\sqrt{1-x^2-y^2}}$$

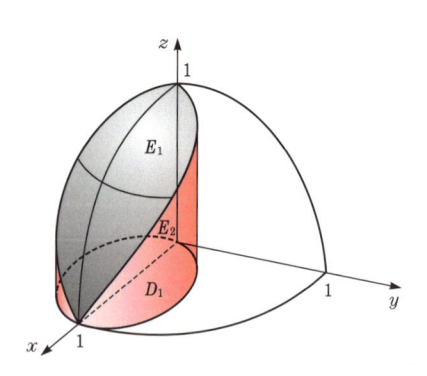

である．したがって，曲面 E_1 の曲面積 S_1 は D_1 を積分領域とする関数

$$\sqrt{1+z_x{}^2+z_y{}^2} = \frac{1}{\sqrt{1-x^2-y^2}}$$

の 2 重積分の値の 2 倍で与えられる．そこで，曲面積 S_1 を計算するために，$x = r\cos\theta$, $y = r\sin\theta$ と極座標変換すると $dxdy = r\,drd\theta$ となり，領域 D_1 は次の領域

$$D_1' = \left\{(r,\theta) \mid -\frac{\pi}{2} \leqq \theta \leqq \frac{\pi}{2}, 0 \leqq r \leqq \cos\theta\right\}$$

に移される．したがって，求めるべき曲面積 S_1 は

$$S_1 = 2\iint_{D_1'} \frac{r}{\sqrt{1-r^2}}\,drd\theta = 2\int_{-\frac{\pi}{2}}^{\frac{\pi}{2}} d\theta \int_0^{\cos\theta} \frac{r}{\sqrt{1-r^2}}\,dr$$
$$= 2\int_{-\frac{\pi}{2}}^{\frac{\pi}{2}} \left[-\sqrt{1-r^2}\right]_{r=0}^{r=\cos\theta} d\theta = 2\int_{-\frac{\pi}{2}}^{\frac{\pi}{2}} (1-|\sin\theta|)\,d\theta$$
$$= 4\int_0^{\frac{\pi}{2}} (1-\sin\theta)\,d\theta = 4\left[\theta+\cos\theta\right]_0^{\frac{\pi}{2}} = 2(\pi-2).$$

一方,曲面 E_2 は領域 $D_2 = \{(x, z) \mid -1 \leqq z \leqq 1, 0 \leqq x \leqq 1 - z^2\}$ 上の 2 つの円柱面の一部

$$E_{2+} : y = \sqrt{x - x^2}, \quad E_{2-} : y = -\sqrt{x - x^2}$$

からなり,$y = \sqrt{x - x^2}$ の偏導関数は

$$y_x = \frac{1 - 2x}{2\sqrt{x - x^2}}, \quad y_z = 0$$

である.したがって,曲面 E_2 の曲面積 S_2 は D_2 を積分領域とする関数

$$\sqrt{1 + y_x{}^2 + y_z{}^2} = \frac{1}{2\sqrt{x - x^2}}$$

の 2 重積分の値の 2 倍で与えられる.そこで,曲面積 S_2 を計算すると

$$\begin{aligned}
S_2 &= \iint_{D_2} \frac{1}{\sqrt{x - x^2}}\, dx dz = \int_{-1}^{1} dz \int_{0}^{1-z^2} \frac{2}{\sqrt{1 - (2x-1)^2}}\, dx \\
&= \int_{-1}^{1} \left[\operatorname{Sin}^{-1}(2x - 1) \right]_{x=0}^{x=1-z^2} dz = \int_{-1}^{1} \left\{ \frac{\pi}{2} + \operatorname{Sin}^{-1}(1 - 2z^2) \right\} dz \\
&= \pi + \left[z \operatorname{Sin}^{-1}(1 - 2z^2) \right]_{-1}^{1} + \int_{-1}^{1} \frac{4z^2}{\sqrt{1 - (1 - 2z^2)^2}}\, dz \\
&= \pi - \pi + \int_{-1}^{1} \frac{2|z|}{\sqrt{1 - z^2}}\, dz = 4 \int_{0}^{1} \frac{z}{\sqrt{1 - z^2}}\, dz = -4 \left[\sqrt{1 - z^2} \right]_{0}^{1} = 4.
\end{aligned}$$

したがって,求めるべき共通部分の表面積 S は

$$S = S_1 + S_2 = 2(\pi - 2) + 4 = 2\pi. \qquad \square$$

問題 10.8 次の図形のうちで切り取られた部分の面積を求めよ.

(1) 平面 $z = 2x + 3y$ のうち,楕円放物面 $z = 4x^2 + 3y^2$ の内部にある部分

(2) 円柱面
$$\left(x - \frac{1}{2}\right)^2 + y^2 = \frac{1}{4}, \quad z \leqq 1$$
のうち,円放物面 $x^2 + y^2 = z$ の内部にある部分

[答] (1) $\dfrac{\sqrt{42}\,\pi}{6}$ (2) $\dfrac{\pi}{2}$

演習問題

10.1 三角錐体

$$K = \{(x, y, z) \mid 3x + 2y + z \leqq 6,\ x \geqq 0,\ y \geqq 0,\ z \geqq 0\}$$

を積分領域とする次の関数の 3 重積分の値を求めよ．

（1） xz （2） y^2 （3） e^{x+y+z}

10.2 原点を中心とし半径 $a > 0$ の 8 半球体

$$K = \{(x, y, z) \mid x^2 + y^2 + z^2 \leqq a^2,\ x \geqq 0,\ y \geqq 0,\ z \geqq 0\}$$

を積分領域とする次の関数の 3 重積分の値を極座標変換を用いて求めよ．

（1） z （2） yz （3） xyz

10.3 $a > b > 0$ とするとき，くり抜き球面体

$$K = \{(x, y, z) \mid b^2 \leqq x^2 + y^2 + z^2 \leqq a^2\}$$

を積分領域とする次の関数の 3 重積分の値を極座標変換を用いて求めよ．

（1） $\dfrac{1}{\sqrt{x^2 + y^2 + z^2}}$ （2） $\dfrac{z^2}{x^2 + y^2 + z^2}$ （3） $\dfrac{\sqrt{x^2 + y^2}}{x^2 + y^2 + z^2}$

10.4 例 10.1 の [2]〜[5] で挙げられた楕円球体，楕円柱体，楕円錐体，楕円放物体を積分領域とする次の関数の 3 重積分の値を変数変換を用いて求めよ．

（1） $x^2 z^2$ （2） $y^2 \sqrt{\dfrac{x^2}{a^2} + \dfrac{y^2}{b^2}}$

10.5 次の曲線を x 軸のまわりに 1 回転して得られる回転体の体積とその曲面積を求めよ．

（1） $y = e^x \quad (0 \leqq x \leqq \log 2)$

（2） $y = \tan x \quad \left(0 \leqq x \leqq \dfrac{\pi}{4}\right)$

（3） $x = a(t - \sin t),\ y = a(1 - \cos t) \quad (a > 0,\ 0 \leqq t \leqq 2\pi)$

（4） $\left(\dfrac{x}{a}\right)^{\frac{2}{3}} + \left(\dfrac{y}{a}\right)^{\frac{2}{3}} = 1 \quad (a > 0)$

演習問題

10.6 楕円
$$C: \frac{x^2}{a^2} + \frac{y^2}{b^2} = 1 \quad (a > 0, b > 0)$$
を x 軸のまわりに 1 回転して得られる曲面 $\Sigma_{a,b}$ の曲面積 $S_{a,b}$ を求めよ．さらに，ロピタルの定理を用いて，極限値 $\lim_{b \to a-0} S_{a,b}$ および $\lim_{b \to a+0} S_{a,b}$ を計算せよ．

10.7 次の 2 つの立体の共通部分の体積と表面積を求めよ．

(1) 2 つの球体 $x^2 + y^2 + z^2 \leqq 3$ と $x^2 + y^2 + (z-1)^2 \leqq 1$

(2) 球体 $x^2 + y^2 + z^2 \leqq 4$ と 円柱体 $x^2 + y^2 \leqq 1$

(3) 球体 $x^2 + y^2 + (z-3)^2 \leqq 5$ と 円放物体 $x^2 + y^2 \leqq z$

(4) 円放物体 $x^2 + y^2 \leqq 2 - z$ と 円柱体 $x^2 + y^2 \leqq 1$, $z \geqq 0$

(5) 円錐体 $x^2 + y^2 \leqq 2z^2$, $z \geqq 0$ と 円放物体 $x^2 + y^2 \leqq 3 - z$

(6) 2 つの円柱体 $x^2 + y^2 \leqq 1$ と $x^2 + z^2 \leqq 1$

(7) 円錐体 $x^2 + y^2 \leqq (1-z)^2$, $0 \leqq z \leqq 1$ と円柱体 $x^2 + y^2 - x \leqq 0$

(8) 円 $C: x^2 + (z-2)^2 = 1$ を x 軸のまわりに 1 回転して得られるトーラス体 Ω_C と球体 $x^2 + y^2 + z^2 \leqq 3$

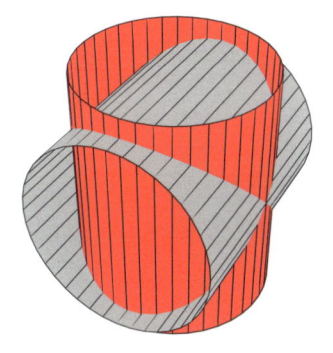

$x^2 + y^2 \leqq 1, \; x^2 + z^2 \leqq 1$ 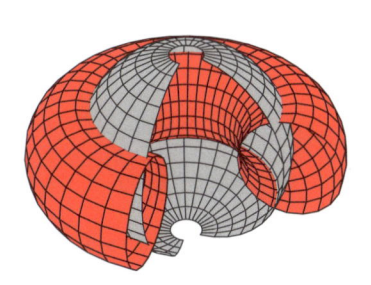　　　　トーラス体 Ω_C, $x^2 + y^2 + z^2 \leqq 3$

演習問題略解

第1章

1.1 （1）$\dfrac{2\sqrt{2}}{3}$　（2）$\dfrac{4}{5}$　（3）-2　（4）存在しない　（5）$\dfrac{\sqrt{10}}{4}$　（6）$\dfrac{24}{25}$

1.2 （1）$\dfrac{16}{65}$　（2）$-\dfrac{2\sqrt{5}}{25}$　（3）18　（4）存在しない

1.3 （1）$\dfrac{\pi}{4}$　（2）$\dfrac{5\pi}{6}$　（3）$\dfrac{\pi}{4}$　（4）$\dfrac{3\pi}{4}$　（5）$\dfrac{\pi}{4}$　（6）π

1.4 （1）存在しない　（2）存在しない　（3）0　（4）0　（5）$\dfrac{3}{2}$　（6）2　（7）1　（8）3

この結果，（3）～（8）は連続関数に拡張できる．

第2章

2.1 （1）$-\dfrac{2x}{(1+x^2)^2}$　（2）$\dfrac{1}{\cos^2 x}$　（3）$-\dfrac{n}{x^{n+1}}$　（4）$\dfrac{1}{n\sqrt[n]{x^{n-1}}}$

2.2 （1）$6(x+1)(x+2)^2(x^3-4)^4(3x^2+2x-2)$

（2）$1+\dfrac{4}{x^3+2}+\dfrac{3(x^2-4)}{(x^3+2)^2}$　（3）$\dfrac{2x^2}{\sqrt{x^2+2x+3}}$

（4）$\dfrac{1}{(x^2-4x+5)\sqrt{x^2-4x+5}}$　（5）$\dfrac{7(x+\sqrt{x^2+2})^7}{\sqrt{x^2+2}}$

（6）$-18x^2\cos^2 2x^3 \sin 2x^3$　（7）$\dfrac{1}{1+\cos x}$

（8）$3(x^2-1)(9x^2-6x+2)e^{x^3}$　（9）$(2x-1)e^{\frac{1}{x}}$　（10）$-6e^{-3x}\sin 3x$

（11）$\dfrac{1}{x\log x}$　（12）$-\tan x$　（13）$\dfrac{\log|x|\,(2-\log|x|)}{x^2}$

（14）$\dfrac{(x+1)(3-x)}{2(x-1)(x^2+3)}$　（15）$\dfrac{1}{\sqrt{x^2-1}}$　（16）$\dfrac{1}{\sin x}$

第 2 章

2.3 (1) $(a\log x + 1)x^{x^a + a - 1}$ (2) $(a+1)(\log x)^a x^{(\log x)^a - 1}$

(3) $\dfrac{x - (1+x)\log(1+x)}{x^2(1+x)}(1+x)^{\frac{1}{x}}$ (4) $\dfrac{1}{x^2}\{1 - \log x \log(\log x)\}(\log x)^{\frac{1}{x} - 1}$

(5) $-\sin x\{\log(\cos x) + 1\}(\cos x)^{\cos x}$

(6) $\left\{\cos x \log(\tan x) + \dfrac{1}{\cos x}\right\}(\tan x)^{\sin x}$

2.4 (1) $y' = \dfrac{-2x}{(1+x^2)^2}$, $y'' = \dfrac{2(3x^2 - 1)}{(1+x^2)^3}$, $y''' = \dfrac{24x(1-x^2)}{(1+x^2)^4}$

(2) $y' = \dfrac{x}{(1-x^2)\sqrt{1-x^2}}$, $y'' = \dfrac{1+2x^2}{(1-x^2)^2\sqrt{1-x^2}}$, $y''' = \dfrac{3x(3+2x^2)}{(1-x^2)^3\sqrt{1-x^2}}$

(3) $y' = \dfrac{1-x^2}{(1+x^2)^2}$, $y'' = \dfrac{2x(x^2-3)}{(1+x^2)^3}$, $y''' = \dfrac{-6(x^4 - 6x^2 + 1)}{(1+x^2)^4}$

(4) $y' = \dfrac{1}{\cos^2 x}$, $y'' = \dfrac{2\sin x}{\cos^3 x}$, $y''' = \dfrac{2 + 4\sin^2 x}{\cos^4 x}$

(5) $y' = \dfrac{1 - \log x}{x^2}$, $y'' = \dfrac{2\log x - 3}{x^3}$, $y''' = \dfrac{11 - 6\log x}{x^4}$

(6) $y' = \dfrac{3}{2}x^2 - \dfrac{3}{2}x^2 \cos 2x + x^3 \sin 2x$,

$y'' = 3x + x(2x^2 - 3)\cos 2x + 6x^2 \sin 2x$,

$y''' = 3 + 3(6x^2 - 1)\cos 2x - 2x(2x^2 - 9)\sin 2x$

(7) $y' = \dfrac{1}{\sqrt{1+x^2}}$, $y'' = \dfrac{-x}{(1+x^2)\sqrt{1+x^2}}$, $y''' = \dfrac{2x^2 - 1}{(1+x^2)^2\sqrt{1+x^2}}$

(8) $y' = 2e^{2x}(\sin x^2 + x\cos x^2)$, $y'' = 2e^{2x}\{2(1-x^2)\sin x^2 + (1+4x)\cos x^2\}$,

$y''' = 4e^{2x}\{(2 - 3x - 6x^2)\sin x^2 + (3 + 6x - 2x^3)\cos x^2\}$

2.5 (1) $\dfrac{1}{x\sqrt{x^2 - 1}}$ (2) $\dfrac{1}{2\sqrt{1-x^2}}$ (3) $-\dfrac{x}{(2+x^2)\sqrt{1+x^2}}$

(4) $\dfrac{1}{1+x^2}$ (5) $\dfrac{1}{(1+x)\sqrt{x}}$ (6) $\dfrac{1}{2(1+x)\sqrt{x}}$

(7) $\dfrac{2}{(x^2+1)\sqrt{x^2+2}}$ (8) $\dfrac{2}{x^2+1}$ (9) $\dfrac{2}{x^2+1}$ (10) $\dfrac{2}{x^2+1}$

(11) $\dfrac{1}{1+x^2}$ (12) $\dfrac{1}{2x\sqrt{x^2 - 1}}$ (13) $\dfrac{2}{\sqrt{1-x^2}}$ (14) $-\dfrac{1}{2\sqrt{1-x^2}}$

(15) $-\dfrac{2}{x^2+1}$ (16) $\dfrac{2}{(e^x + e^{-x})\sqrt{2 + e^{-2x}}}$ (17) $\dfrac{2}{e^{2x} + e^{-2x}}$

2.6 (1) $a^x(\log a)^n$ (2) $(-1)^{n-1}\dfrac{(n-1)!}{x^n \log a}$ $(n \geqq 1)$

(3) $\dfrac{3}{4}\sin\left(x+\dfrac{n}{2}\pi\right) - \dfrac{3^n}{4}\sin\left(3x+\dfrac{n}{2}\pi\right)$ $(n \geqq 1)$

(4) $3^n\{2^n e^{6x} - 3e^{3x} + (-1)^{n+1}e^{-3x}\}$ $(n \geqq 1)$

(5) $(-1)^n n!\left\{\dfrac{1}{(x-1)^{n+1}} - \dfrac{1}{(x+2)^{n+1}}\right\}$

(6) $(-1)^{n-1}(n-1)!\left\{\dfrac{2}{(x-1)^n} + \dfrac{1}{(x+2)^n}\right\}$ $(n \geqq 1)$

(7) $(-1)^{n-1}\dfrac{1 \cdot 3 \cdot 5 \cdots (2n-3)}{2^n}\left\{(x+1)^{-\frac{2n-1}{2}} - (x-1)^{-\frac{2n-1}{2}}\right\}$ $(n \geqq 2)$

(8) $(-2\sqrt{2})^n e^{-2x}\cos\left(2x - \dfrac{n}{4}\pi\right)$

2.7 (1) $y^{(n)} = \{x^4 + 4nx^3 + 6n(n-1)x^2 + 4n(n-1)(n-2)x$
$\qquad + n(n-1)(n-2)(n-3)\}e^x$

(2) $y^{(n)} = (-1)^n 2^{n-4}\{16x^4 - 32nx^3 + 24n(n-1)x^2 - 8n(n-1)(n-2)x$
$\qquad + n(n-1)(n-2)(n-3)\}e^{-2x}$

(3) $y^{(n)} = 3^{n-1}\{3x^3 - n(n-1)x\}\sin\left(3x+\dfrac{n}{2}\pi\right)$
$\qquad + 3^{n-3}\{27nx^2 - n(n-1)(n-2)\}\sin\left(3x+\dfrac{n-1}{2}\pi\right)$

(4) $y^{(n)} = 2^{n-4}\{16x^4 - 24n(n-1)x^2$
$\qquad + n(n-1)(n-2)(n-3)\}\cos\left(2x+\dfrac{n}{2}\pi\right)$
$\qquad + 2^{n-1}\{4nx^3 - n(n-1)(n-2)x\}\cos\left(2x+\dfrac{n-1}{2}\pi\right)$

(5) $y' = x^2\sin 2x - x\cos 2x + x$, $y'' = (2x^2 - 1)\cos 2x + 4x\sin 2x + 1$,
$y^{(n)} = 2^{n-3}\{4x^2 - n(n-1)\}\sin\left(2x+\dfrac{n-1}{2}\pi\right)$
$\qquad + 2^{n-1}nx\sin\left(2x+\dfrac{n-2}{2}\pi\right)$ $(n \geqq 3)$

(6) $y' = \dfrac{x^2}{1+x} + 2x\log(1+x)$, $y'' = -\dfrac{x^2}{(1+x)^2} + \dfrac{4x}{1+x} + 2\log(1+x)$,
$y^{(n)} = (-1)^{n-1}\dfrac{(n-3)!\{2x^2 + 2nx + n(n-1)\}}{(1+x)^n}$ $(n \geqq 3)$

2.8 （1） $(2+x^2)y^{(n+1)} + (2n-1)xy^{(n)} + n(n-2)y^{(n-1)} = 0$,
$$f^{(2m)}(0) = (-1)^{m+1}\frac{\sqrt{2}}{2^m}(2m-1)(2m-3)^2(2m-5)^2\cdots 3^2\cdot 1$$
$(m \geqq 1)$, $f^{(2m+1)}(0) = 0$ $(m \geqq 0)$

（2） $(2-x^2)y^{(n+1)} - (2n-1)xy^{(n)} - n(n-2)y^{(n-1)} = 0$,
$$f^{(2m)}(0) = -\frac{\sqrt{2}}{2^m}(2m-1)(2m-3)^2(2m-5)^2\cdots 3^2\cdot 1 \quad (m \geqq 1),$$
$f^{(2m+1)}(0) = 0$ $(m \geqq 0)$

（3） $y^{(n+1)} - 3x^2 y^{(n)} - 6nxy^{(n-1)} - 3n(n-1)y^{(n-2)} = 0$,
$f^{(3m)}(0) = \dfrac{(3m)!}{m!}$ $(m \geqq 0)$, $f^{(3m+1)}(0) = f^{(3m+2)}(0) = 0$ $(m \geqq 0)$

（4） $xy^{(n+1)} + (n-2-2x^2)y^{(n)} - 4nxy^{(n-1)} - 2n(n-1)y^{(n-2)} = 0$,
$f^{(2m)}(0) = \dfrac{(2m)!}{(m-1)!}$ $(m \geqq 1)$, $f^{(2m+1)}(0) = 0$ $(m \geqq 0)$

（5） $(1+x^2)y^{(n+2)} + (2n+1)xy^{(n+1)} + n^2 y^{(n)} = 0$, $f^{(2m)}(0) = 0$ $(m \geqq 0)$,
$f^{(2m+1)}(0) = (-1)^m(2m-1)^2(2m-3)^2\cdots 3^2\cdot 1$ $(m \geqq 1)$

（6） $(1+x^3)y^{(n+1)} + 3nx^2 y^{(n)} + 3n(n-1)xy^{(n-1)} + n(n-1)(n-2)y^{(n-2)}$
$= 0$ $(n \geqq 3)$, $f^{(3m)}(0) = (-1)^{m-1}\cdot 3\cdot (3m-1)!$ $(m \geqq 1)$,
$f^{(3m+1)}(0) = f^{(3m+2)}(0) = 0$ $(m \geqq 0)$

第3章

3.1 （1） $\pi/2$ $(-1 < x \leqq 1)$

（2） $\begin{cases} \pi/2 & (x>0 \text{ のとき}), \\ -\pi/2 & (x<0 \text{ のとき}) \end{cases}$ （3） $\begin{cases} \pi/2 & (x \geqq 1 \text{ のとき}), \\ -\pi/2 & (x \leqq -1 \text{ のとき}) \end{cases}$

（4） $\begin{cases} \pi & (1/\sqrt{2} \leqq x \leqq 1 \text{ のとき}), \\ -\pi & (-1 \leqq x \leqq -1/\sqrt{2} \text{ のとき}) \end{cases}$

（5） $\begin{cases} 5\pi/4 & (x > 1+\sqrt{2} \text{ のとき}), \\ \pi/4 & (1-\sqrt{2} < x < 1+\sqrt{2} \text{ のとき}), \\ -3\pi/4 & (x < 1-\sqrt{2} \text{ のとき}) \end{cases}$

3.2 (1) 2/3　(2) 0　(3) 1/2　(4) $-1/4$

3.3 (1) 1/2　(2) $-1/2$　(3) -2　(4) 1/3　(5) 1
(6) 1　(7) 0　(8) 0　(9) 2　(10) $-1/4$　(11) $-1/2$
(12) 1/6　(13) 1/12　(14) 1/2　(15) $-1/3$　(16) 1
(17) 1/6　(18) 0　(19) 1/2　(20) 1/2　(21) 0　(22) 4
(23) -1　(24) 0　(25) 0　(26) 0　(27) 0　(28) $-e/2$

3.4 (1) $1/e$　(2) 1　(3) 1　(4) e^2　(5) $1/\sqrt{e}$
(6) e^2　(7) $1/\sqrt{e}$　(8) $\sqrt{e}$

3.5 (1) $4 + 4x^2 + \dfrac{4}{3}x^4 + \cdots + \dfrac{2^{2n+1}}{(2n)!}x^{2n} + \dfrac{2^{2n+2}(e^{2\theta x} + e^{-2\theta x})}{(2n+2)!}x^{2n+2}$

(2) $x^2 - \dfrac{1}{3}x^4 + \dfrac{2}{45}x^6 - \cdots + (-1)^{n-1}\dfrac{2^{2n-1}}{(2n)!}x^{2n} + (-1)^n \dfrac{2^{2n+1}\cos 2\theta x}{(2n+2)!}x^{2n+2}$

(3) $x - \dfrac{2}{3}x^3 + \dfrac{2}{15}x^5 - \cdots + (-1)^{n-1}\dfrac{2^{2n-2}}{(2n-1)!}x^{2n-1} + (-1)^n \dfrac{2^{2n}\cos 2\theta x}{(2n+1)!}x^{2n+1}$

(4) $2x + \dfrac{2}{3}x^3 + \dfrac{2}{5}x^5 + \cdots + \dfrac{2}{2n-1}x^{2n-1}$
$\quad + \dfrac{1}{2n+1}\left\{\dfrac{1}{(1+\theta x)^{2n+1}} + \dfrac{1}{(1-\theta x)^{2n+1}}\right\}x^{2n+1}$

(5) $1 + x - \dfrac{1}{2}x^2 + \dfrac{1}{2}x^3 - \cdots + (-1)^{n-1}\dfrac{1\cdot 3\cdot 5\cdots(2n-3)}{n!}x^n$
$\quad + (-1)^n \dfrac{1\cdot 3\cdot 5\cdots(2n-1)}{(n+1)!}(1+\theta x)^{-n-\frac{1}{2}}x^{n+1}$

3.6 (1) $1 + 3x + 7x^2 + \cdots + (2^{n+1} - 1)x^n + \cdots$　$\left(|x| < \dfrac{1}{2}\right)$

(2) $1 - x + x^3 - x^4 + x^6 - x^7 + \cdots + x^{3n} - x^{3n+1} + \cdots$　$(|x| < 1)$

(3) $\dfrac{1}{4}\left\{4 + 6x^2 + \dfrac{7}{2}x^4 + \cdots + \dfrac{3^{2n}+3}{(2n)!}x^{2n} + \cdots\right\}$

(4) $\dfrac{1}{\sqrt{2}}\left\{1 + x - \dfrac{x^2}{2} - \dfrac{x^3}{6} + \dfrac{x^4}{24} + \dfrac{x^5}{120} + \cdots \right.$
$\quad \left. + (-1)^n \dfrac{x^{2n}}{(2n)!} + (-1)^n \dfrac{x^{2n+1}}{(2n+1)!} + \cdots\right\}$

(5) $\dfrac{1}{4}\left\{4x^3 - 2x^5 + \dfrac{13}{30}x^7 - \cdots + (-1)^{n+1}\dfrac{3(3^{2n}-1)}{(2n+1)!}x^{2n+1} + \cdots\right\}$

3.7 （ 1 ） 点 $x = \dfrac{1}{e}$ で極小値 $\dfrac{1}{\sqrt[e]{e}}$，変曲点なし

（ 2 ） 点 $x = 9$ で極小値 -17496，点 $x = -1$ で極大値 4，変曲点は $x = 0, \dfrac{6 \pm 3\sqrt{6}}{2}$

（ 3 ） 点 $x = 0, -3$ で極小値 0，点 $x = -1$ で極大値 16，変曲点は $x = -1 \pm \sqrt{\dfrac{2}{5}}$

（ 4 ） 点 $x = 0$ で極小値 0，点 $x = -4$ で極大値 6912，変曲点は $x = -7, -4 \pm \sqrt{2}$

（ 5 ） 点 $x = 2m\pi$, $\left(2m + \dfrac{1}{2}\right)\pi$ で極大値 1，点 $x = (2m+1)\pi$, $\left(2m + \dfrac{3}{2}\right)\pi$ で極小値 -1，点 $x = \left(2m + \dfrac{1}{4}\right)\pi$ で極小値 $\dfrac{1}{\sqrt{2}}$，点 $x = \left(2m + \dfrac{5}{4}\right)\pi$ で極大値 $-\dfrac{1}{\sqrt{2}}$，変曲点は $x = \left(n + \dfrac{3}{4}\right)\pi, n\pi + \dfrac{1}{2}\operatorname{Sin}^{-1}\dfrac{2}{3}, \left(n + \dfrac{1}{2}\right)\pi - \dfrac{1}{2}\operatorname{Sin}^{-1}\dfrac{2}{3}$ （m, n は整数）

第 4 章

4.1 （ 1 ） $-\dfrac{1}{4(x^2 - 2x + 2)^2}$ （ 2 ） $\dfrac{1}{\sqrt{2}} \operatorname{Tan}^{-1} \dfrac{x-1}{\sqrt{2}}$

（ 3 ） $-\dfrac{1}{(x-1)(x+2)}$ （ 4 ） $\dfrac{2}{\sqrt{3}} \operatorname{Tan}^{-1} \dfrac{2x^2 + 1}{\sqrt{3}}$

（ 5 ） $\log(x^2 + 1) + \dfrac{3x^2 + 2}{(x^2 + 1)^2}$ （ 6 ） $\operatorname{Sin}^{-1} \dfrac{2x+1}{2}$

（ 7 ） $\log |3x - 2 + \sqrt{9x^2 - 12x + 1}|$ （ 8 ） $\operatorname{Tan}^{-1} \dfrac{\sqrt{x^3 - 4}}{2}$

（ 9 ） $2 \log \dfrac{\sqrt{x^4 + 1} - 1}{x^2}$ （10） $\dfrac{2}{\sqrt{7}} \operatorname{Tan}^{-1} \dfrac{2e^x - 1}{\sqrt{7}}$ （11） $-\dfrac{1}{e^{2x} + 1}$

（12） $\dfrac{1}{4}x + \dfrac{1}{e^x + 1}$ （13） $\log|1 + \log x| + \dfrac{1}{1 + \log x}$ （14） $\dfrac{1}{\sqrt{2}} \operatorname{Tan}^{-1} \dfrac{\sin x}{\sqrt{2}}$

（15） $\dfrac{1}{2}\cos^2 x - 2\cos x + 3\log(2 + \cos x)$ （16） $\dfrac{1}{5}\tan^5 x$ （17） $\tan x - \dfrac{1}{\cos x}$

（18） $(\log|\cos x|)^2$ （19） $\dfrac{1}{3}\left(x + \sqrt{x^2 - 1}\right)^3$

（20） $\dfrac{1}{4}\left\{\left(\operatorname{Sin}^{-1} 2x\right)^2 - \sqrt{1 - 4x^2}\right\}$

4.2 （ 1 ） $x \log\left(x + \sqrt{x^2 - 1}\right) - \sqrt{x^2 - 1}$ （ 2 ） $\dfrac{1}{8}(4x^3 - 6x^2 + 6x - 3)e^{2x}$

（ 3 ） $x\left\{(\log|x|)^3 - 3(\log|x|)^2 + 6\log|x| - 6\right\}$

(4)　$\dfrac{1}{32}x^4\{8(\log|x|)^2 - 4\log|x| + 1\}$

(5)　$\dfrac{1}{3}x^3\log(x^2+1) - \dfrac{2}{9}x^3 + \dfrac{2}{3}x - \dfrac{2}{3}\mathrm{Tan}^{-1}x$

(6)　$\dfrac{1}{4}(2x^3 - 3x)\sin 2x + \dfrac{3}{8}(2x^2 - 1)\cos 2x$

(7)　$\dfrac{1}{2}x^2\log(x^2-2x+2) - \dfrac{1}{2}x^2 - x + 2\mathrm{Tan}^{-1}(x-1)$　　(8)　$-\dfrac{1}{2}(x^4+2x^2+2)e^{-x^2}$

(9)　$\dfrac{1}{25}e^{4x}(4\sin 3x - 3\cos 3x)$　　(10)　$-\dfrac{1}{10}e^{-x}(5 + 2\sin 2x - \cos 2x)$

(11)　$\dfrac{1}{2}\{(x^2+1)\mathrm{Tan}^{-1}x - x\}$　　(12)　$\dfrac{1}{4}\{(2x^2-1)\mathrm{Sin}^{-1}x + x\sqrt{1-x^2}\}$

(13)　$\dfrac{1}{6}\{2x^3\mathrm{Tan}^{-1}x - x^2 + \log(1+x^2)\}$

(14)　$\dfrac{1}{9}\{3x^3\mathrm{Sin}^{-1}x + (2+x^2)\sqrt{1-x^2}\}$

(15)　$\dfrac{1}{4}\{(2x^2+1)\log(x+\sqrt{x^2+1}) - x\sqrt{x^2+1}\}$

(16)　$\{(\mathrm{Sin}^{-1}x)^2 - 2\}x + 2\sqrt{1-x^2}\,\mathrm{Sin}^{-1}x$

4.3　省略

4.4　(1)　$\dfrac{1}{2}\log(x^2 - 4x + 8) + 2\mathrm{Tan}^{-1}\dfrac{x-2}{2}$

(2)　$\dfrac{1}{2}x^2 - 2x - 3\log(x^2+2x+10) + 9\mathrm{Tan}^{-1}\dfrac{x+1}{3}$　　(3)　$\dfrac{1}{2}\log\dfrac{(x+3)^6}{|2x+1|}$

(4)　$x + \log\left|\dfrac{x+3}{(x-1)^3}\right|$　　(5)　$\log\left|\dfrac{x^2-1}{x}\right|$　　(6)　$\log\dfrac{|x|}{\sqrt{x^2+1}} + \mathrm{Tan}^{-1}x$

(7)　$\log\left|\dfrac{x+1}{x-1}\right| - \dfrac{2}{x-1}$　　(8)　$x + \dfrac{1}{x} + \log\dfrac{|x|}{(x+1)^2}$

(9)　$\log\dfrac{\sqrt{x^2-2x+2}}{|x+1|}$　　(10)　$\log|x+1| - 2\mathrm{Tan}^{-1}(x+1)$

(11)　$\dfrac{1}{2}\log\left|\dfrac{(x-1)(x-2)^2}{(x+1)^3}\right|$　　(12)　$\log\{(x^2-2x+2)^2|x+1|\} + 2\mathrm{Tan}^{-1}(x-1)$

(13)　$\log\dfrac{|x-1|}{\sqrt{x^2+2x+5}} + \dfrac{1}{2}\mathrm{Tan}^{-1}\dfrac{x+1}{2}$

(14)　$\log\dfrac{|x-1|}{\sqrt{x^2+x+1}} - \sqrt{3}\,\mathrm{Tan}^{-1}\dfrac{2x+1}{\sqrt{3}}$　　(15)　$\dfrac{x-2}{x^2+2} + \dfrac{1}{\sqrt{2}}\mathrm{Tan}^{-1}\dfrac{x}{\sqrt{2}}$

(16)　$\dfrac{1}{6}\mathrm{Tan}^{-1}\dfrac{x}{3} - \dfrac{x+1}{2(x^2+9)}$　　(17)　$-\dfrac{1}{x-1} - \mathrm{Tan}^{-1}x$

(18) $\log \dfrac{\sqrt{x^2+1}}{|x-1|} - \dfrac{1}{x-1}$ (19) $x - 2\,\mathrm{Tan}^{-1} x - \dfrac{1}{x}$

(20) $\log \left|\dfrac{x+1}{x-1}\right| - \dfrac{2x}{x^2-1}$ (21) $\log \dfrac{(x^2+1)}{|x+1|\sqrt{|x^2-1|}} + \mathrm{Tan}^{-1} x$

(22) $\log \left|\dfrac{x+1}{x-1}\right| - \dfrac{2x}{(x-1)^2}$ (23) $\dfrac{2x-5}{2(x^2-4x+5)} + \mathrm{Tan}^{-1}(x-2)$

(24) $\dfrac{1}{2}\log \dfrac{x^2+2x+2}{x^2-2x+2} + \mathrm{Tan}^{-1}(x+1) + \mathrm{Tan}^{-1}(x-1)$

4.5 (1) $\sqrt{2}\,\mathrm{Tan}^{-1}\sqrt{\dfrac{x+1}{2}}$ (2) $\dfrac{1}{2}\log\left|\dfrac{\sqrt{x+4}-2}{\sqrt{x+4}+2}\right|$

(3) $\dfrac{2}{5}\log\left\{\left(\sqrt{x+4}-4\right)^4\left(\sqrt{x+4}+1\right)\right\}$ (4) $\log \dfrac{(\sqrt{x+1}+3)^3}{\sqrt{x+1}+1}$

(5) $\dfrac{2}{3}(x+10)\sqrt{x+1} - 2x - 12\log(\sqrt{x+1}+2)$ (6) $\dfrac{2}{3-\sqrt{x-9}}$

(7) $2\sqrt{x-3} - 4\log \dfrac{(\sqrt{x-3}+3)^3}{\sqrt{x-3}+1}$

(8) $\dfrac{2}{3}(x-1)\sqrt{x+2} - x - \dfrac{2}{3}\log \dfrac{(\sqrt{x+2}+2)^4}{|\sqrt{x+2}-1|}$

(9) $3\,\mathrm{Tan}^{-1}\sqrt{x-1} - \dfrac{\sqrt{x-1}}{x}$ (10) $2\left\{(x+6)\sqrt{x-2} - (3x+2)\right\}e^{\sqrt{x-2}}$

(11) $(x-6)\log\left(\sqrt{x+3}+3\right) + (x+2)\log\left|\sqrt{x+3}-1\right| - x + 2\sqrt{x+3}$

(12) $(x+2)(x-2)\,\mathrm{Tan}^{-1}\sqrt{x+1} - \dfrac{1}{3}(x-8)\sqrt{x+1}$

(13) $\log \left|\left(\sqrt[3]{x+2}-1\right)^5\left(\sqrt[3]{x+2}+2\right)^4\right| - \dfrac{3}{\sqrt[3]{x+2}-1}$

(14) $\dfrac{4}{3}\sqrt[4]{x^3} - 2\sqrt{x} - 4\sqrt[4]{x} + 2\log\left(\sqrt{x}+1\right) + 4\,\mathrm{Tan}^{-1}\sqrt[4]{x}$

(15) $\dfrac{3}{16}\mathrm{Tan}^{-1}\dfrac{\sqrt[6]{x}}{2} + \dfrac{3}{8\sqrt[6]{x}} - \dfrac{1}{2\sqrt{x}}$

(16) $\sqrt[4]{(x+1)^3}\left(\log x - \dfrac{4}{3}\right) + \log \dfrac{\sqrt[4]{x+1}+1}{|\sqrt[4]{x+1}-1|} - 2\,\mathrm{Tan}^{-1}\sqrt[4]{x+1}$

4.6 (1) $\log \dfrac{1-\sqrt{1-x^2}}{|x|} - \mathrm{Sin}^{-1} x$

(2) $\log\left|x+\sqrt{x^2-1}\right| - \mathrm{Tan}^{-1}\sqrt{x^2-1}$ (3) $-\sqrt{3-2x-x^2} + \mathrm{Sin}^{-1}\dfrac{x+1}{2}$

(4) $\sqrt{x^2+2x-3} - 2\log\left(x+1+\sqrt{x^2+2x-3}\right)$

(5)　$-\dfrac{1}{2}(x+6)\sqrt{1-(x-2)^2}+\dfrac{1}{2}\operatorname{Sin}^{-1}(x-2)$

(6)　$\dfrac{1}{2}(x+3)\sqrt{x^2-2x+2}+\dfrac{3}{2}\log\left(x-1+\sqrt{x^2-2x+2}\right)$

(7)　$2\operatorname{Tan}^{-1}(x+2+\sqrt{x^2-5})$　　(8)　$\dfrac{\sqrt{x^2+2x-3}}{2(1-x)}$

(9)　$\dfrac{1}{\sqrt{2}}\log\left|\dfrac{x-\sqrt{2}+\sqrt{x^2-2x+2}}{x+\sqrt{2}+\sqrt{x^2-2x+2}}\right|$　　(10)　$\dfrac{1}{\sqrt{2}}\operatorname{Tan}^{-1}\sqrt{\dfrac{2(x-1)}{3-x}}$

(11)　$\dfrac{1-\sqrt{2x-x^2}}{x-1}$　　(12)　$\dfrac{1}{2}\log\left|\dfrac{2-\sqrt{(x+3)(1-x)}}{x+1}\right|$

4.7　(1)　$x+\dfrac{\cos x-1}{\sin x}$　　(2)　$\dfrac{1}{2}\log\left|\dfrac{\cos x+2}{\cos x}\right|$　　(3)　$\dfrac{1}{2}\log\left(2+\tan^2 x\right)$

(4)　$\dfrac{1}{2(1+\sin x)}+\dfrac{1}{4}\log\dfrac{1+\sin x}{1-\sin x}$　　(5)　$\dfrac{1}{\sqrt{2}}\operatorname{Tan}^{-1}\dfrac{1}{\sqrt{2}}\tan\dfrac{x}{2}$

(6)　$\dfrac{1}{4}\tan^2\dfrac{x}{2}+\tan\dfrac{x}{2}+\dfrac{1}{2}\log\left|\tan\dfrac{x}{2}\right|$　　(7)　$\dfrac{2}{5}x-\dfrac{1}{5}\log|2\cos x-\sin x|$

(8)　$\log\left|\dfrac{\tan\dfrac{x}{2}+1}{\tan\dfrac{x}{2}+3}\right|$　　(9)　$\operatorname{Tan}^{-1}\dfrac{1}{2}\left(\tan\dfrac{x}{2}+1\right)$

(10)　$-\dfrac{1}{\tan x}+\log\left|\dfrac{1+\tan x}{\tan x}\right|$　　(11)　$\log\dfrac{\tan^2 x-\tan x+2}{(\tan x+1)^2}$

(12)　$\dfrac{1}{2}\log\left|1-\dfrac{2}{(\tan x-1)^2}\right|$　　(13)　$\log\left|\sin\dfrac{x}{2}\right|-\dfrac{x}{2}$

(14)　$\dfrac{1}{2}\log\left|\dfrac{1+\tan\dfrac{x}{2}}{1-\tan\dfrac{x}{2}}\right|+\dfrac{1}{1+\tan\dfrac{x}{2}}$

(15)　$\log\left\{\left(\tan\dfrac{x}{2}-1\right)^2+4\right\}+\operatorname{Tan}^{-1}\dfrac{1}{2}\left(\tan\dfrac{x}{2}-1\right)$

(16)　$\log|\tan x-1|+\dfrac{2}{\sqrt{7}}\operatorname{Tan}^{-1}\dfrac{4\tan x-1}{\sqrt{7}}$

第 5 章

5.1　(1)　$\dfrac{1}{14}$　　(2)　$2-\log 12$　　(3)　$2+\dfrac{3\pi}{2}$　　(4)　$\dfrac{76}{15}$

(5)　$\dfrac{\pi}{4}-\dfrac{1}{2}$　　(6)　$1-\dfrac{1}{\sqrt{3}}-\dfrac{\pi}{12}$　　(7)　$5e^4-1$　　(8)　$2\log 2+3\log 3-\dfrac{1}{4}$

第 5 章   **257**

(9) $1 - \dfrac{1}{\sqrt{3}} - \dfrac{\pi}{12}$ (10) $\dfrac{53}{480}$ (11) $\dfrac{\pi}{12} - 1 + \sqrt{2} - \dfrac{1}{\sqrt{3}}$ (12) $\dfrac{\pi}{\sqrt{3}} - \log 2$

(13) $\dfrac{\pi^2}{32} - \dfrac{1}{4}$ (14) $\dfrac{-3(3\sqrt{3}+1)e^{-\pi}}{20} + \dfrac{3}{10}$ (15) $\dfrac{2\pi}{3} - \dfrac{1}{6}$

(16) $\log(2+\sqrt{3}) - \dfrac{\pi}{6}$

5.2 省略

5.3 (1) $\dfrac{9}{2}$ (2) 存在しない   (3) π (4) $\sqrt{5} - \log \dfrac{3+\sqrt{5}}{2}$

(5) $\dfrac{\log(1+\sqrt{2})}{\sqrt{2}}$ (6) $\log 2$ (7) $1 + \dfrac{\pi^4}{64}$ (8) $-\log 2$

(9) $\dfrac{\pi}{2} - \log 2$ (10) $2\log 2 - 4 + \pi$ (11) $\dfrac{1}{4}$ (12) $\log 2 - \log \pi$

(13) 存在しない   (14) $\dfrac{2}{\pi}$ (15) $\dfrac{\pi}{4} + \dfrac{1}{2}$ (16) $\dfrac{\sqrt{3}\,\pi}{6} + \log 2$

5.4 (1) $-\log 3$ (2) $\log 2 - \dfrac{1}{2}$ (3) $\dfrac{\pi}{4} - \dfrac{1}{2}$ (4) ∞

(5) $\dfrac{\pi}{4}$ (6) $\dfrac{\log(2+\sqrt{3})}{\sqrt{3}}$ (7) $\dfrac{3}{64}\pi(\pi^2+16)$ (8) $1 - \log(e-1) - \dfrac{1}{e}$

(9) $\dfrac{1}{8}$ (10) $\log 2$ (11) $\log 2$ (12) $\log 2 - \dfrac{1}{2}$ (13) 5

(14) $\sqrt{2} - \log(\sqrt{2}+1)$ (15) $\dfrac{2}{5}$ (16) $\dfrac{\pi^2}{16} - \dfrac{1}{4}$

5.5 (1) $\dfrac{e^x}{\sqrt{x}} \leqq \dfrac{e}{\sqrt{x}}$ $(0 < x \leqq 1)$, 収束   (2) $\dfrac{x}{\sqrt{x^5+1}} < \dfrac{1}{x\sqrt{x}}$ $(x > 0)$, 収束

(3) $\dfrac{1}{\sqrt{1-x^4}} \leqq \dfrac{1}{\sqrt{1-x^2}}$ $(0 \leqq x < 1)$, 収束

(4) $2^x |\log x| \leqq 2 |\log x|$ $(0 < x \leqq 1)$, 収束

(5) $\dfrac{1}{(x+1)\log x} > \dfrac{1}{2x \log x}$ $(x \geqq 2)$, 発散

(6) $\dfrac{\sqrt{1-x^2}}{\sin x} > \dfrac{1}{2\sin x}$ $\left(0 < x \leqq \dfrac{\pi}{4}\right)$, 発散

(7) $1 < \dfrac{x}{\sin x} < 2$ $\left(0 < x \leqq \dfrac{\pi}{2}\right)$, 収束

(8) $\dfrac{\operatorname{Sin}^{-1} x}{x} < 2$ $(0 < x \leqq 1)$, 収束

(9) $\dfrac{\operatorname{Tan}^{-1} x}{x} < 1$ $(0 < x \leqq 1)$, $\dfrac{\operatorname{Tan}^{-1} x}{x} \geqq \dfrac{\pi}{4x}$ $(x \geqq 1)$, 発散

(10) $\dfrac{\mathrm{Tan}^{-1} x}{x\sqrt{x-1}} < \dfrac{\pi}{2x\sqrt{x-1}}$ $(x>1)$, 収束

(11) $\dfrac{\cos^2 x}{\sqrt{\sin x}} \leqq \dfrac{\cos x}{\sqrt{\sin x}}$ $\left(0 < x \leqq \dfrac{\pi}{2}\right)$, 収束

(12) $\dfrac{1}{\sqrt{x^4-1}} < \dfrac{1}{\sqrt{x^2-1}}$ $(1 < x \leqq 2)$, $\dfrac{1}{\sqrt{x^4-1}} < \dfrac{1}{(x-1)^2}$ $(x \geqq 2)$, 収束

(13) $\dfrac{\sin x}{x} < 1$ $(0 < x \leqq 1)$, $\dfrac{|\cos x|}{x^2} \leqq \dfrac{1}{x^2}$ $(x \geqq 1)$, 収束

(14) $\dfrac{|\log x|}{\sqrt[3]{x^2(x+1)}} \leqq \dfrac{|\log x|}{\sqrt[3]{x^2}}$ $(0 < x \leqq 1)$, $\dfrac{\log x}{\sqrt[3]{x^2(x+1)}} \geqq \dfrac{\log x}{2x}$ $(x \geqq 1)$, 発散

5.6 省略

5.7 (1) $\dfrac{335}{27}$ (2) $\dfrac{3}{4} + \dfrac{\log 2}{2}$ (3) $1 + \log \dfrac{3}{2}$ (4) $\log(\sqrt{2}+1)$

(5) $\sqrt{5} - \sqrt{2} + \log \dfrac{(\sqrt{5}-1)(\sqrt{2}+1)}{2}$ (6) $\dfrac{27}{2}$

(7) $\dfrac{14}{3} + 2\sqrt{3} + \log(2+\sqrt{3})$ (8) $6 + \dfrac{\sqrt{2}}{3} + \log(2-\sqrt{2})$ (9) 16

(10) $\pi + \dfrac{3\sqrt{3}}{8}$ (11) $\dfrac{a\{b\sqrt{1+b^2} + \log(b+\sqrt{1+b^2})\}}{2}$

(12) $a\left\{\sqrt{2} - \dfrac{\sqrt{1+b^2}}{b} + \log(b+\sqrt{1+b^2}) - \log(1+\sqrt{2})\right\}$

5.8 (1) $\dfrac{\pi}{4}$ (2) π (3) $\dfrac{e^{2\pi}-1}{4}$

第 6 章

6.1 (1) 収束 (2) $k > 1$ のとき収束, $k \leqq 1$ のとき発散

6.2 (1) $\rho = 0$, 収束 (2) $\rho = 1/e$, 収束 (3) $\rho = 6/e^2$, 収束
(4) $\rho = 1/e^l$, 収束 (5) $\rho = 1/e$, 収束 (6) $\rho = e/2$, 発散
(7) $\rho = 1/a$, $a > 1$ のとき収束, $a \leqq 1$ のとき発散

(8) $\rho = \begin{cases} 0 & (a < 1 \text{ のとき}), \\ b & (a = 1 \text{ のとき}), \\ \infty & (a > 1 \text{ のとき}), \end{cases}$ $a < 1$ または $a = 1$, $b < 1$ のとき収束, $a > 1$ また

は $a = 1$, $b \geqq 1$ のとき発散

6.3 （1） $\rho = 0$, 収束　　（2） $\rho = 1/e$, 収束　　（3） $\rho = 1/e$, 収束
（4） $\rho = 1/4$, 収束　　（5） $\rho = 1/2$, 収束
（6） $\rho = c$, $c < 1$ または $c = 1$, $k > 1$ のとき収束, $c > 1$ または $c = 1$, $k \leq 1$ のとき発散
（7） $\rho = a/b$, $a < b$ のとき収束, $a \geq b$ のとき発散
（8） $\rho = \begin{cases} 1/c & (c > 1 \text{ のとき}), \\ 1 & (c = 1 \text{ のとき}), \\ c & (c < 1 \text{ のとき}), \end{cases}$ $c \neq 1$ のとき収束, $c = 1$ のとき発散

6.4 （1） 発散　　（2） 絶対収束　　（3） 絶対収束　　（4） 絶対収束
（5） 絶対収束　　（6） 条件収束　　（7） 絶対収束　　（8） 条件収束

6.5 （1） ∞　　（2） $\sqrt{e}$　　（3） 0　　（4） $1/3$

6.6 （1） $-1 < x < 1$
（2） $k \leq 1$ のとき $-1 \leq x < 1$, $k > 1$ のとき $-1 \leq x \leq 1$
（3） $-1/\sqrt{2} < x < 1/\sqrt{2}$　　（4） $-1 \leq x \leq 1$　　（5） $-1 \leq x < 1$
（6） $-1 \leq x \leq 1$　　（7） $-\sqrt{3} < x < \sqrt{3}$　　（8） $-1 \leq x < 1$

6.7 （1） $f^{(n)}(0) = (-1)^n \{1 + n(n-1)\}$　$(n \geq 1)$

（2） $f'(0) = 0$, $f^{(n)}(0) = (-1)^n \dfrac{n!}{n-1} 2^{n-1}$　$(n \geq 2)$

（3） $f^{(2m)}(0) = 0$, $f^{(2m+1)}(0) = (-1)^{m-1} 2(m+1)(2m-1)$　$(m \geq 0)$

（4） $f^{(4m)}(0) = (-1)^m \dfrac{(4m)!}{2m-1} 2^{2m-1}$, $f^{(4m+2)}(0) = (-1)^m \dfrac{(4m+2)!}{2m+1} 2^{2m+1}$, $f^{(2n+1)}(0) = 0$

（5） $f^{(n)}(0) = (-1)^{n-1} 2(2^{n-1} - 1)n!$　$(n \geq 1)$

（6） $f^{(3m)}(0) = (3m)!$, $f^{(3m+1)}(0) = 0$, $f^{(3m+2)}(0) = -(3m+2)!$

6.8 （1） $\dfrac{x}{(1-x)^2}$　　（2） $-\log(1-x)$　　（3） $\dfrac{x(1+x)}{(1-x)^3}$

（4） $(1-x)\log(1-x) + x$

第7章

7.1 （1）（ i ） $z = 0$　（ ii ） $z = 0$　（ iii ） $z = \dfrac{x}{x^2 + 1}$　（ iv ） $z = \dfrac{1}{2}x$

（ v ） $z = \dfrac{x - x^3}{x^4 - x^2 + 1}$

（2）（ i ） $z = x^2$　（ ii ） $z = \dfrac{1}{y}$　（ iii ） $z = \dfrac{1}{2}x^2 + \dfrac{1}{2x}$　（ iv ） $z = 1$

（ v ） $z = y^4 - 2y^2 + y + 1$

（3）（ i ） $z = \dfrac{2}{x}$　（ ii ） $z = 1$　（ iii ） $z = \dfrac{1}{3} + \dfrac{4}{3x}$

（iv） $z = 1 + \dfrac{2}{x} - \dfrac{2(1+x)}{2+x^2}$　（ v ） $z = -1 + \dfrac{2(1+2x)}{1+x^2}$

（4）（ i ） $z = |x|$　（ ii ） $z = \dfrac{-2y}{|y|} = \begin{cases} -2 & (y > 0 \text{ のとき}), \\ 2 & (y < 0 \text{ のとき}) \end{cases}$

（iii） $z = \dfrac{x^2 - 2x}{\sqrt{2}\,|x|} = \begin{cases} (x-2)/\sqrt{2} & (x > 0 \text{ のとき}), \\ (2-x)/\sqrt{2} & (x < 0 \text{ のとき}) \end{cases}$

（iv） $z = -\dfrac{|x|}{\sqrt{1+x^2}}$　（ v ） $1 - 2y - y^2$

7.2 （1） 存在しない　（2） 0　（3） 存在しない　（4） 存在しない
（5） 0　（6） 0　（7） 1/2　（8） 存在しない　（9） 1　（10） 0

7.3 （2），（5），（6），（7），（9），（10）は連続関数に拡張できるが，（1），（3），（4），（8）は連続関数に拡張できない．

7.4 （1） $f_x(x, y) = \dfrac{2xy^2(x^2 - 2y^2)}{(x^2+y^2)^2\sqrt{x^4+2y^4}}$, $f_y(x, y) = \dfrac{2x^2y(2y^2 - x^2)}{(x^2+y^2)^2\sqrt{x^4+2y^4}}$

（2） $f_x(x, y) = \dfrac{x^4 + 12x^2y^2 - 2xy^4}{(x^2+4y^2)^2}$, $f_y(x, y) = \dfrac{8y^5 + 4y^3x^2 - 8yx^3}{(x^2+4y^2)^2}$

（3） $f_x(x, y) = \dfrac{14xy^2}{(3x^2+y^2)^2}$, $f_y(x, y) = \dfrac{-14x^2y}{(3x^2+y^2)^2}$

（4） $f_x(x, y) = \dfrac{y^3 - 3x^4y}{(x^4+y^2)^2}$, $f_y(x, y) = \dfrac{x^5 - xy^2}{(x^4+y^2)^2}$

（5） $f_x(x, y) = \dfrac{y^7 - x^2y^3}{(x^2+y^4)^2}$, $f_y(x, y) = \dfrac{3x^3y^2 - xy^6}{(x^2+y^4)^2}$

(6) $f_x(x, y) = y \sin \dfrac{1}{\sqrt{x^2+y^2}} - \dfrac{x^2 y}{(x^2+y^2)^{\frac{3}{2}}} \cos \dfrac{1}{\sqrt{x^2+y^2}},$

$f_y(x, y) = x \sin \dfrac{1}{\sqrt{x^2+y^2}} - \dfrac{xy^2}{(x^2+y^2)^{\frac{3}{2}}} \cos \dfrac{1}{\sqrt{x^2+y^2}}$

(7) $f_x(x, y) = \dfrac{x\sqrt{x^2+y^2} \sin\sqrt{x^2+y^2} - 2x(1-\cos\sqrt{x^2+y^2})}{(x^2+y^2)^2},$

$f_y(x, y) = \dfrac{y\sqrt{x^2+y^2} \sin\sqrt{x^2+y^2} - 2y(1-\cos\sqrt{x^2+y^2})}{(x^2+y^2)^2}$

(8) $f_x(x, y) = \dfrac{y(x^2+y^2)\cos xy - 2x \sin xy}{(x^2+y^2)^2},$

$f_y(x, y) = \dfrac{x(x^2+y^2)\cos xy - 2y \sin xy}{(x^2+y^2)^2}$

(9) $f_x(x, y) = \dfrac{2x\{(x^2+y^2-1)e^{x^2+y^2}+1\}}{(x^2+y^2)^2},$

$f_y(x, y) = \dfrac{2y\{(x^2+y^2-1)e^{x^2+y^2}+1\}}{(x^2+y^2)^2}$

(10) $f_x(x, y) = 2x\{\log(x^2+y^2)+1\},\ f_y(x, y) = 2y\{\log(x^2+y^2)+1\}$

7.5 (2) $f_x(0, 0) = 1,\ f_y(0, 0) = 0$ で $f_x(x, y),\ f_y(x, y)$ はともに原点で連続でない

(5) $f_x(0, 0) = f_y(0, 0) = 0$ で $f_x(x, y),\ f_y(x, y)$ はともに原点で連続でない

(6) $f_x(0, 0) = f_y(0, 0) = 0$ で $f_x(x, y),\ f_y(x, y)$ はともに原点で連続でない

(7) $f_x(0, 0) = f_y(0, 0) = 0$ で $f_x(x, y),\ f_y(x, y)$ はともに原点で連続

(9) $f_x(0, 0) = f_y(0, 0) = 0$ で $f_x(x, y),\ f_y(x, y)$ はともに原点で連続

(10) $f_x(0, 0) = f_y(0, 0) = 0$ で $f_x(x, y),\ f_y(x, y)$ はともに原点で連続

7.6 $(x, y) \neq (0, 0)$ のとき

$$f_x = \dfrac{2x(\sqrt{x^2+y^2}-1)}{\sqrt{x^2+y^2}},\quad f_y = \dfrac{2y(\sqrt{x^2+y^2}-1)}{\sqrt{x^2+y^2}},$$

$f_x(0, 0),\ f_y(0, 0)$ は存在しない

7.7 (2) 全微分不可能　(5) 全微分不可能　(6) 全微分可能
(7) 全微分可能　(9) 全微分可能　(10) 全微分可能

7.8 (1) $\pi : x+y-z = 2-\log 2,\ l : x = y = t+1,\ z = -t+\log 2$
(2) $\pi : x+y+3\sqrt{2}\,z = 5\sqrt{2},\ l : x = y = t+\sqrt{2},\ z = 3\sqrt{2}\,t+1$

(3) $\pi: \sqrt{2}x + \sqrt{2}y - z = 3$, $l: x = y = \sqrt{2}t + \sqrt{2}$, $z = -t + 1$

(4) $\pi: x - 2y + 6z = 0$, $l: x = t + 2$, $y = -2t + 1$, $z = -6t$

(5) $\pi: z = 6e^3x - 5e^3$, $l: y = 1$, $x + 6e^3z = 1 + 6e^6$

(6) $\pi: x - y + 2z = \pi/2$, $l: x = -t + 1$, $y = t + 1$, $z = -2t + \pi/4$

(7) $\pi: z = 2y$, $l: x = 1$, $y + 2z = 0$

7.9 (1) $f_{xx} = 6xy^3$, $f_{xy} = f_{yx} = 3y^2 + 9x^2y^2 - 4y^3$,

$\quad f_{yy} = 6xy + 6x^3y - 12xy^2$

(2) $f_{xx} = \dfrac{4y}{(x-y)^3}$, $f_{xy} = f_{yx} = \dfrac{-2(x+y)}{(x-y)^3}$, $f_{yy} = \dfrac{4x}{(x-y)^3}$

(3) $f_{xx} = -\dfrac{1}{4(y^2-x)^{\frac{3}{2}}}$, $f_{xy} = f_{yx} = \dfrac{y}{2(y^2-x)^{\frac{3}{2}}}$, $f_{yy} = -\dfrac{x}{(y^2-x)^{\frac{3}{2}}}$

(4) $f_{xx} = 2y\cos x^2y - 4x^2y^2\sin x^2y$, $f_{yy} = -x^4\sin x^2y$,

$\quad f_{xy} = f_{yx} = 2x\cos x^2y - 2x^3y\sin x^2y$

(5) $f_{xx} = -2\sin(x^2 + xy^3) - (2x + y^3)^2\cos(x^2 + xy^3)$,

$\quad f_{xy} = f_{yx} = -3y^2\sin(x^2 + xy^3) - 3xy^2(2x + y^3)\cos(x^2 + xy^3)$,

$\quad f_{yy} = -6xy\sin(x^2 + xy^3) - 9x^2y^4\cos(x^2 + xy^3)$

(6) $f_{xx} = \dfrac{2(y^4 - x^2)}{(x^2 + y^4)^2}$, $f_{xy} = f_{yx} = -\dfrac{8xy^3}{(x^2 + y^4)^2}$, $f_{yy} = \dfrac{4y^2(3x^2 - y^4)}{(x^2 + y^4)^2}$

(7) $f_{xx} = \dfrac{-2(x^2 + 2xy + 3y^2)}{(x^2 + 2xy - y^2)^2}$, $f_{xy} = f_{yx} = \dfrac{2(-x^2 + 2xy + y^2)}{(x^2 + 2xy - y^2)^2}$,

$\quad f_{yy} = \dfrac{-2(3x^2 - 2xy + y^2)}{(x^2 + 2xy - y^2)^2}$

(8) $f_{xx} = (4x^2 + 4xy + y^2 + 2)e^{x^2+xy}$, $f_{xy} = f_{yx} = (2x^2 + xy + 1)e^{x^2+xy}$,

$\quad f_{yy} = x^2e^{x^2+xy}$

(9) $f_{xx} = \dfrac{e^{x+2y}}{(e^x + e^{2y})^2}$, $f_{xy} = f_{yx} = -\dfrac{2e^{x+2y}}{(e^x + e^{2y})^2}$, $f_{yy} = \dfrac{4e^{x+2y}}{(e^x + e^{2y})^2}$

(10) $f_{xx} = 2e^{3x}\{4\cos(x+2y) - 3\sin(x+2y)\}$, $f_{yy} = -4e^{3x}\cos(x+2y)$,

$\quad f_{xy} = f_{yx} = -2e^{3x}\{3\sin(x+2y) + \cos(x+2y)\}$

(11) $f_{xx} = -\dfrac{2xy}{(x^2+y^2)^2}$, $f_{xy} = f_{yx} = \dfrac{x^2 - y^2}{(x^2+y^2)^2}$, $f_{yy} = \dfrac{2xy}{(x^2+y^2)^2}$

(12) $f_{xx} = \dfrac{2y(1+x^4y^2)}{(1-x^4y^2)^{\frac{3}{2}}}$, $f_{xy} = f_{yx} = \dfrac{2x}{(1-x^4y^2)^{\frac{3}{2}}}$, $f_{yy} = \dfrac{x^6y}{(1-x^4y^2)^{\frac{3}{2}}}$

7.10 (1) (i) $\dfrac{dz}{dt} = \dfrac{2(e^{2t}-e^{-2t})}{e^{2t}+e^{-2t}}$ (ii) $\dfrac{dz}{dt} = 2$

(iii) $\dfrac{\partial z}{\partial u} = \dfrac{2u}{u^2+1}$, $\dfrac{\partial z}{\partial v} = \dfrac{2v}{v^2+1}$

(iv) $\dfrac{\partial z}{\partial u} = \dfrac{2\cos 2u \sin 2v}{1+\sin 2u \sin 2v}$, $\dfrac{\partial z}{\partial v} = \dfrac{2\sin 2u \cos 2v}{1+\sin 2u \sin 2v}$

(2) (i) $\dfrac{dz}{dt} = \dfrac{2(e^{2t}+e^{-2t})}{e^{4t}+e^{-4t}-1}$ (ii) $\dfrac{dz}{dt} = \dfrac{4\sqrt{2}\,e^{2t}\sin\left(2t+\dfrac{\pi}{4}\right)}{4+e^{4t}\sin^2 2t}$

(iii) $\dfrac{\partial z}{\partial u} = \dfrac{v^2+2uv-1}{1+(u+v)^2(uv-1)^2}$, $\dfrac{\partial z}{\partial v} = \dfrac{u^2+2uv-1}{1+(u+v)^2(uv-1)^2}$

(iv) $\dfrac{\partial z}{\partial u} = \dfrac{4\cos 2u}{4+(\sin 2u+\sin 2v)^2}$, $\dfrac{\partial z}{\partial v} = \dfrac{4\cos 2v}{4+(\sin 2u+\sin 2v)^2}$

(3) (i) $\dfrac{dz}{dt} = 4\left\{\sqrt{2(e^{2t}+e^{-2t})}-1\right\}\dfrac{e^{2t}-e^{-2t}}{\sqrt{2(e^{2t}+e^{-2t})}}$

(ii) $\dfrac{dz}{dt} = 2e^t(e^t-1)$

(iii) $\dfrac{\partial z}{\partial u} = 2u\left\{\sqrt{(u^2+1)(v^2+1)}-1\right\}\sqrt{\dfrac{v^2+1}{u^2+1}}$,

$\dfrac{\partial z}{\partial v} = 2v\left\{\sqrt{(u^2+1)(v^2+1)}-1\right\}\sqrt{\dfrac{u^2+1}{v^2+1}}$

(iv) $\dfrac{\partial z}{\partial u} = 2(\sqrt{1+\sin 2u\sin 2v}-1)\dfrac{\cos 2u\sin 2v}{\sqrt{1+\sin 2u\sin 2v}}$,

$\dfrac{\partial z}{\partial v} = 2(\sqrt{1+\sin 2u\sin 2v}-1)\dfrac{\sin 2u\cos 2v}{\sqrt{1+\sin 2u\sin 2v}}$

第8章

8.1 (1) 極値なし (2) $(2,-1)$ で極小値 -16, $(-2,-1)$ で極大値 16
(3) $\pm(1,1)$ で極小値 -1 (4) $(-1,-1)$ で極小値 9
(5) $(1,\pm 1)$ で極小値 2 (6) 極値なし (7) $(2,-2)$ で極大値 16
(8) $(-2,-1)$ で極大値 4 (9) $(0,0)$ で極大値 0, $\pm(\sqrt{5},\sqrt{5})$ で極小値 -50
(10) 極値なし (11) $(-4,4)$ で極大値 64 (12) $\pm(1,1)$ で極小値 -2
(13) $(0,0)$ で極小値 0

（14） $(1/2, 1/2)$ で極大値 $e^{-1/2}$, $(-1/2, -1/2)$ で極小値 $-e^{-1/2}$
（15） $(0, 0)$ で極大値 $-(\log 2)/2$　（16）　極値なし　（17）　極値なし
（18） $(2\pi/3, 2\pi/3)$, $(4\pi/3, 4\pi/3)$ で極小値 $-3/2$　（19）　極値なし
（20） $(0, 0)$ で極大値 $\pi/2$

8.2　（1）　$a > 0$ のとき, $(0, 0)$ で極小値 0, $a < 0$ のとき, $(0, -2a)$ で極小値 $4a^3$
（2）　$a > 1$ のとき, $(0, 0)$ で極小値 0
（3）　$a < 0$ のとき, $(\pm 1, 0)$ で極小値 ae^{-1}, $(0, \pm 1)$ で極大値 e^{-1}, $a = 0$ のとき, $(0, \pm 1)$ で極大値 e^{-1}, $0 < a < 1$ のとき, $(0, 0)$ で極小値 0, $(0, \pm 1)$ で極大値 e^{-1}, $a = 1$ のとき, $(0, 0)$ で極小値 0, $a > 1$ のとき, $(0, 0)$ で極小値 0, $(\pm 1, 0)$ で極大値 ae^{-1}

8.3　（1）　$x = 4$ で極大値 -1 と極小値 4
（2）　$x = 0$ で極小値 1, $x = -2/\sqrt[3]{3}$ で極大値 $-1/\sqrt[3]{3}$
（3）　$x = 1$ で極大値 -1, $x = 0$ で極小値 0　（4）　$x = 3$ で極大値 e^{-1}
（5）　$x = e^{-\pi/4}/\sqrt{2}$ で極小値 $-e^{-\pi/4}/\sqrt{2}$, $x = -e^{-\pi/4}/\sqrt{2}$ で極大値 $e^{-\pi/4}/\sqrt{2}$

8.4, 8.5　（1）　$(\sqrt{3}, \sqrt[3]{4})$ で極大値 $3\sqrt{3}/(2\sqrt[3]{2})$, $(-\sqrt{3}, \sqrt[3]{4})$ で極小値 $-3\sqrt{3}/(2\sqrt[3]{2})$
（2）　$(0, 0)$, $\pm(\sqrt{3}/\sqrt{2}, \sqrt{6})$ で極小値 0, 9, $\pm(1/\sqrt{2}, -\sqrt{2})$ で極大値 1
（3）　$(1, 0)$, $(-\sqrt{3}, \pm 1)$ で極大値 -4, $3\sqrt{3}$, $(-1, 0)$, $(\sqrt{3}, \pm 1)$ で極小値 4, $-3\sqrt{3}$
（4）　$(\sqrt{7}/\sqrt{3}, 0)$, $(-1, -\sqrt[3]{4})$ で極小値 0, $-2\sqrt[3]{2}$, $(-\sqrt{7}/\sqrt{3}, 0)$, $(1, -\sqrt[3]{4})$ で極大値 0, $2\sqrt[3]{2}$
（5）　$(-3, 1)$ で極小値 -27, $(-5/3, 5)$ で極大値 $-625/27$
（6）　$\pm(\sqrt{3}/2, 1)$ で極大値 $3\sqrt{3}/4$, $\pm(\sqrt{3}/2, -1)$ で極小値 $-3\sqrt{3}/4$,
（7）　$(4, -3/2)$ で極大値 $-27/2$

8.6　（1）　$(2, 1)$ で極小値 4　（2）　$(1/2, 5/2)$ で極小値 $11/2$
（3）　$(-1, -1)$ で極小値 0, $(-1, -7)$ で極大値 6
（4）　$(1, 1)$ で極小値 -1　（5）　$(0, -\sqrt[3]{4})$, $(-1, 0)$ で極小値 $-\sqrt[3]{2}$, 1
（6）　$(0, 1)$ で極小値 1
（7）　$\pm(e^{\pi/4}/\sqrt{2}, e^{\pi/4}/\sqrt{2})$ で極大値 $e^{\pi/2}$, $\pm(e^{-\pi/4}/\sqrt{2}, e^{-\pi/4}/\sqrt{2})$ で極小値 $-e^{\pi/2}$
（8）　$(\pi/2, \pi)$, $(\pi, \pi/2)$ で極小値 0,
　　　$(\pi/6, \pi/6)$, $(\pi/6, 5\pi/6)$, $(5\pi/6, \pi/6)$, $(5\pi/6, 5\pi/6)$ で極大値 $1/4$

8.7　（1）　$(\pm 1, 1)$ で最大値 3, $(0, -\sqrt[4]{2})$ で最小値 $-2\sqrt[4]{2}$

（ 2 ） $(2, -1)$ で最小値 -16, $(-2, -1)$ で最大値 16

（ 3 ） $(\sqrt{3}, -2)$ で最小値 $10 - 12\sqrt{3}$, $(-\sqrt{3}, -2)$ で最大値 $10 + 12\sqrt{3}$

（ 4 ） $(5, 1), (5, -5), (-1, 1), (-1, -5)$ で最大値 25, $(2, \pm 3\sqrt{2} - 2), (2 \pm 3\sqrt{2}, -2)$ で最小値 -56

（ 5 ） $(\sqrt{6}, -\sqrt{6})$ で最大値 $12(6 + \sqrt{6})$, $(-1 \pm \sqrt{5}, 1 \pm \sqrt{5})$ で最小値 -20

（ 6 ） $\pm(1, 1)$ で最小値 -4, $\pm(1, -1)$ で最大値 4,

（ 7 ） $(2\sqrt{2}, 0)$ で最大値 $2\sqrt{2}$, $(-1, 1)$ で最小値 -4

（ 8 ） $(2, 0)$ で最大値 8, $(-1, -3)$ で最小値 -19

第 9 章

9.1 （ 1 ） $3\log 3 - 4\log 2$ （ 2 ） $\dfrac{2\log 2}{\pi}$ （ 3 ） $-\dfrac{23}{6} + \dfrac{3\log 2}{2}$

（ 4 ） $\dfrac{\sqrt{2}}{6}$ （ 5 ） $\dfrac{5\sqrt{5} - 8}{6}$ （ 6 ） $\dfrac{\sqrt{2} + \log(1 + \sqrt{2})}{10}$

（ 7 ） $\dfrac{3e^4 + 5e^{-4}}{8}$ （ 8 ） $e - 2$ （ 9 ） $\dfrac{e^4 - 2e^2 - e}{4}$ （10） $\dfrac{1}{3}$ （11） $\dfrac{8}{3}$

（12） $6\log 2 - 3\log 3$ （13） $\dfrac{\pi \log 2}{12}$ （14） $\dfrac{1}{3} + \dfrac{\log 2}{4} - \dfrac{\pi}{8}$ （15） $\dfrac{22}{3}$

（16） $-\dfrac{2}{\pi^2}$

9.2 （ 1 ） $\dfrac{5e^2 - 2e}{12}$ （ 2 ） $\dfrac{\pi^2}{8} + \dfrac{1}{2}$ （ 3 ） $\dfrac{729}{14}$ （ 4 ） $\dfrac{14}{5}$ （ 5 ） $\dfrac{5}{14}$

（ 6 ） $\dfrac{511}{90}$ （ 7 ） $\dfrac{1}{15}$ （ 8 ） $\dfrac{1}{168}$

9.3 （ 1 ） $\dfrac{\pi}{24}$ （ 2 ） $\dfrac{16\log 2}{3} - \dfrac{14}{9}$ （ 3 ） π （ 4 ） $\dfrac{(9\sqrt{3} - 11)\pi}{24}$

（ 5 ） $\dfrac{5\pi}{2}$ （ 6 ） 8π （ 7 ） $\dfrac{16\sqrt{2}}{9}(3\pi - 4)$ （ 8 ） $\dfrac{\pi}{6} - \dfrac{2}{9}$ （ 9 ） $\dfrac{4}{63}$

（10） $\dfrac{5}{4}\pi + 4$

9.4 （ 1 ） $\log 2 - 2 + \dfrac{\pi}{2}$ （ 2 ） $\dfrac{\pi}{6}$ （ 3 ） $\dfrac{\pi}{4} + \dfrac{\log 2}{2}$ （ 4 ） 1

（ 5 ） -2 （ 6 ） $\dfrac{\pi^2}{4}$ （ 7 ） $\log(\sqrt{2} + 1)$ （ 8 ） $\dfrac{\pi \log(\sqrt{2} + 1)}{2}$

第 10 章

10.1 （1） $\dfrac{18}{5}$ （2） $\dfrac{27}{5}$ （3） $\dfrac{9e^2}{2}+\dfrac{e^6}{2}-1-4e^3$

10.2 （1） $\dfrac{a^4\pi}{16}$ （2） $\dfrac{a^5}{15}$ （3） $\dfrac{a^6}{48}$

10.3 （1） $2(a^2-b^2)\pi$ （2） $\dfrac{4(a^3-b^3)\pi}{9}$ （3） $\dfrac{(a^2-b^2)\pi^2}{2}$

10.4 ［2］（1） $\dfrac{4}{105}a^3bc^3\pi$ （2） $\dfrac{1}{16}ab^3c\pi^2$

［3］（1） $\dfrac{1}{12}a^3bc^3\pi$ （2） $\dfrac{1}{5}ab^3c\pi$

［4］（1） $\dfrac{1}{28}a^3bc^3\pi$ （2） $\dfrac{1}{30}ab^3c\pi$

［5］（1） $\dfrac{1}{20}a^3bc^3\pi$ （2） $\dfrac{2}{35}ab^3c\pi$

10.5 （1） $\dfrac{3\pi}{2}$, $\left[2\sqrt{5}-\sqrt{2}+\log\left\{(2+\sqrt{5})(\sqrt{2}-1)\right\}\right]\pi$

（2） $\pi\left(1-\dfrac{\pi}{4}\right)$, $\left\{\sqrt{5}-\sqrt{2}+\log\dfrac{(\sqrt{2}+1)(\sqrt{5}-1)}{2}\right\}\pi$

（3） $5a^3\pi^2$, $\dfrac{64a^2\pi}{3}$ （4） $\dfrac{32a^3\pi}{105}$, $\dfrac{12a^2\pi}{5}$

10.6
$$S_{a,b}=\begin{cases} 2\pi\left(b^2+\dfrac{a^2b}{\sqrt{a^2-b^2}}\operatorname{Sin}^{-1}\dfrac{\sqrt{a^2-b^2}}{a}\right) & (a>b \text{ のとき}), \\ 2\pi\left(b^2+\dfrac{a^2b}{\sqrt{b^2-a^2}}\log\dfrac{b+\sqrt{b^2-a^2}}{a}\right) & (b>a \text{ のとき}), \end{cases}$$

$$\lim_{b\to a-0}S_{a,b}=\lim_{b\to a+0}S_{a,b}=4\pi a^2$$

10.7 （1） $\left(2\sqrt{3}-\dfrac{9}{4}\right)\pi$, $3(3-\sqrt{3})\pi$ （2） $\left(\dfrac{32}{3}-4\sqrt{3}\right)\pi$, $(16-4\sqrt{3})\pi$

（3） $\left(\dfrac{20\sqrt{5}}{3}-\dfrac{9}{2}\right)\pi$, $\dfrac{(120+17\sqrt{17}-41\sqrt{5})\pi}{6}$ （4） $\dfrac{3\pi}{2}$, $\dfrac{(17+5\sqrt{5})\pi}{6}$

（5） $\dfrac{8\pi}{3}$, $\dfrac{(13+3\sqrt{6})\pi}{3}$ （6） $\dfrac{16}{3}$, 16 （7） $\dfrac{\pi}{4}-\dfrac{4}{9}$, $\dfrac{(5+\sqrt{2})\pi}{4}-2$

（8） $\dfrac{4\pi^2}{3}-\sqrt{3}\pi$, $\dfrac{8\pi^2}{3}+2(3-\sqrt{3})\pi$

索引

数字

2重積分	202
──可能	202
2変数関数	143
3重積分	226

ア

アークコサイン	13
アークサイン	13
アークタンジェント	13
アステロイド	104
アルキメデス螺旋	109
鞍点	175
一葉（楕円）双曲体	228
一般二項定理	137
陰関数	184
上に凸	57
n次近似	48
円環面	237
円錐体	227
円柱座標	233
円柱体	227
円放物体	228
オイラーの公式	51

カ

カーディオイド	109
開集合	147
開領域	147
確率積分	221
カテナリー	106
関数	1
ガンマ関数	101
奇関数	2
逆関数	2
逆三角関数	13
逆正弦関数	13
逆正接関数	13
逆余弦関数	13
級数	117
無限──	117
球体	226
極限値	4, 5, 17, 144
左──	4
右──	4
極座標	
空間の──	230
平面の──	108
極小	54, 175
──値	54, 175
曲線の長さ	106
極大	54, 175
──値	54, 175
極値	54, 175
曲面積	238
偶関数	2
区間	2
開──	2
閉──	2
グラフ	1
原始関数	61
懸垂線	106
広義2重積分	216
広義積分可能	91
無限──	94
交項級数	126
合成関数	2
コーシー	
──の収束判定法	123
──の平均値の定理	38
コサイン	8
コセカント	8
コタンジェント	8
弧度	8

サ

サイクロイド	104
最大値・最小値の定理	7, 148
サイン	8
三角関数	8
三角錐体	226
指数	17
──法則	17
指数関数	18
自然対数	21

索引

下に凸	57
四面体	226
収束	4, 5, 17, 97, 117, 144
——半径	130
従属変数	1, 143
主値	13
条件収束	127
条件付極値	190
剰余項	172
初等関数	25
心臓形	109
数列	17
正割	8
——関数	8
整級数	129
正弦	8
——関数	8
正項級数	118
正接	8
——関数	8
星芒形	104
セカント	8
積分可能	86
接線	23
絶対収束	127
絶対値級数	127
接平面	159
全微分	158
——可能	153
像	1, 143
双曲線関数	51
双曲螺旋	109

タ

第 n 部分和	117
対数関数	18
対数微分法	28
楕円球体	226
楕円錐体	227
楕円柱体	227
楕円放物体	228
縦線領域	203
ダランベール の収束判定法	124
タンジェント	8
単調減少	
——関数	3
——数列	17
単調増加	
——関数	3
——数列	17
値域	1, 143
置換積分法	62, 89
中間値の定理	7
調和級数	119
定義域	1, 143
定積分	86
テイラーの定理	46
2 変数の——	172
デカルトの正葉形	112
等角螺旋	109
導関数	25
第 n 次——	30
等比級数	118
トーラス	237
独立変数	1, 143

ナ

内点	147
二項係数	19
二葉（楕円）双曲体	228
ネピアの定数	19

ハ

挟み撃ちの原理	6
発散	5, 17, 97, 117
微分可能	24
n 回——	30
微分係数	24
左——	24
右——	24
微分積分学の基本定理	88
不定形	41
不定積分	61
部分積分法	62, 89
部分分数分解	69
部分和数列	117
平均値の定理	37
定積分に関する——	87
2 変数の——	171
閉集合	147
閉領域	147
ベータ関数	100
ベキ級数	129
——展開可能	134
ベキ乗	17
変曲点	57
偏導関数	150
第 n 次——	161
偏微分	

―可能	149
―係数	149
―作用素	172
法線	159

マ

マクローリン展開	134
―可能	49
有限―	47, 173
無限大	5
正の―	5
―に発散	117
負の―	5
無理関数	3, 72

ヤ

ヤコビアン	209, 231
有界	17, 147
優関数	97
有理関数	68
余割	8
―関数	8
余弦	8
―関数	8
横線領域	204
余接	8
―関数	8

ラ

ライプニッツの公式	32
ラグランジュ	
―の剰余項	46
―の定数	191
―の未定乗数法	191
ラジアン	8
領域	147
累次積分	203
レムニスケート	109
連鎖律	165, 166
連珠形	109
連続	6, 146
ロピタルの定理	42
ロルの定理	37

ワ

和	117

著者略歴

吉村善一（よしむらぜんいち）

1966年　大阪市立大学理学部数学科卒業
1968年　大阪市立大学大学院理学研究科修士課程修了
　　　　名古屋工業大学大学院工学研究科 教授を経て，
　　　　名古屋工業大学 名誉教授，理学博士

岩下弘一（いわしたひろかず）

1980年　早稲田大学理工学部数学科卒業
1987年　筑波大学大学院博士課程数学研究科修了
現在　　名古屋工業大学大学院工学研究科 准教授，理学博士

入門講義　微分積分

検印省略

2006年11月25日　第1版発行
2009年2月20日　第4版発行
2024年1月30日　第4版10刷発行

定価はカバーに表示してあります．

増刷表示について
2009年4月より「増刷」表示を「版」から「刷」に変更いたしました．詳しい表示基準は弊社ホームページ
http://www.shokabo.co.jp/
をご覧ください．

著作者	吉村善一
	岩下弘一
発行者	吉野和浩
発行所	東京都千代田区四番町8-1 電話 (03)3262-9166 株式会社　裳華房
印刷製本	壮光舎印刷株式会社

一般社団法人
自然科学書協会会員

JCOPY 〈出版者著作権管理機構 委託出版物〉
本書の無断複製は著作権法上での例外を除き禁じられています．複製される場合は，そのつど事前に，出版者著作権管理機構（電話03-5244-5088，FAX 03-5244-5089, e-mail: info@jcopy.or.jp）の許諾を得てください．

ISBN 978-4-7853-1543-6

© 吉村善一，岩下弘一，2006　　Printed in Japan

微分積分読本 －1変数－

小林昭七 著　Ａ５判／234頁／定価 2530円（税込）

　微積分は大学の1年で学ぶ科目であるが決して易しい内容ではない．もし，ここで手を抜いてしまったら，続いて学ぶ多くの科目をきちんと理解することはできない．この悩みや不安を解消してくれるのが本書である．
　微積分をすでに一通り学んだ読者を含めて，基本的定理をきちんと理解する必要がでてきた人や，数学的には厳密な本で学んでいるが理解に苦しんでいる人を対象に「微積分を厳密にしかも読みやすく」解説した．
【主要目次】1. 実数と収束　2. 関数　3. 微分　4. 積分

続 微分積分読本　－多変数－

小林昭七 著　Ａ５判／226頁／定価 2530円（税込）

　姉妹書『微分積分読本 －1変数－』と同じ執筆方針をとって，自習書として使えるように，証明はできるだけ丁寧に説明した．教育的な立場と物理への応用を考慮して，n 変数による一般論を避け，2変数と3変数の場合で解説した．
【主要目次】1. 偏微分　2. 重積分　3. 曲面　4. 線積分，面積分，体積分の関係

微分積分リアル入門　－イメージから理論へ－

髙橋秀慈 著　Ａ５判／256頁／定価 2970円（税込）

　本書では微分積分学について「どうしてそのようなことを考えるのか」という動機から始め，数式や定理のもつ意味合いや具体例までを述べ，一方，今日完成された理論のなかでは必ずしも必要とならないような事柄も説明することによって，ひとつの数学理論が出来上がっていく過程や背景を追跡した．
　ε-δ 論法のような難解とされる数学表現も「言葉」で解説し，直観的イメージを伝えながら，数式や定理の意義，重要性を述べた．
【主要目次】
第Ⅰ部 基礎と準備（不定形と無限小／微積分での論理／ε-δ 論法）
第Ⅱ部 本論（実数／連続関数／微分／リーマン積分／連続関数の定積分／広義積分／級数／テーラー展開）

数学シリーズ 微分積分学

難波 誠 著　Ａ５判／338頁／定価 3080円（税込）

　本書は，「正攻法で微分積分学の教科書を書きたい」と考えていた筆者によって執筆された．
　高校で微分積分の初歩を既に学んできた読者を対象に，大学1年で学ぶ平均的内容をまとめたが，数学系学科に進まれる読者も意識し，ε-δ 論法を正面から扱った．しかし，理論だけに偏することなく「理論」「計算法」「実例と応用」のバランスに配慮し，微分積分学の特徴である "巧みな" 計算法，"面白い" 実例，"役に立つ" 応用の代表的なものはほぼ収めて解説．問題に対する解答もかなり丁寧に記した．
【主要目次】1. 極限と連続関数　2. 微分　3. 積分　4. 偏微分　5. 重積分　6. 級数と一様収束

裳華房ホームページ　**https://www.shokabo.co.jp/**